自动化生产线安装与调试项目化教程

主　编　梁　亮　梁玉文　宋　宇
副主编　刘　爽　张立娟
　　　　朴圣艮　罗　新
主　审　张晓娟

北京理工大学出版社
BEIJING INSTITUTE OF TECHNOLOGY PRESS

内容简介

本教材是吉林电子信息职业技术学院在中国职业技术教育学会科研规划项目课题研究的基础上编写的，是基于工作过程导向，以自动化生产线安装与调试所需知识和技能为学习目标，介绍了自动化生产线上所应用的相关理论技术，包括传感器检测技术、气动检测技术、电动机检测与驱动技术、可编程控制器技术、网络通信技术和人机界面等知识；并紧跟教学改革的步伐，将项目化教学应用到实际教学中，以全国职业院校技能大赛指定设备 YL－335B 为实训设备，设计了 6 个技能训练：供料单元、加工单元、装配单元、分拣单元、输送单元的安装与调试以及自动线的联网调试。注重培养学生理论知识应用、实践技能的锻炼和职业素养的提高。本书适合作为高职高专机电一体化技术、电气自动化技术等相关专业的教材，也可作为相关工程技术人员研究自动化生产线的参考书。

图书在版编目（CIP）数据

自动化生产线安装与调试项目化教程／梁亮，梁玉文，宋宇主编．—北京：北京理工大学出版社，**2016.8**（**2023.1** 重印）

ISBN 978－7－5682－2636－3

Ⅰ．①自…　Ⅱ．①梁…　②梁…　③宋…　Ⅲ．①自动生产线—安装—高等职业教育—教材　②自动生产线—调试方法—高等职业教育—教材　Ⅳ．①TP278

中国版本图书馆 CIP 数据核字（2016）第 169462 号

出版发行／北京理工大学出版社有限责任公司
社　　址／北京市海淀区中关村南大街 5 号
邮　　编／100081
电　　话／（010）68914775（总编室）
（010）82562903（教材售后服务热线）
（010）68944723（其他图书服务热线）
网　　址／http：//www.bitpress.com.cn
经　　销／全国各地新华书店
印　　刷／三河市华骏印务包装有限公司
开　　本／787 毫米×1092 毫米　1/16
印　　张／17.25
字　　数／405 千字
版　　次／2016 年 8 月第 1 版　**2023 年 1 月第 7 次印刷**
定　　价／45.00 元

责任编辑／封　雪
文案编辑／张鑫星
责任校对／周瑞红
责任印制／李志强

图书出现印装质量问题，请拨打售后服务热线，本社负责调换

Foreword 前言

Foreword

本书作为校企合作、工学结合的特色改革教材，强调专业综合技术应用，注重工程实践能力提高，有利于培养学生分析和解决实际工程应用问题的能力，重点突出对学生职业技能的培养。

本书内容充实，以典型的自动化生产线为载体，遵循从简单到复杂循序渐进的教学规律，将各个项目分解为若干个任务分别详细讲述，使学生易学、易懂、易上手。全书分为三篇：核心技术篇、技能训练篇、实战篇。其中核心技术篇按照自动生产线涉及的相关知识点分块整理、讲解自动生产线中所涉及的相关核心技术，包括：传感器技术、气动技术、电动机控制及驱动技术、可编程控制技术、网络通信技术、人机界面技术等；技能训练篇按照项目化教学的方式将整个生产线分解成若干工作单元，每个单元作为一个小的项目，按照项目导入、资讯、决策、计划、实施、总结与评价的六步法来设计，在项目实施中重点强调项目机械组装、气动回路设计、电气接线、编程调试等内容的实施过程；实战篇是以历年竞赛样题为依据，让学生自己检验自己的学习成果，并为国赛选拔参赛选手提供了很好的训练平台。

本书可作为高职高专、中职中专院校机电、电气自动化等专业相关课程的教材，也可作为应用型本科、职业技能竞赛以及工业自动化技术的相关培训教材，还可作为相关工程技术人员研究自动化生产线的参考书。

本书由吉林电子信息职业技术学院多年教授本门课程的专业教师参与编写工作。其中梁亮、梁玉文担任本书的主编，吉林电子信息职业技术学院的刘爽、张立娟、朴圣良、罗新担任本书的副主编，全书由梁亮统稿；模块二中的项目5和项目6由梁亮编写；模块一中的项目1和模块二中的项目1、项目4由梁玉文编写，模块二中的项目2由刘爽编写；模块一中的项目2、项目3、项目5由张立娟编写；模块三由朴圣良编写；模块一中的项目4由罗新编写；模块二中的项目3由吉林电子信息职业技术学院的陈静和高岩编写；参与本书的图文编写、文字整理、素材提供等辅助性工作的有吉林电子信息职业技术学院的王佰红、皮林江、李俊涛、王海浩、田军、马莹莹、于秀娜、刘伟等，参与本书案例及习题准备的还有长春信息技术职业学院的齐赫，吉林城市职业技术学院的孙梅、刘伟等；本书的编写过程中还得到了亚龙公司技术工程师的持续指导和学校领导的支持，在此不一一感谢。全书由张晓娟教授主审。

限于编者的经验、水平，书中难免有不足与缺漏之处，恳请专家、读者批评指正。

编　者

目录

Contents

模块一　自动化生产线的核心技术

模块二 技能训练篇

模块三　实战篇

模块一　自动化生产线的核心技术

项目1

传感器检测技术

学习目标

（1）熟悉常用开关量传感器及其应用。
（2）熟悉常用数字量传感器及其应用。
（3）熟悉常用模拟量传感器及其应用。

项目导入

传感检测技术是实现自动化的关键技术之一。通过传感检测技术能有效实现各种自动化生产设备大量运行信息的自动检测，并按照一定的规律转换成与之相对应的有用电信号进行输出。自动化设备中用于实现以上传感检测功能的装置就是传感器，它在自动化生产线等领域中得到广泛应用。

传感器种类繁多，按从传感器输出电信号的类型不同，可将其划分为开关量传感器、数字量传感器和模拟量传感器。

1.1　开关量传感器

开关量传感器又称为接近开关，是一种采用非接触式检测、输出开关量的传感器。在自动化设备中，应用较为广泛的主要有磁感应式接近开关、电感式接近开关、光电式接近开关和光纤式接近开关等。

1.1.1　磁感应式接近开关

磁感应式接近开关，简称为磁性接近开关或磁性开关，其工作方式是当有磁性物质接近磁性开关传感器时，传感器感应动作，并输出开关信号。图1－1－1所示为磁性开关。

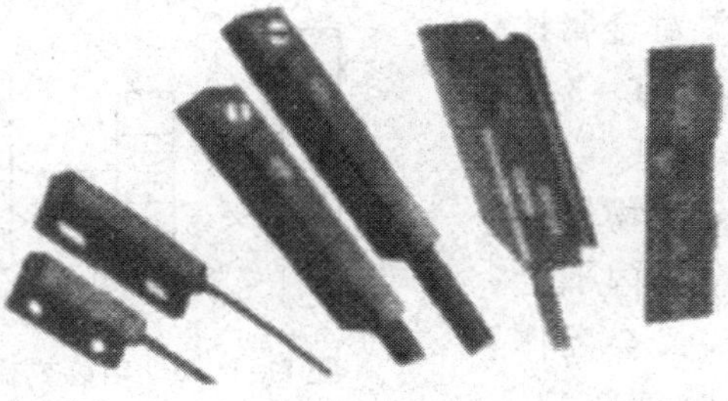

图1－1－1　磁性开关

在自动化设备中，磁性开关主要与内部活塞（或活塞杆）上安装有磁环的各种气缸配合使用，用于检测气缸等执行元件的两个极限位置。这些气缸的缸筒采用导磁性弱、隔磁性强的材料，如硬铝、不锈钢等。在非磁性体的活塞上安装一个永久磁铁的磁环，这样就提供了一个反映气缸活塞位置的磁场。而安装在气缸外侧的磁性开关则是用来检测气缸活塞位置，即检测活塞的运动行程的。为了方便使用，每一磁性开关上都装有动作指示灯。当检测到磁信号时，输出电信号，指示灯亮。磁性开关的安装位置可以调整，调整方法是松开它的紧定螺栓，让磁性开关顺着气缸滑动，到达指定位置后，再旋紧紧定螺栓。同时，磁性开关内部都具有过电压保护电路，即使磁性开关的引线极性接反，也不会使其烧坏，只是不能正常检测工作。

磁性开关有蓝色和棕色两根引出线，使用时蓝色引出线应连接到 PLC 输入公共端，棕色引出线应连接到 PLC 输入端。图 1－1－2 所示为磁性开关安装位置结构及与 PLC 接线。

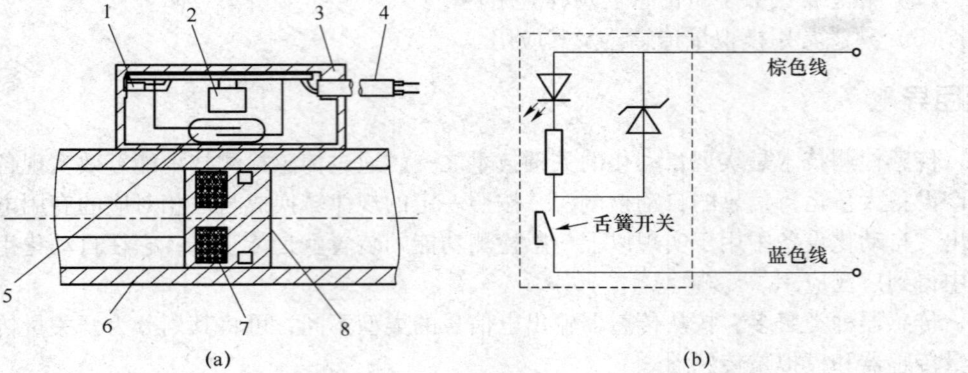

图 1－1－2 磁性开关安装位置结构及与 PLC 接线

（a）磁性开关安装位置结构示意图；（b）与 PLC 接线

1—动作指示灯；2—保护电路；3—开关外壳；4—导线；5—舌簧开关；6—缸筒；7—磁环（永久磁铁）；8—活塞

1.1.2 电感式接近开关

电感式接近开关是利用电涡流效应制造的传感器。它由 LC 高频振荡器和放大处理电路组成，利用金属物体在接近时能使其内部产生电涡流，使接近开关振荡能力衰减、内部电路的参数（振幅或频率）发生变化，由传感器的信号调理电路（包括检波、放大、整形、输出等电路）将该变化转换成开关量输出，进而控制开关的通断。由于电感式接近开关基于涡流效应工作，因此它检测的对象必须是金属。电感式接近开关对金属比非金属的筛选性能好。图 1－1－3 所示为电感式接近开关的工作原理。

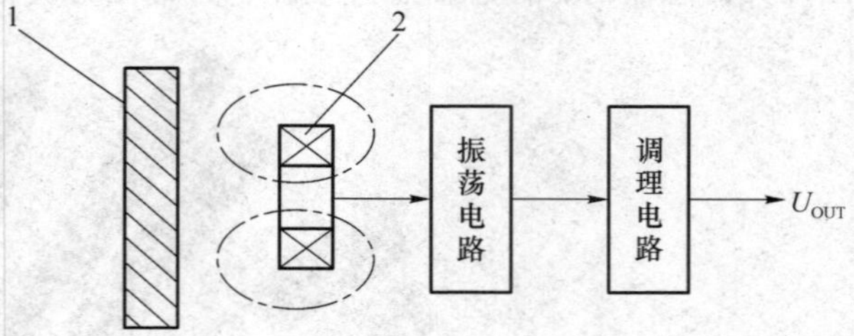

图 1－1－3 电感式接近开关的工作原理

1—被检测物体；2—传感器

电涡流效应是指，当金属物体处于一个交变的磁场中，在金属内部会产生交变的电涡流，该涡流又会反作用于产生它的磁场的一种物理效应。如果这个交变的磁场是由一个电感线圈产生的，则这个电感线圈中的电流就会发生变化，用于平衡涡流产生的磁场。

在接近开关的选用和安装中，必须认真考虑检测距离、设定距离，保证生产线上的传感器可靠动作。图1－1－4所示为检测距离、设定距离的示意图。

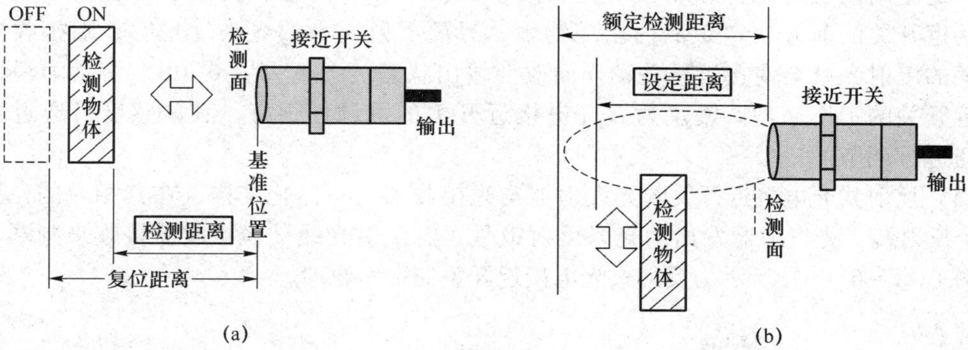

图1－1－4 检测距离、设定距离的示意图

(a) 检测距离；(b) 设定距离

1.1.3 光电式接近开关

光电式接近开关又称光电传感器，是利用光电效应制成的开关量传感器，主要由光发射器和光接收器组成。光发射器和光接收器有一体式和分体式两种。光发射器用于发射红外光或可见光（主要为红色，也用绿色、蓝色来判断）；光接收器用于接收发射器发射的光，并将光信号转换成电信号以开关量形式输出。图1－1－5所示为光电式接近开关。按照接收器接收光的方式不同，光电式接近开关可分为对射式、漫射式和反射式3种。这3种光电式接近开关的检测原理和方式有所不同。图1－1－6所示为不同接收方式的光电式接近开关的检测原理。

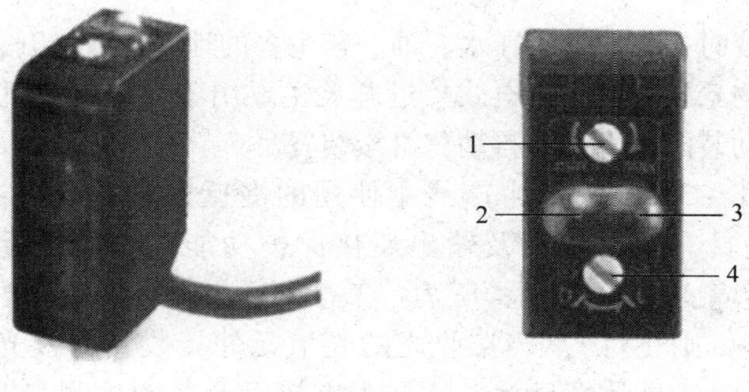

图1－1－5 光电式接近开关

1—距离设定旋钮（可旋转5周）；2—稳定显示灯（绿）；3—动作显示灯（橙）；4—动作转换开关

(1) 对射式光电接近开关的光发射器与光接收器分别处于相对的位置上工作，根据光路信号的有无来判断信号是否进行输出改变，图1－1－6（a）所示为对射式光电接近开关的工作原理。此开关常用于检测不透明物体，对射式光电接近开关的光发射器和光接收器有一体式和分体式两种。

(2) 漫射式光电接近开关是利用光照射到被测物体上后反射回来的光线而工作的，由于物体反射的光线为漫射光，故称为漫射式光电接近开关。它的光发射器与光接收器处于同一侧位置，且为一体化结构。在工作时，光发射器始终发射检测光，若接近开关前方一定距离内没有物体，则没有光被反射到接收器，接近开关处于常态而不动作；反之若接近开关的前方一定距离内出现物体，只要反射回来的光强度足够，则接收器接收到足够的漫射光就会使接近开关动作而改变输出状态。图 1－1－6（b）所示为漫射式光电接近开关的工作原理。漫反射式光电接近开关的可调性很好，其敏感度可通过其背后的旋钮进行调节。

(3) 反射式光电接近开关的光发射器与光接收器为一体化结构，在其相对的位置上安置一个反射镜，光发射器发出的光以反射镜是否有反射光线被光接收器接收来判断有无物体，图 1－1－6（c）所示为反射式光电接近开关的工作原理。

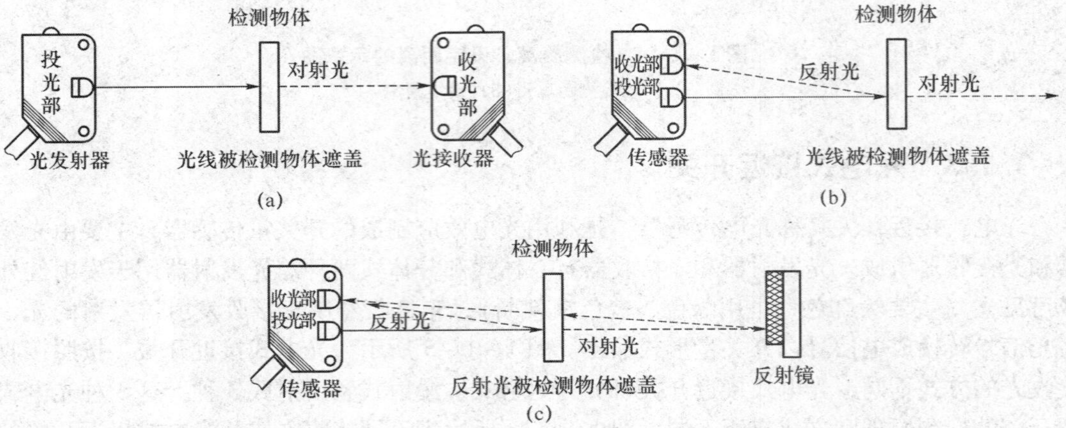

图 1－1－6　不同接收方式的光电式接近开关的检测原理

(a) 对射式光电接近开关；(b) 漫射式光电接近开关；(c) 反射式光电接近开关

光电式接近开关在安装时，不能安装在水、油、灰尘多的地方，应避开强光及室外太阳光等直射，注意消除背景物景的影响。光电式接近开关主要用于自动包装机、自动灌装机、自动封装机、自动或半自动装配流水线等自动化机械装置。

图 1－1－7 所示为 YL－335B 自动生产线中使用的漫反射式光电接近开关的电路，在该图中，光电接近开关具有电源极性及输出反接保护功能。光电接近开关具有自我诊断功能，当设置后的环境变化（温度、压力、灰尘等）的裕度满足要求时，稳定显示灯显示（如果裕度足够，则亮灯）。当接收光的光敏元件接收到有效光信号时，控制输出的三极管导通，同时动作显示灯显示。这样光电接近开关能检测自身的光轴偏离、透镜面（传感器面）的污染、地面和背景对其影响、外部干扰的状态等传感器的异常和故障，有利于进行维护，以便设备稳定工作，这也给安装调试工作带来了方便。

如图 1－1－7 所示，将光电接近开关棕色线接 PLC 输入模块电源“＋”端，蓝色线接 PLC 输入模块电源“－”端，黑色线接 PLC 的输入点。

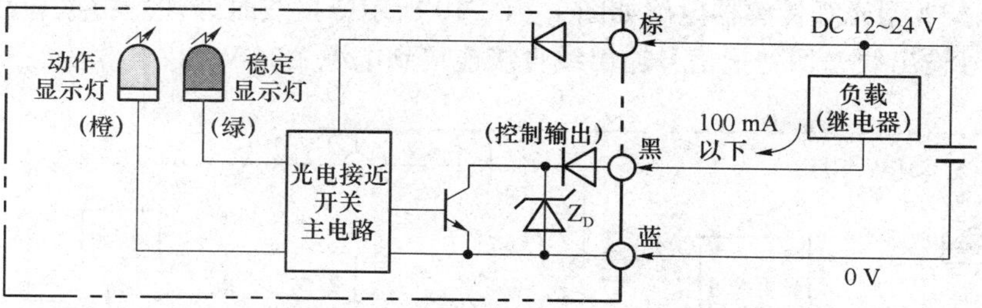

图1－1－7　YL－335B自动生产线中使用的漫反射式光电接近开关的电路

1.1.4　光纤式接近开关

光纤式接近开关也称光纤传感器，是光电传感器的一种。光纤传感器具有下述优点：抗电磁干扰、可工作于恶劣环境、传输距离远、使用寿命长，此外，由于光纤检测头具有较小的体积，所以可以安装在空间很小的地方，测量范围广，在自动生产线中得到了广泛应用。

光纤传感器的放大器的灵敏度调节范围较大。当光纤传感器灵敏度调得较小时，对于反射性较差的黑色物体，光电探测器无法接收到反射信号；而对于反射性较好的白色物体，光电探测器可以接收到反射信号。反之，若调高光纤传感器灵敏度，则即使对反射性较差的黑色物体，光电探测器也可以接收到反射信号。

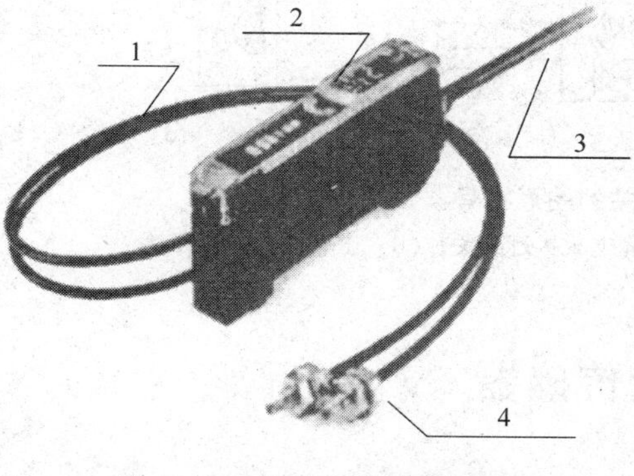

图1－1－8　光纤传感器组件

1—光纤；2—放大器；3—信号线；4—光纤检测头

光纤传感器由光纤检测头、光纤放大器两部分组成，光纤放大器和光纤检测头是分离的两个部分，光纤检测头的尾端部分分成两条光纤，使用时分别插入放大器的两个光纤孔。光纤传感器组件如图1－1－8所示。

光纤传感器单元的俯视图如图1－1－9所示，调节其中部的8旋转灵敏度高速旋钮就能进行放大器灵敏度调节（顺时针旋转时灵敏度增大）。调节时，会看到“入光量显示灯”发光的变化。当探测器检测到物体时，“动作显示灯”会亮，提示检测到物体。

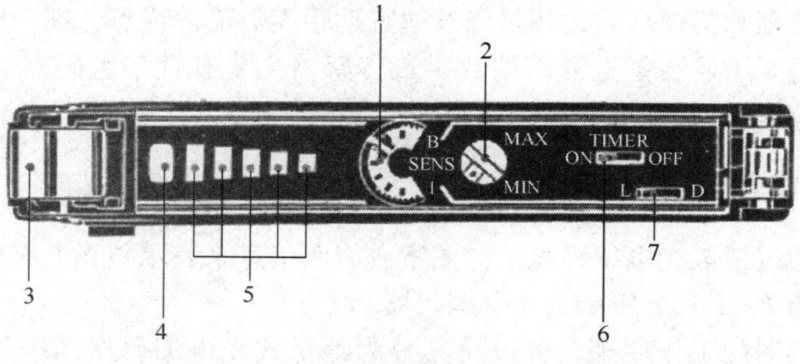

图1－1－9　光纤传感器单元的俯视图

1—灵敏度旋钮指示器材；2—8旋转灵敏度高速旋钮；3—固定板钮；4—动作显示灯；
5—入光量显示灯；6—定时开关（ON：定时动作；OFF：定时解除）；7—动作状态切换开关L. ON/D. ON的转换

E3X－NA11 型光纤传感器电路如图 1－1－10 所示，接线时请注意根据导线颜色判断电源极性和信号输出线，切勿把信号输出线直接连接到电源＋24 V 端。

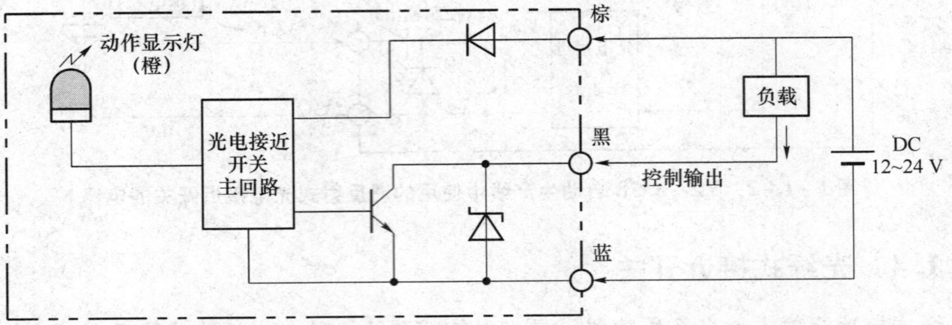

图 1－1－10　E3X－NA11 型光纤传感器电路

1.1.5　接近开关的图形符号

接近开关的图形符号如图 1－1－11 所示，图 1－1－11（a）、（b）、（c）三种情况均使用 NPN 型三极管集电极开路输出。如果使用 PNP 型三极管，正负极性应反过来。

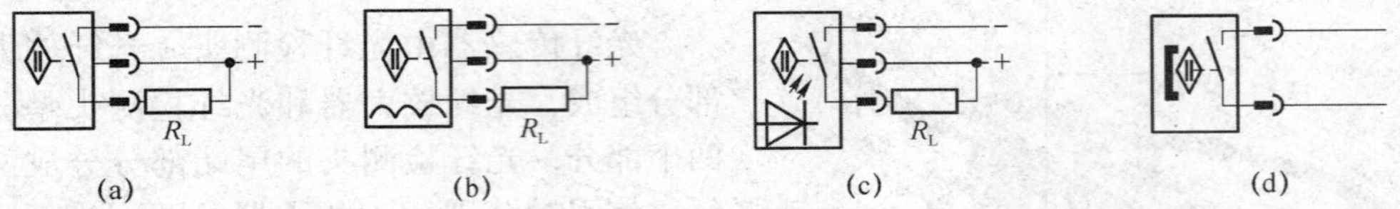

图 1－1－11　接近开关的图形符号

（a）通用图形符号；（b）电感式接近开关；（c）光电式接近开关；（d）磁感应式接近开关

1.2　数字量传感器

数字量传感器是一种能把被测模拟量直接转换为数字量输出的装置，它可直接与计算机系统连接。数字量传感器具有测量精度和分辨率高、抗干扰能力强、稳定性好、易与计算机接口、便于信号处理和实现自动化测量以及适宜远距离传输等优点，在一些精度要求较高的场合应用极为普遍。工业装备上常用的数字量传感器主要有数字编码器（在实际工程中应用最多的是光电编码器）、数字光栅传感器和感应同步器等。

1.2.1　光电编码器

光电编码器通过读取光电编码盘上的图案或编码信息来表示与光电编码器相连的测量装置的位置信息。图 1－1－12 所示为光电编码器。

根据光电编码器的工作原理，可以将其分为绝对式光电编码器和增量式光电编码器两种。绝对式光电编码器通过读取编码盘上的二进制编码信息来表示绝对位置信息，二进制位数越多，测量精度越高，输出信号线对应越多，结构就越复杂，价格也就越高；增量式光电编码器直接利用光电转换原理输出 A、B 和 Z 相 3 组方波脉冲信号，A、B 两组脉冲相位差

90°，从而可方便地判断出旋转方向，Z相为每转一个脉冲，用于基准点定位，其测量精度取决于码盘的刻线数，但结构相对于绝对式简单，价格便宜。

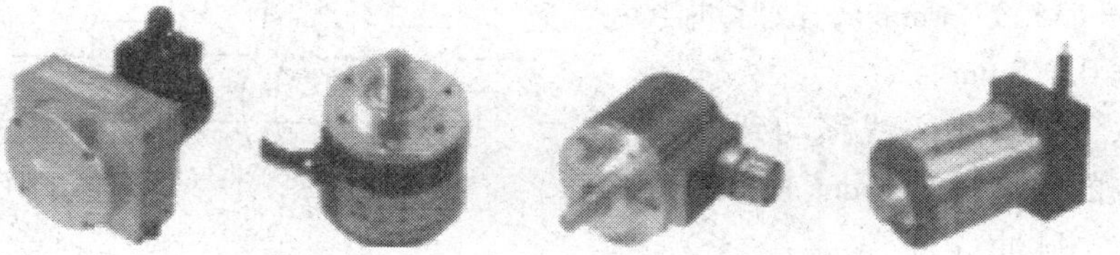

图1-1-12　光电编码器

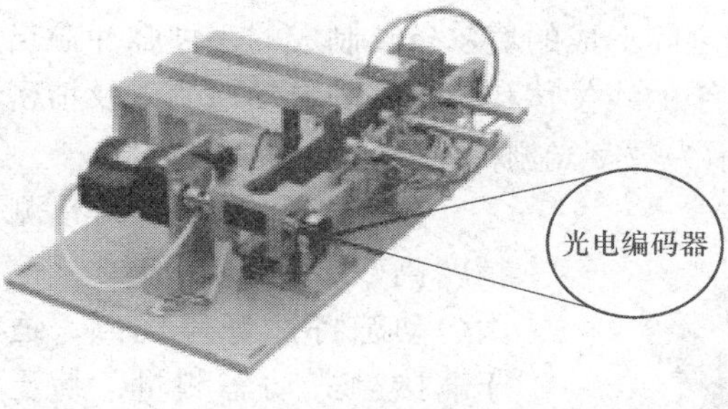

图1-1-13　光电编码器在分拣单元中的应用

在YL-335B生产线的分拣单元的控制中，传送带定位控制是由光电编码器来完成的。同时，光电编码器还要完成电动机转速的测量。图1-1-13所示为光电编码器在分拣单元中的应用。光电编码器是通过光电转换，将机械、几何位移量转换成脉冲或数字量的传感器，它主要用于速度或位置（角度）的检测。典型的光电编码器由码盘（Disk），检测光栅（Mask）、光电转换电路（包括光源、光敏器件、信号转换电路）、机械部件等组成。一般来说，根据光电编码器产生脉冲的方式不同，可以分为增量式、绝对式及复合式三大类，生产线上常采用的是增量式光电编码器，其结构如图1-1-14所示。

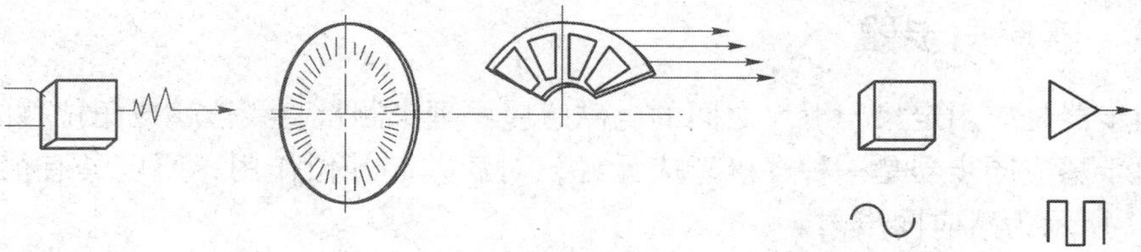

图1-1-14　增量式光电编码器的结构

光电编码器的码盘条纹数决定了传感器的最小分辨角度，即分辨角 $\alpha=360°/$条纹数。如条纹数为500，则分辨角 $\alpha=360°/500=0.72°$。在光电编码器的检测光栅上有两组条纹A和B，A、B条纹错开1/4节距，两组条纹对应的光敏元件所产生的信号彼此相差90°，用于辨向。此外在光电编码器的码盘里圈有一个透光条纹Z，用以每转产生一个脉冲，该脉冲成为移转信号或零标志脉冲，其输出波形如图1-1-15所示。

YL-335B分拣单元使用了这种具有A、B两相90°相位差的旋转编码器，用于计算工件在传送带上的位置。编码器直接连接到传送带主动轴上。该旋转编码器的三相脉冲采用NPN型集电极开路输出，分辨率500线，工作电源DC 12~24 V。本节没有使用Z相脉冲，A、B两相输出端直接连接到PLC的高速计数器输入端。

计算工件在传送带上的位置时，需确定每两个脉冲之间的距离，即脉冲当量。分拣单元主

动轴的直径为 $d=43$ mm，则减速电动机每旋转一周，传送带上工件移动距离 $L=\pi\times d=3.14\times43=135.09$（mm），故脉冲当量为 $\mu=L/500=0.27$ mm。

当工件从下料口中心线移动到第一个推料杆中心点的距离为 164 mm 时，旋转编码器发出 607 个脉冲。

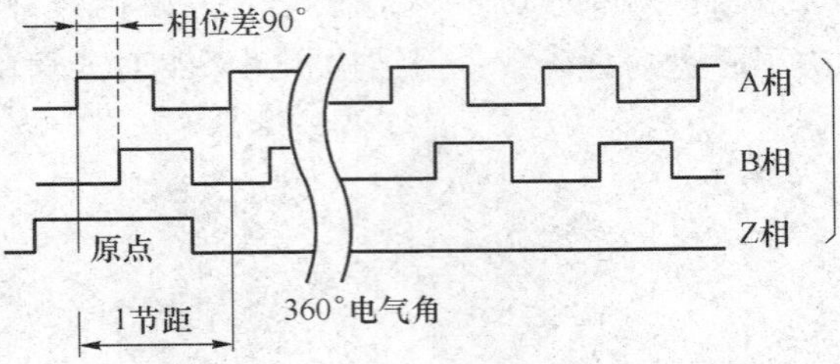

图 1－1－15　增量式光电编码器的输出波形

1.2.2　数字光栅传感器

数字光栅传感器是根据标尺光栅与指示光栅之间形成的莫尔条纹制成的一种脉冲输出数字式传感器。它被广泛应用于数控机床等闭环系统的线位移和角位移的自动检测以及精密测量方面，测量精度可达几微米。图 1－1－16 所示为数字光栅传感器。

图 1－1－16　数字光栅传感器

数字光栅传感器具有测量精度高、分辨率高、测量范围大、动态特性好等优点，适合于非接触式动态测量，易于实现自动控制，广泛用于数控机床和精密测量设备中。但是数字光栅传感器在工业现场使用时，对工作环境要求较高，不能承受大的冲击和振动，要求密封，以防尘埃、油污和铁屑等污染，故成本较高。

1.2.3　感应同步器

感应同步器是应用定尺与滑尺之间的电磁感应原理来测量直线位移或角位移的一种精密传感器。由于感应同步器是一种多极感应元件，对误差起补偿作用，所以具有很高的精度。图 1－1－17 所示为感应同步器。

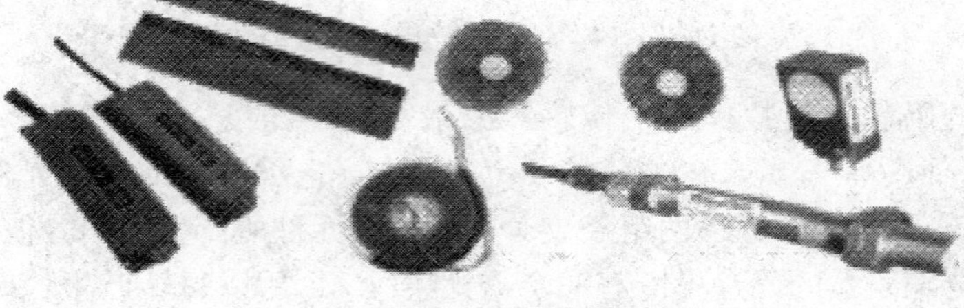

图 1－1－17　感应同步器

感应同步器具有对环境温度和湿度变化要求低、测量精度高、抗干扰能力强、使用寿命长和便于成批生产等优点，在各领域应用极为广泛。直线式感应同步器已经广泛应用于大型精密坐标镗床、坐标铣床及其他数控机床的定位、数控和数显；圆盘式感应同步器常用于雷达天线定位跟踪、导弹制导、精密机床或测量仪器设备的分度装置等领域。

1.3 模拟量传感器

模拟量传感器是将被测量的非电学量转化为模拟量电信号的传感器。它检测在一定范围内变化的连续数值，发出的是连续信号，用电压、电流、电阻等表示被测参数的大小。在工程应用中，模拟量传感器主要用于生产系统中位移、温度、压力、流量及液位等常见模拟量的检测。

在工业生产实践中，为了保证模拟信号检测的精度和提高抗干扰能力，便于与后续处理器进行自动化系统集成，所使用的各种模拟量传感器一般都配有专门的信号转换与处理电路，将两者组合在一起使用，把检测到的模拟量变换成标准的电信号输出，这种检测装置称为变送器。图 1-1-18 所示为各种变送器。

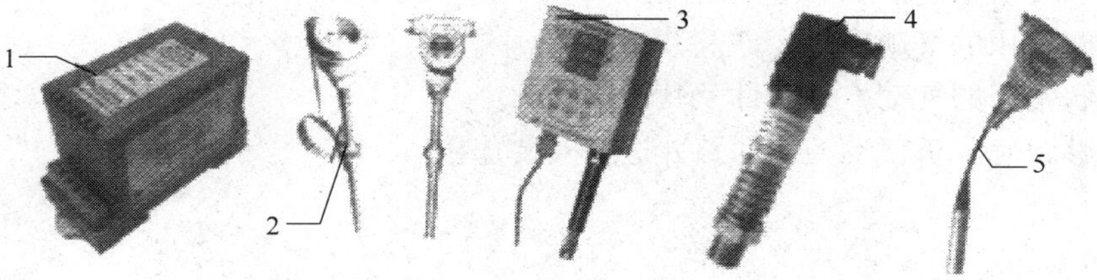

图 1-1-18 各种变送器

1—电流变送器；2—温度变送器；3—温/湿度变送器；4—压力变送器；5—液位变送器

变送器所输出的标准信号有标准电压或标准电流。电压型变送器的输出电压为 -5 ~ +5 V、0 ~ 5 V、0 ~ 10 V 等，电流型变送器的输出电流为 0 ~ 20 mA 及 4 ~ 20 mA 等。由于电流信号抗干扰能力强，便于远距离传输，所以各种电流型变送器得到了广泛应用。变送器的种类很多，用在工业自动化系统上的变送器主要有温/湿度变送器、压力变送器、液位变送器、电流变送器和电压变送器等。

项目 2　气动控制技术

学习目标

（1）熟悉气动控制系统的基本组成。
（2）了解常用的气动执行元件及其应用。
（3）了解常用的气动控制元件及其应用。
（4）能够正确分析气动控制回路并进行安装连接。

项目导入

自动生产线中的许多动作如机械手的抓取等都是靠气压传动来实现的。气压传动系统以压缩空气为工作介质来进行能量与信号的传递，利用空气压缩机将电动机或其他原动机输出的机械能转变成空气的压力能，然后在控制元件的控制和辅助元件的配合下，通过执行元件把空气的压力能转变为机械能，从而完成直线或回转运动并对外做功。

2.1　气动控制系统

一个完整的气动控制系统由气压发生器（气源装置）、执行元件、控制元件、辅助元件、检测装置以及控制器六部分组成，如图 1－2－1 所示。

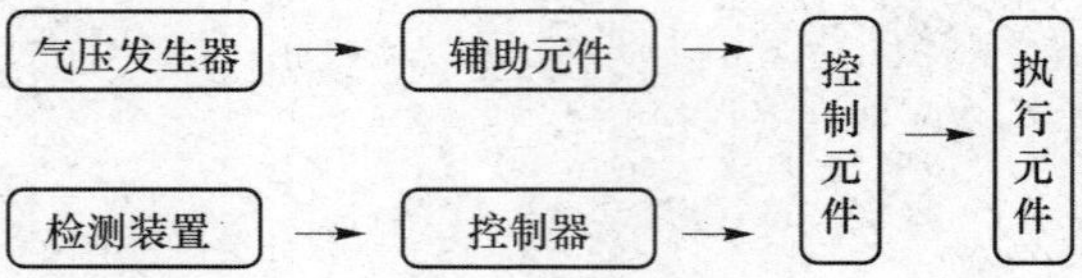

图 1－2－1　气动控制系统基本组成

图 1－2－2 所示为一个简单的气动控制系统。该控制系统由静音气泵、气动二联件、气缸、电磁阀组、检测元件和控制器等组成，能实现气缸的伸缩运动控制。气动控制系统是以压缩空气为工作介质，在控制元件的控制和辅助元件的配合下，通过执行元件把空气的压缩能转换为机械能，从而完成气缸直线或回转运动，并对外做功。

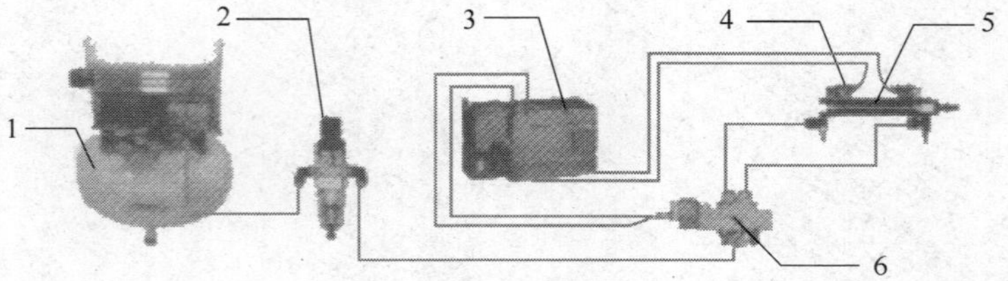

图 1－2－2　一个简单的气动控制系统
1—静音气泵；2—气动二联件；3—控制器；4—检测元件；5—气缸；6—电磁阀组

图1-2-2中的静音气泵为压缩空气发生装置，其中包括空气压缩机、安全阀、过载安全保护器、储气罐、罐体压力指示表、一次压力调节指示表、过滤减压阀及气源开关等部件，如图1-2-3所示。气泵是用来产生具有足够压力和流量的压缩空气并将其净化、处理及存储的一套装置，气泵的输出压力可通过其上的过滤减压阀进行调节。本系统所涉及的空气压缩机提供的压力为4 MPa，输出压力为0~0.8 MPa。输出的压缩空气通过快速三通接头和气管输送到各工作单元。

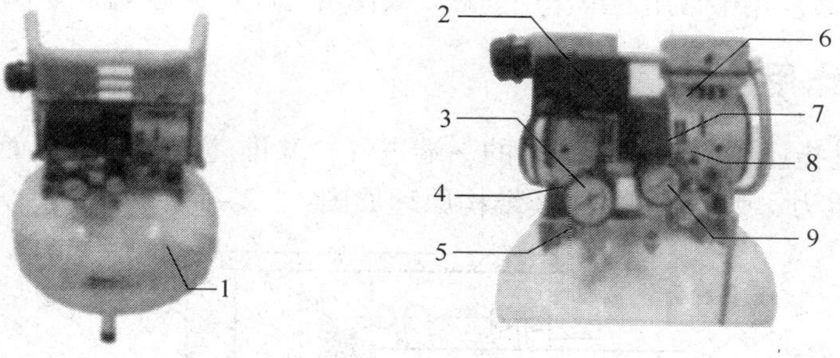

图1-2-3 静音气泵

1—储气罐；2—空气压缩机起、停开关；3—罐体压力指示表；4—过载安全保护器；5—安全阀；6—空气压缩机；7—过滤减压阀；8—气源开关；9—一次压力调节指示表

2.2 气动执行元件

在气动控制系统中，气动执行元件是一种将压缩空气的能量转化为机械能，实现直线、摆动或者回转运动的传动装置。气动系统中常用的执行元件是气缸和气马达。气缸用于实现直线往复运动，气马达则是实现连续回转运动。图1-2-4所示为几种常见的气动执行元件。

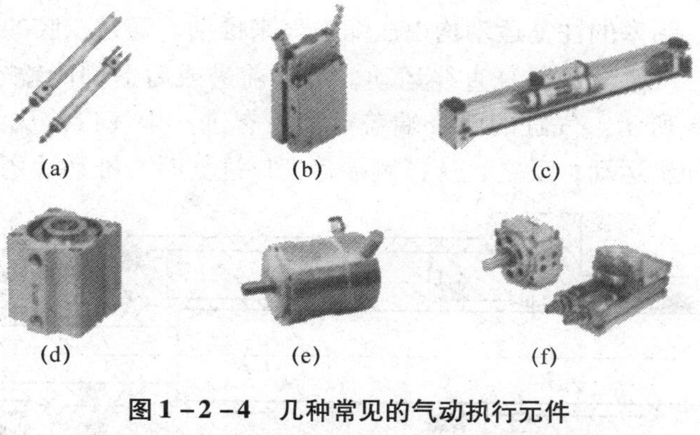

图1-2-4 几种常见的气动执行元件

(a) 笔型普通气缸；(b) 气动手爪；(c) 无杆气缸；
(d) 薄型气缸；(e) 气马达；(f) 转动气缸

气动执行元件作为气动控制系统中重要的组成部分，被广泛应用在各种自动化机械及生产装备中。为了满足各种应用场合的需要，实际设备中使用的气动执行元件不仅种类繁多，而且各元件的结构特点与应用场合也都不尽相同。

按驱动方式来分，可分为单作用气缸和双作用气缸。单作用气缸只有一个方向的运动靠气压传动，活塞的复位靠弹簧力或重力；双作用气缸活塞的往返运动全都靠压缩空气来完成。

按结构特点可分为活塞式气缸、叶片式气缸、薄型气缸、气液阻尼缸。

按气缸功能可分为普通气缸和特殊气缸。普通气缸主要指活塞式单作用气缸和双作用气缸。特殊气缸包括气液阻尼缸、薄型气缸、冲击式气缸、增压气缸、步进气缸、回转气缸等。

按尺寸分类，通常将缸径 2.5 ~ 6 mm 的称为微型气缸，8 ~ 25 mm 的称为小型气缸，32 ~ 320 mm 的称为中型气缸，大于 320 mm 的称为大型气缸。

本书只介绍工程应用中常用的单作用气缸、双作用气缸、摆动气缸、薄型气缸和气动手爪。

2.2.1　单作用气缸

单作用气缸是指压缩空气仅在气缸的一端进气，并推动活塞运动，而活塞的返回则借助于其他外力（如重力、弹簧力等），其结构原理如图 1－2－5 所示。

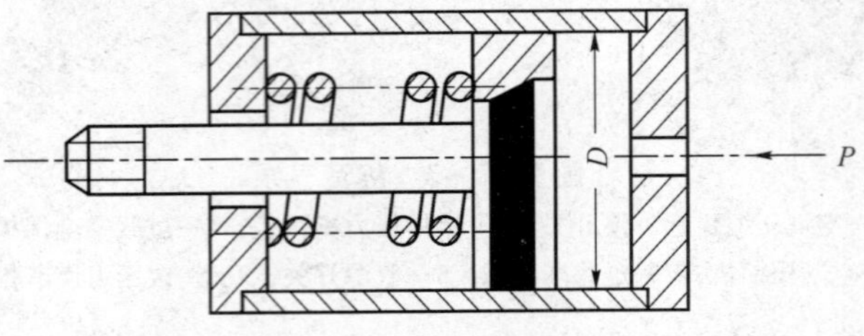

图 1－2－5　单作用气缸结构原理

单作用气缸结构简单，耗气量少，在缸体内安装了弹簧，缩短了气缸的有效行程，活塞杆的输出力随运动行程的增大而减小，弹簧具有吸收动能的能力，可减小行程终端的撞击作用；一般用于短行程和对输出力与运动速度要求不高的场合。

2.2.2　双作用气缸

双作用气缸中，活塞的往复运动均由压缩空气来推动。通过双腔的交替进气和排气驱动活塞杆伸出和缩回，气缸实现往复直线运动，活塞前进或后退都能输出力（推力或拉力），其结构如图 1－2－6 所示。气缸的两个端盖上都设有进、排气口，从无杆侧端盖气口进气时，推动活塞杆做伸出运动；反之，从杆侧端盖气口进气时，推动活塞杆做缩回运动。

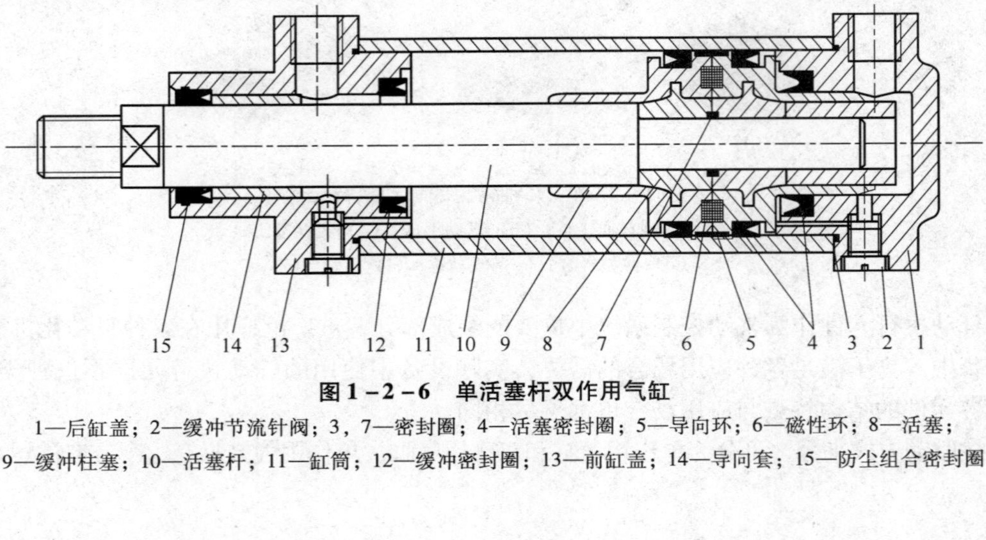

图 1－2－6　单活塞杆双作用气缸

1—后缸盖；2—缓冲节流针阀；3，7—密封圈；4—活塞密封圈；5—导向环；6—磁性环；8—活塞；9—缓冲柱塞；10—活塞杆；11—缸筒；12—缓冲密封圈；13—前缸盖；14—导向套；15—防尘组合密封圈

双作用气缸结构简单，输出力稳定，活塞行程可根据需要选择，双向作用的力和速度可根据需要调节，但由于是利用压缩空气交替作用于活塞上实现伸缩运动的，回缩时压缩空气的有效作用面积较小，所以产生的力要小于伸出时产生的推力。一般用于包装机械、食品机械、加工机械等设备上。

2.2.3 薄型气缸

薄型气缸也称为薄膜式气缸，其结构如图1-2-7所示，利用压缩空气通过膜片推动活塞往复运动，它具有结构简单、容易制造、成本低、维修方便、寿命长、泄漏少、效率高等优点，适用于气动夹具、自动调节阀及短行程场合。薄型气缸主要由缸体、膜片和活塞杆等零件组成，可以是单作用的，也可以是双作用的。

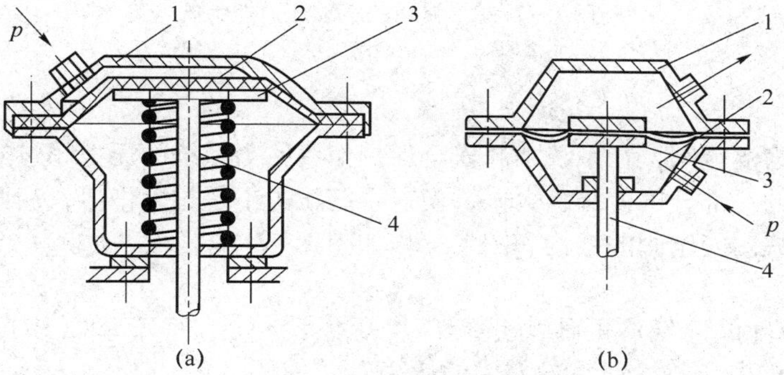

图1-2-7 薄型气缸的结构

（a）单作用式；（b）双作用式

1—缸体；2—膜片；3—膜盘；4—活塞杆

2.2.4 摆动气缸

摆动气缸利用压缩空气驱动输出轴在一定角度范围内做往复回转运动，其摆动角度可在一定范围内调节，常用的固定角度有90°、180°、270°；用于物体的转位、翻转、分类、夹紧，阀门的开闭以及机器人的手臂动作等。

2.2.5 气动手爪

气动手爪的开闭一般是由气缸活塞产生的往复直线运动带动与手爪相连的曲柄连杆、滚轮或齿轮等机构，驱动各个手爪同步进行开、闭运动；主要针对机械手的用途而设计，用来抓取工件，实现机械手的各种动作。

2.3 气动控制元件

在气动控制系统中，控制元件控制和调节压缩空气的压力、流量和流动方向，以保证执行元件具有一定的输出力和速度，并按设计的程序正常工作。控制元件主要有气动压力控制阀、流量控制阀和方向控制阀三种。

2.3.1 气动压力控制阀

气动压力控制阀用来控制气动控制系统中压缩空气的压力，以满足各种压力需求或节能，将压力减到每台装置所需的压力，并使压力稳定保持在所需的压力值上。压力控制阀主要有安全阀、顺序阀和减压阀三种，如图 1－2－8 所示。在气动控制系统工程应用中，经常将分水滤气器、减压阀和油雾器组合在一起使用，此装置俗称气动三联件。

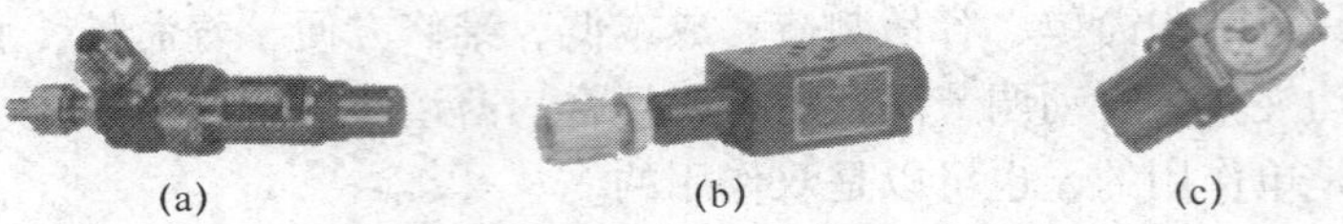

图 1－2－8 常用的气动压力控制阀

(a) 安全阀；(b) 顺序阀；(c) 减压阀

1. 安全阀

安全阀也称为溢流阀，在系统中起安全保护作用。当系统的压力超过规定值时，安全阀打开，将系统中的一部分气体排入大气，使得系统压力不超过允许值，从而保证系统不因压力过高而发生事故。安全阀的结构和图形符号如图 1－2－9 所示。

2. 减压阀

减压阀对来自供气气源的压力进行二次压力调节，使气源压力减小到各气动装置需要的压力，并使压力值保持稳定。减压阀一般安装在分水滤气器之后、油雾器之前，并注意不要将其进口和出口接反；阀不用时应把旋钮放松，以免膜片经常受压变形而影响其性能。图 1－2－10 所示为直动式减压阀的结构。

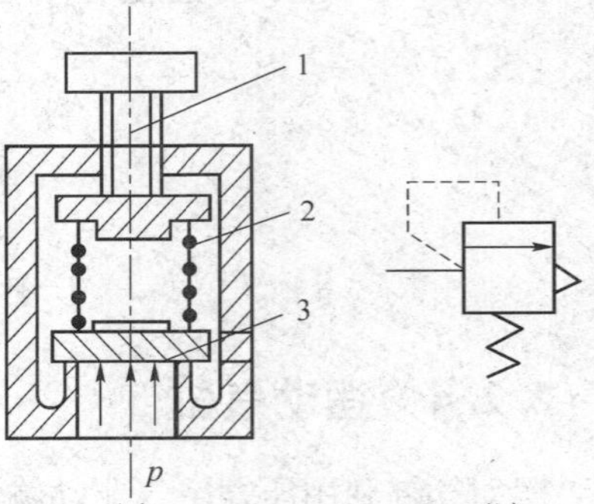

图 1－2－9 安全阀的结构和图形符号

(a) 结构；(b) 图形符号

1—调节阀；2—弹簧；3—阀芯

3. 顺序阀

顺序阀是依靠气路中压力的作用来控制执行元件按顺序动作的一种压力控制阀。顺序阀一般与单向阀配合在一起构成单向顺序阀。单向顺序阀及图形符号如图 1－2－11 所示。

当气流从 P1 口进入时，单向阀反向关闭，压力达到顺序阀弹簧 6 调定值时，阀芯上移，打开 P、A 通道，实现顺序打开；当气流从 P2 口流入时，气流顶开弹簧刚度很小的单向阀，打开 P2、P1 通道，实现单向阀的功能。

2.3.2 流量控制阀

流量控制阀在气动系统中通过改变节流口的流通面积来实现对流量的控制，以达到控制气缸运动速度或者控制换向阀的切换时间和气动信号的传递速度。流量控制阀包括调速阀、单向节流阀和带消声器的排气节流阀三种，如图 1－2－12 所示。

1. 调速阀

大流量直通型速度控制阀的单向阀为一座阀式阀芯，当手轮开起圈数少时，进行小流量调节；当手轮开起圈数多时，节流阀杆将单向阀顶开至一定开度，可实现大流量调节。直通式接管方便，占用空间小。调速阀的结构和图形符号如图 1－2－13 所示。

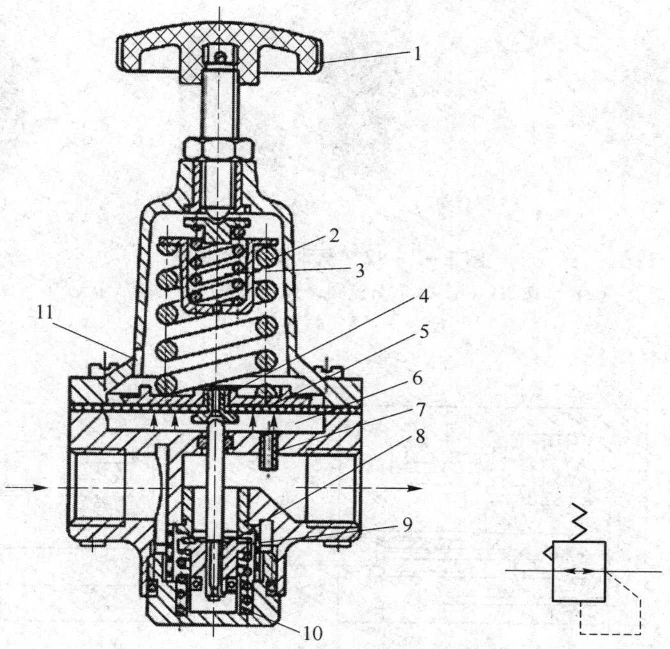

图 1－2－10 直动式减压阀的结构

1—调节旋钮；2，3—调节弹簧；4—溢流阀座；5—膜片；6—膜片室；
7—阻尼管；8—阀芯；9—复位弹簧；10—进气阀口；11—排气孔

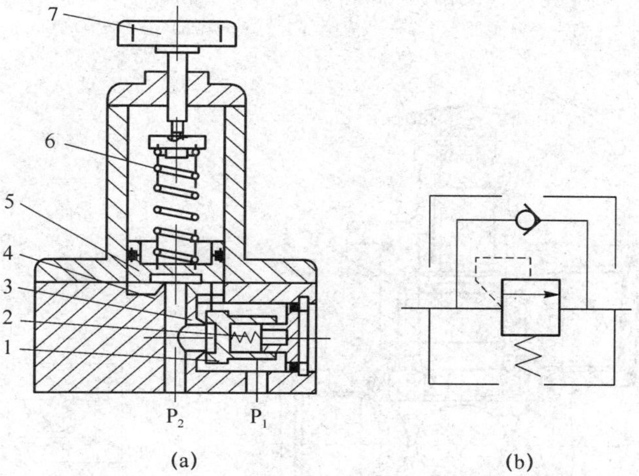

图 1－2－11 单向顺序阀及图形符号

（a）单向顺序阀；（b）图形符号
1—单向阀芯；2—弹簧；3—单向阀口；4—顺序阀口；
5—顺序阀芯；6—调压弹簧；7—调压手轮

2. 单向节流阀

单向节流阀是由单向阀和节流阀并联而成的组合控制阀，其结构和图形符号如图 1－2－14所示，当气流由 P 口向 A 口流动时，经过节流阀节流；由 A 口向 P 口流动时，单向阀打开，不节流。单向节流阀常用于气缸的调速和延时回路。

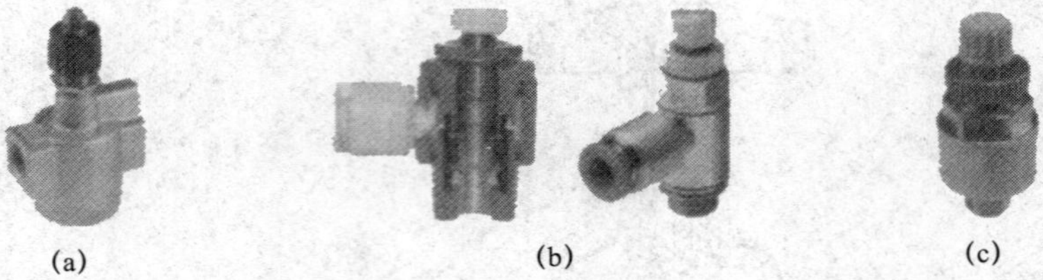

图 1－2－12　气动流量控制阀

（a）调速阀；（b）单向节流阀；（c）带消声器的排气节流阀

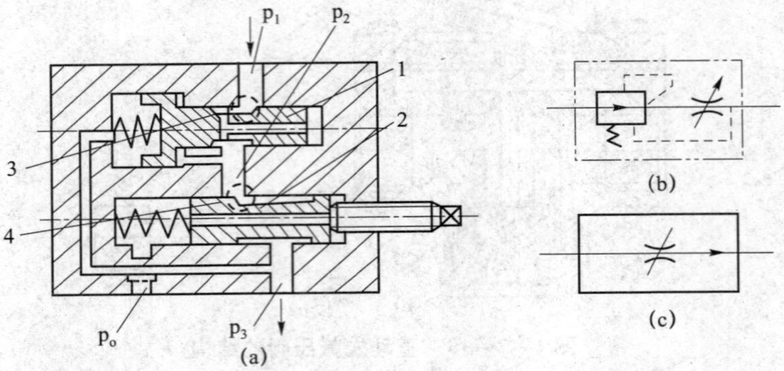

图 1－2－13　调速阀的结构和图形符号

（a）结构；（b）图形符号；（c）简化符号

1—减压阀部分；2—节流阀部分；3—减压口；4—节流口

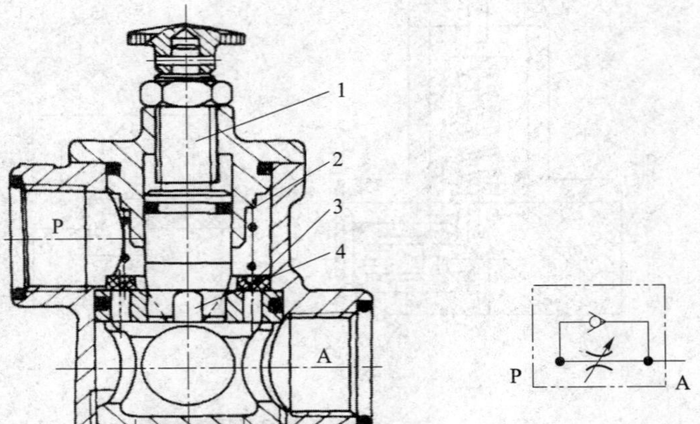

图 1－2－14　单向节流阀的结构和图形符号

（a）结构；（b）图形符号

1—调节阀；2—弹簧；3—单向阀；4—节流阀

3. 带消声器的排气节流阀

带消声器的排气节流阀通常装在换向阀的排气口上，控制排入大气的流量，以改变气缸的运动速度。排气节流阀常带消声器，可降低排气噪声 20 dB 以上。一般用于换向阀与气缸之间不能安装速度控制阀的场合及带阀气缸上。

2.3.3 方向控制阀

方向控制阀是气动系统中通过改变压缩空气的流动方向和气流通断来控制执行元件启动、停止及运动方向的气动元件。通常使用比较多的是电磁控制换向阀（简称电磁阀）。电磁阀是气动控制中最主要的元件，它是利用电磁线圈通电时静铁芯对动铁芯产生电磁吸引力使阀切换以改变气流方向的阀。根据阀芯复位的控制方式，又可以将电磁阀分为单电控和双电控两种。图1－2－15所示为电磁阀控制换向阀。

图1－2－15 电磁阀控制换向阀

（a）单电控；（b）双电控

电磁控制换向阀易于实现电—气联合控制，能实现远距离操作，在气动控制中广泛使用。在使用双电控电磁阀时应特别注意，两侧的电磁铁不能同时得电，否则将会使电磁阀线圈烧坏。为此，在电气控制回路上，通常设有防止同时得电的连锁回路。

电磁阀按阀切换通道数目的不同可以分为二通阀、三通阀、四通阀和五通阀；同时，按阀芯的切换工作位置数目的不同又分为二位阀和三位阀。例如，有两个通口的二位阀称为二位二通阀；有三个通口的二位阀，称为二位三通阀。常用的还有二位五通阀，用在推动双作用气缸的回路中。图1－2－16所示为二位三通、二位四通和二位五通单控电磁换向阀的图形符号，图形中有几个方格就是几位，方格中的“┬”和“┴”符号所示各接口互不相通。

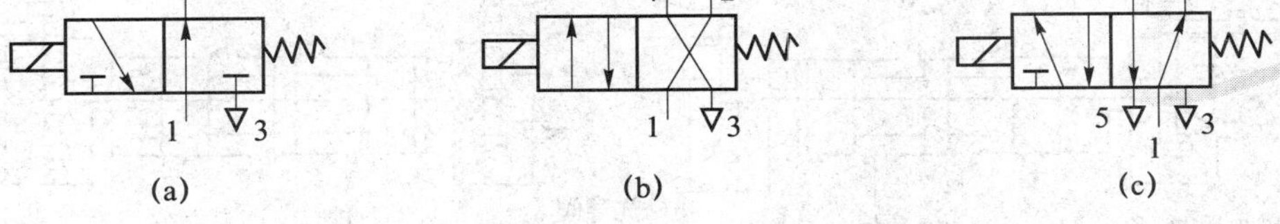

图1－2－16 单控电磁换向阀的图形符号

（a）二位三通阀；（b）二位四通阀；（c）二位五通阀

图1－2－17所示为直动式单电控二位三通电磁换向阀的工作原理。当电磁铁断电时，阀芯被弹簧推向上端，T和A接通；当电磁铁通电时，铁芯通过推杆将阀芯推向下端，使P和A接通。

图1－2－18所示为直动式双电控二位五通电磁换向阀的工作原理及图形符号。图1－2－19所示为先导式双电控换向阀工作原理及图形符号。

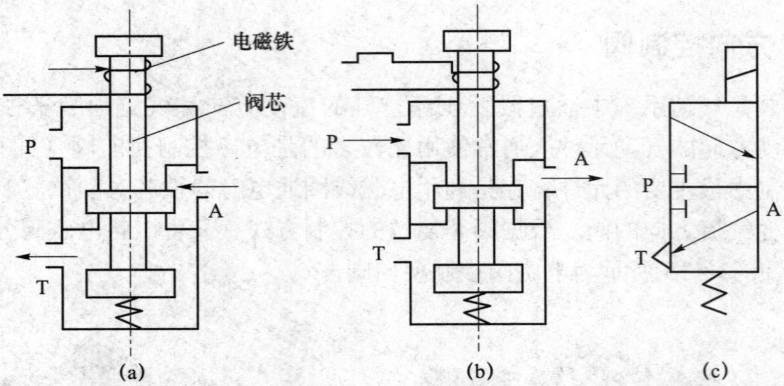

图 1-2-17　直动式单电控二位三通电磁换向阀的工作原理

(a) 电磁线圈不通电；(b) 电磁线圈通电；(c) 图形符号

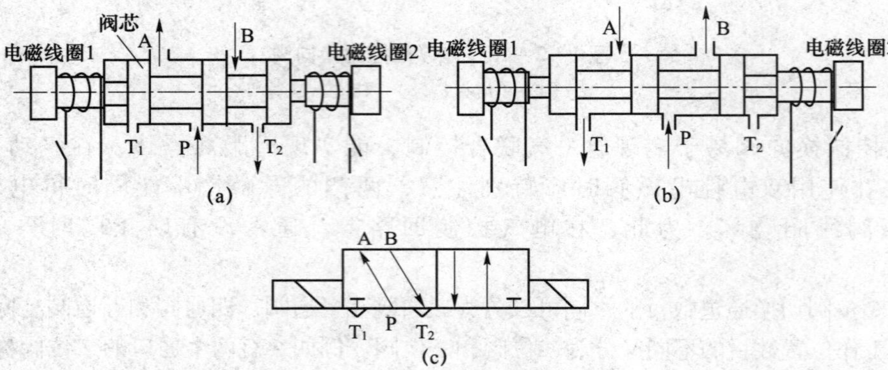

图 1-2-18　直动式双电控二位五通电磁换向阀的工作原理及图形符号

(a) 电磁线圈 1 得电，阀芯向右移；(b) 电磁线圈 2 得电，阀芯向左移；(c) 图形符号

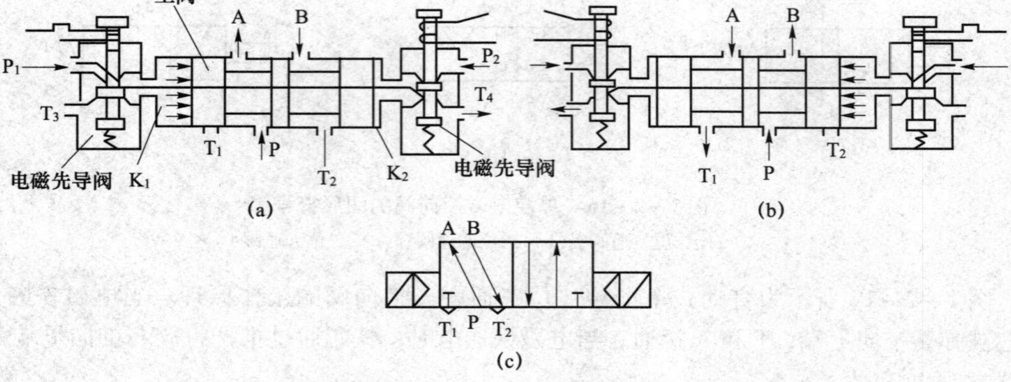

图 1-2-19　先导式双电控换向阀工作原理及图形符号

(a) 主阀向右移；(b) 主阀向左移；(c) 图形符号

在工程实际应用中，为了简化控制阀的控制线路和气路的连接，优化控制系统的结构，通常将多个电磁阀及相应的气控和电控信号接口、消声器和汇流板等集中在一起组成控制阀的集合体使用，将此集合体称为电磁阀组。图1-2-20所示为气动控制中常用的电磁阀组。为了方便气动系统的调试，各电磁阀均带有手动换向和加锁功能的手控旋钮。

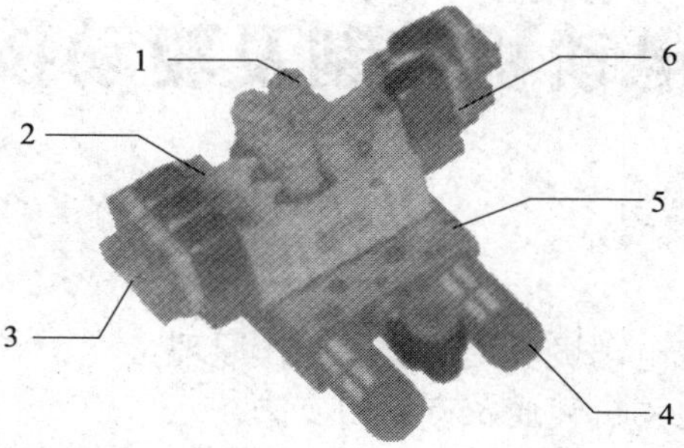

图1-2-20 气动控制中常用的电磁阀组

1—气管连接头；2—手控旋钮；3—电气接口；4—消声器；5—汇流板；6—电磁线圈

项目 3 电动机控制及驱动技术

学习目标

（1）了解三相异步交流电动机及变频器的工作原理。
（2）掌握变频器控制电动机转速及方向的方法。
（3）掌握 PLC 控制变频器调节电动机的方法。
（4）了解步进电动机的工作原理。
（5）掌握 PLC 控制步进电动机进行定位。
（6）了解伺服电动机的特性及工作原理。
（7）掌握伺服电动机的控制方法及电气接线。
（8）会设置伺服驱动器的参数并正确控制伺服电动机。

项目导入

在自动化生产线中，有许多机械运动控制就像人的手和足一样，用来完成机械运动和动作。实际上，自动化生产线中作为动力源的传动装置有各种电动机、气动装置和液压装置。在 YL－335B 中，分拣单元传送带的运动控制由交流电动机来完成，传送带动力为三相交流异步电动机，在运行中，不仅要求它可以改变速度，也需要改变方向。交流异步电动机利用电磁线圈把电能转换成电磁力，再依靠电磁力做功，从而把电能转换成转子的机械运动。交流电动机结构简单，可产生较大功率，在有交流电源的地方都可以使用。

步进电动机是一种将电脉冲信号转换成机械角位移的电磁机械装置。每输入一个电脉冲信号，电动机就转动一个角度，它的运动形式是步进式的，所以称为步进电动机。步进电动机具有定位精度较好、无漂移和无积累定位误差等优点，能跟踪一定频率范围的脉冲列，可作为同步电动机使用，广泛应用于各种小型自动化设备及仪器。

伺服电动机和伺服驱动装置组成的现代高性能伺服系统能实现低速到高速的平稳运转、较长时间的过载能力、较快的响应速度、能承受启动、制动和反转等这些要求的控制。交流伺服系统应用最为广泛，大多数采用永磁交流伺服系统，其中包括永磁同步交流伺服电动机和全数字交流永磁同步伺服驱动器两部分。

3.1 交流异步电动机变频控制的认知

3.1.1 交流异步电动机的认知

1. 结构

如图 1－3－1 所示，交流异步电动机由定子、转子和气隙三大部分构成。定子部分包括定子铁芯、定子绕组和机座；转子部分包括转子铁芯和转子绕组；异步电动机的气隙是均匀的，其大小为机械条件所能允许达到的最小值。

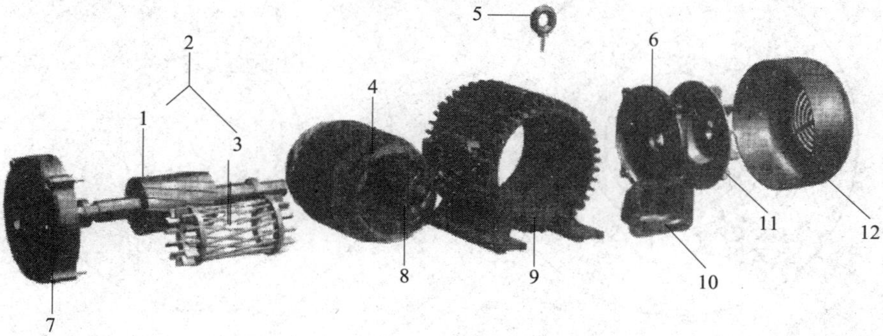

图1-3-1 交流异步电动机的结构

1—转子铁芯；2—转子部分；3—转子绕组；4—定子铁芯；5—吊环；
6—后端盖；7—前端盖；8—定子绕组；9—机座；10—出线盒；11—风扇；12—风罩

2. 工作原理

如图1-3-2所示，三相异步交流电动机的转动原理为：当三相对称绕组通入三相对称电流时产生圆形旋转磁场（为分析方便，先假设旋转磁场的方向为逆时针）；旋转磁场切割转子导体感应电动势和电流（感应电动势 e 通过右手定则确定）；转子载流（有功分量电流）体在磁场作用下受电磁力（电磁力 f 的方向通过左手定则确定）作用，形成电磁转矩，驱动电动机旋转，从而将电能转化为机械能。

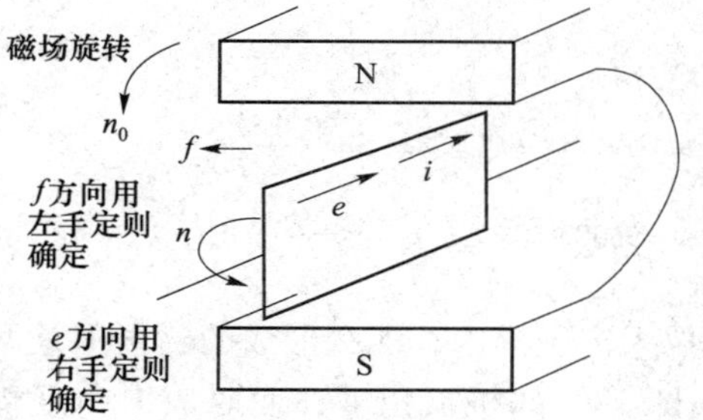

图1-3-2 三相异步交流电动机的转动原理

3. 旋转磁场的产生原理

三相异步交流电动机工作的三个条件首先是要有旋转磁场，对旋转磁场的要求是：磁场的极性、大小、转速不变。理论与实践证明：三相对称绕组中通入三相对称电流后，空间能产生一个旋转磁场，且极性、大小、转速均不变。其中，三相对称电流：指A、B、C三相电流大小相等，相位上互差120°；三相对称绕组：指A、B、C三相绕组匝数相等，空间上互差120°。

三相对称绕组在定子中安放有一定的规律，三相定子绕组头尾标志为：A—X、B—Y、C—Z，空间互差120°，三相绕组的三相对称电流分别为

$$i_A = I_m\cos\omega t, i_B = I_m\cos(\omega t - 120°), i_C = I_m\cos(\omega t - 240°)$$

如图1-3-3所示，A、B、C三相电流变化是随 t 变化的，A、B、C交替出现最大值——称之为正序。电流为正值时，从每相线圈的首端（A、B、C）流出，由线圈末端（X、Y、Z）流入；电流为负值时，从每相线圈的末端流出，由线圈首端流入。“⊙”表示电流流出，“⊗”表示电流流入。当 ωt 分别为0°、120°、240°和360°时，形成的电磁场如图1-3-3所示。

可见一个工作周期，旋转磁场在空间转过360°，如果电流频率为 f，则磁场 $1/f$ 时间内旋转1圈，每秒旋转 f 圈，每分钟磁场旋转 $n_o = 60f$(r/min)；并且旋转磁场的旋转方向取决

于三相电流的相序，可以通过换接其中任意两相来改变电动机的旋转方向。

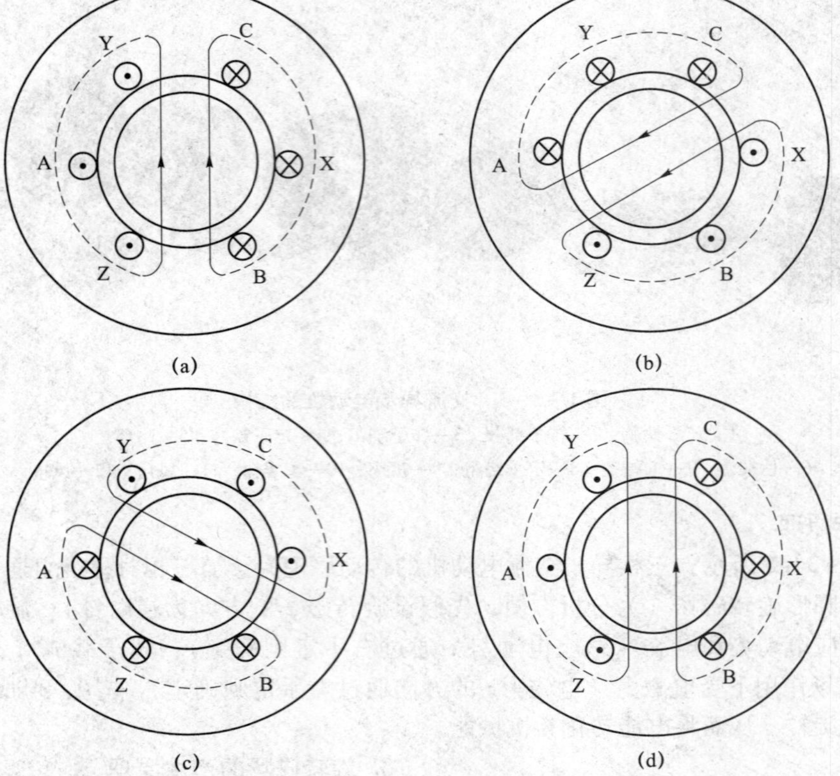

图 1-3-3　电磁场分布

(a) $\omega t=0°$　$i_A=I_m$　$i_B=i_C=-\frac{1}{2}I_m$；(b) $\omega t=120°$　$i_B=I_m$　$i_C=i_A=-\frac{1}{2}I_m$；

(c) $\omega t=240°$　$i_C=I_m$　$i_A=i_B=-\frac{1}{2}I_m$；(d) $\omega t=360°$　$i_A=I_m$　$i_B=i_C=-\frac{1}{2}I_m$

如果将每相绕组分成两段，按图 1-3-4 所示放入定子槽内，那么形成的磁场则是两对磁极，电流变化一个周期，磁场在空间旋转半周，即 180°的机械角度；而对应电角度仍为 360°，如图 1-3-4 所示。可见，磁极对数加倍，对于同样的电角度，磁场在空间上的机械角度减半。

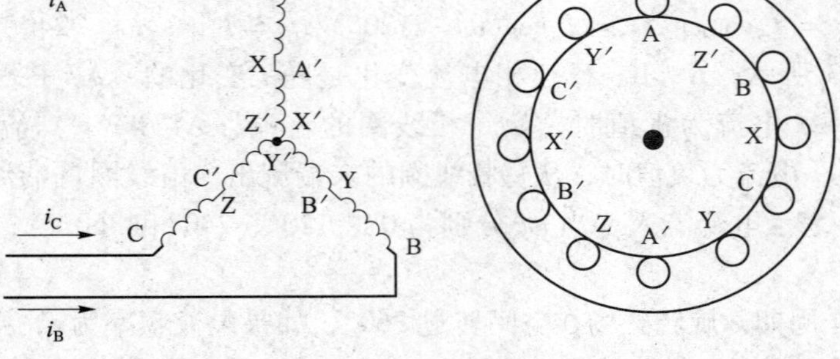

图 1-3-4　磁极对数加倍

依此类推，旋转磁场转速 n_0 与频率 f 和磁极对数 p 有关，即

$$n_0 = 60\frac{f}{p}$$

转差率 s 为旋转磁场的同步转速 n_0 和电动机实际转速 n 之差与旋转磁场同步转速 n_0 之比，即

$$s = \frac{n_0 - n}{n_0}$$

额定运行时，转差率一般在0.01~0.06，即电动机转速接近同步转速。

电动机的实际转速 n 为

$$n = (1 - s)n_0 = \frac{60(1 - s)f}{p}$$

从原理上来讲，三相异步电动机调速的方法可以有三种途径：改变输入频率 f；改变转差率 s；改变磁极对数 p。其中，变频器就是通过改变电动机输入电源的频率来实现调速的。而改变三相异步交流电动机的转向仅需要改变三相中的任意两相即可。

4. 名牌参数

一般的三相异步电动机，其铭牌数据标明该电动机的额定值。

(1) 额定电压：U_N(V)，额定运行时，规定加在定子绕组上的线电压。

(2) 额定电流：I_N(A)，额定运行时，规定加在定子绕组上的线电流。

(3) 额定功率：P_N(kW)，额定运行时，电动机的输出功率。

(4) 额定转速：n_N(r/min)，额定运行时，电动机的转子转速。

(5) 额定频率：f_N(Hz)，规定的电源频率（50 Hz）。

(6) 额定效率：η。

(7) 额定功率因数：$\cos\psi$，λ 等。

5. JSCC 电动机

系统所用的JSCC电动机是一个小型电动机，如图1－3－5所示。

图1－3－5　JSCC电动机

(1) 技术参数。电动机采用80YS25GY38型三相异步交流电动机，其技术参数见表1－3－1。

表1－3－1　电动机的技术参数

型号	输出功率 /W	电压 /V	频率 /Hz	电流 /A	额定转速 /（$r \cdot min^{-1}$）	启动转矩 /（mN·m）	额定转矩 /（mN·m）
80YS25GY38	25	三相380	50	0.13	1 300	250	195

与之配合的 90GK80H 型减速箱，其减速比为 1:10。

（2）外部接线。电动机的外部接线如图 1－3－6 所示。

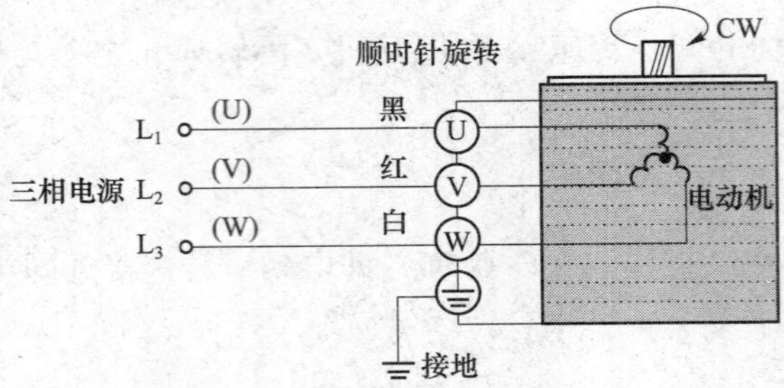

图 1－3－6 电动机的外部接线

3.1.2 变频器的认知

1. 通用变频器的工作原理

通用变频器是通过控制输出正弦波的驱动电源来控制电动机的方向和速度的，它是以恒电压频率比（U/f）保持磁通不变为基础，经过正弦波脉宽调制（SPWM）驱动主电路，以产生 U、V、W 三相交流电驱动三相交流异步电动机。

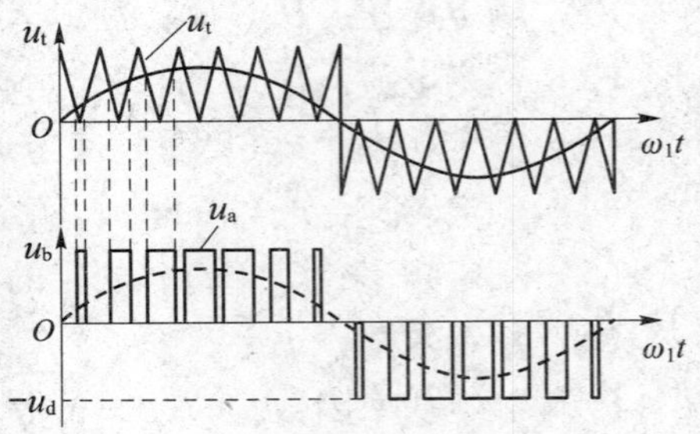

图 1－3－7 控制信号正弦波和载波

正弦波的脉宽调制波是将正弦半波分成 n 等份，每一区间的面积用与其相等的等幅不等宽的矩形面积代替，如图 1－3－7 所示。矩形脉冲所组成的波形就与正弦波等效，正弦的正负半周均如此处理。SPWM 调制的控制信号为幅值和频率均可调的正弦波，载波信号为三角波。该电路采用正弦波控制，三角波调制，当控制电压高于三角波电压时，比较器输出电压 U_d 为“高”电平，否则输出“低”电平。

SPWM 是先将 50 Hz 交流电压经变压器得到所需的电压后，经二极管整流桥和 LC 滤波，形成恒定的直流电压，再送入六个大功率晶体管构成的逆变器主电路，输出三相频率和电压均可调整的等效于正弦波的脉宽调制波（SPWM），即可拖动三相异步电动机运转，如图 1－3－8 所示。

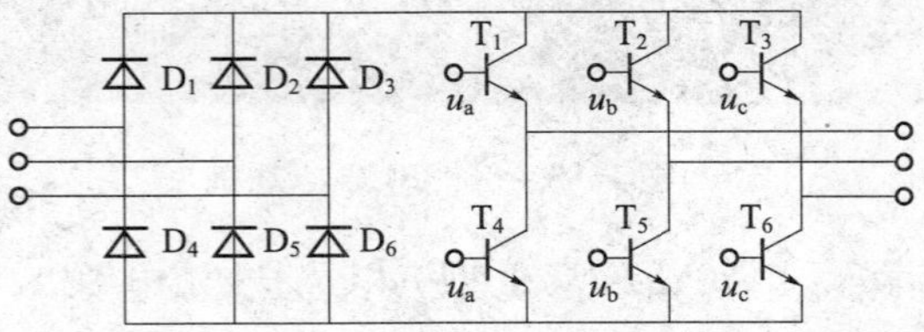

图 1－3－8 SPWM 交－直－交变压变频器的原理框图

以 A 相为例，只要正弦控制波的最大值低于三角波的幅值，就导通 T_1，封锁 T_4，这样就输出等幅不等宽的 SPWM 脉宽调制波。SPWM 调制波经功率放大才能驱动电动机。SPWM 变频器功率放大主回路中，左侧的桥式整流器将工频交流电变成直流恒值电压，给

图 1 – 3 – 8 中右侧逆变器供电。等效正弦脉宽调制波 u_a、u_b、u_c 送入 $T_1 \sim T_6$ 的基极，则逆变器输出脉宽按正弦规律变化的等效矩形电压波，经滤波变成正弦交流电用来驱动交流伺服电动机。

2. 西门子通用变频器 MM420

西门子通用变频器 MM420 由微处理器控制，并采用具有现代先进技术水平的绝缘栅双极型晶体管（IGBT）作为功率输出器件，它们具有很高的运行可靠性和功能多样性。脉冲宽度调制的开关频率是可选的，降低了电动机运行的噪声。

1）MM420 变频器的额定参数

（1）电源电压：380 ~ 480 V，三相交流。

（2）额定输出功率：0.75 kW。

（3）额定输入电流：2.4 A。

（4）额定输出电流：2.1 A。

（5）外形尺寸：A 型。

（6）操作面板：基本操作面板（BOP）。

2）MM420 变频器的接线

打开变频器的盖子后，就可以看到变频器的接线端子，如图 1 – 3 – 9 所示。

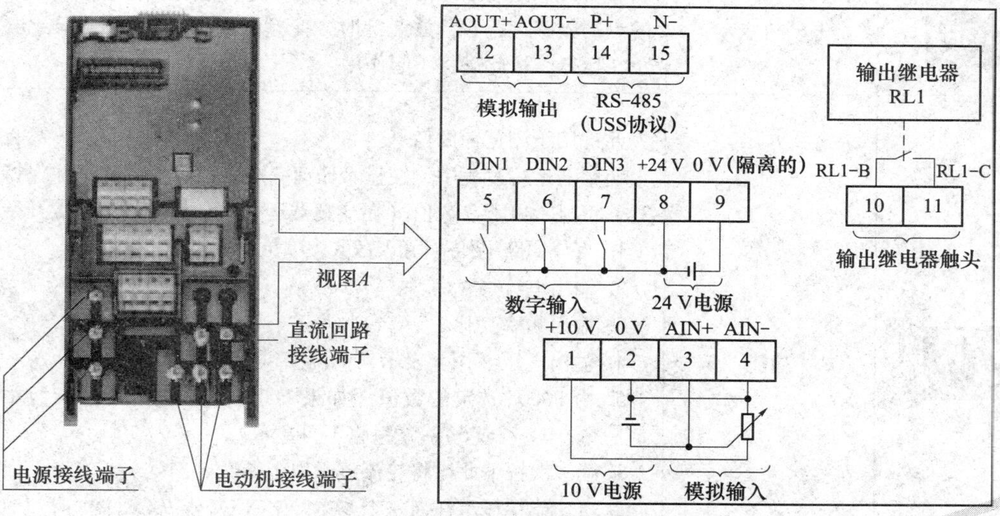

图 1 – 3 – 9　MM420 变频器的接线端子

注意：接地线 PE 必须连接到变频器接地端子，并连接到交流电动机的外壳。

带有人机交互接口的基本操作面板，核心部件为 CPU 单元，根据参数的设定，经过运算输出控制正弦波信号，经过 SPWM 调制，放大输出三相交流电压驱动三相交流电动机运转。

3）MM420 变频器的操作面板

MM420 变频器是一个智能化的数字式变频器，在基本操作面板上可以进行参数设置。图 1 – 3 – 10 所示为基本操作面板（BOP）的外形。基本操作面板具有 7 段显示的五位数字，

图 1 – 3 – 10　基本操作面板

可以显示参数的序号和数值、报警和故障信息，以及设定值和实际值。参数的信息不能用基本操作面板存储。基本操作面板备有 8 个按钮，表 1－3－2 列出了这些按钮的功能。

表 1－3－2　基本操作面板上的按钮及其功能

显示/按钮	功能	功能说明
	状态显示	LCD 显示变频器当前的设定值
	启动变频器	按此键启动变频器。缺省值运行时此键是被封锁的。为了使此键的操作有效，应设定 P0700＝1
	停止变频器	OFF1：按此键，变频器将按选定的斜坡下降速率减速停车，缺省值运行时此键被封锁；为了允许此键操作，应设定 P0700＝1。 OFF2：按此键两次（或一次，但时间较长）电动机将在惯性作用下自由停车。此功能总是"使能"的
	改变电动机的转动方向	按此键可以改变电动机的转动方向，电动机反向时，用负号表示或用闪烁的小数点表示。缺省值运行时此键是被封锁的，为了使此键的操作有效应设定 P0700＝1
	电动机点动	在变频器无输出的情况下按此键，将使电动机启动，并按预设定的点动频率运行。释放此键时，变频器停车。如果变频器/电动机正在运行，按此键将不起作用
	功能	此键用于浏览辅助信息。 变频器运行过程中，在显示任何一个参数时按下此键并保持不动 2 s，将显示以下参数值（在变频器运行中从任何一个参数开始）： 1. 直流回路电压（用 d 表示，单位：V）。 2. 输出电流（A）。 3. 输出频率（Hz）。 4. 输出电压（用 o 表示，单位 V）。 5. 由 P0005 选定的数值［如果 P0005 选择显示上述参数中的任何一个（3，4 或 5），这里将不再显示］。 连续多次按下此键将轮流显示以上参数。 跳转功能在显示任何一个参数（rXXXX 或 PXXXX）时短时间按下此键，将立即跳转到 r0000，如果需要的话，可以接着修改其他的参数。跳转到 r0000 后，按此键将返回原来的显示点
	访问参数	按此键即可访问参数
	增加数值	按此键即可增加面板上显示的参数数值
	减少数值	按此键即可减少面板上显示的参数数值

4）MM420 变频器的参数号及参数名称

参数号是指该参数的编号。参数号用0000 到9999 的4 位数字表示。在参数号的前面冠以一个小写字母“r”时，表示该参数是“只读”的参数。其他所有参数号的前面都冠以一个大写字母“P”。这些参数的设定值可以直接在标题栏的“最小值”和“最大值”范围内进行修改。

[下标] 表示该参数是一个带下标的参数，并且指定了下标的有效序号。通过下标，可以对同一参数的用途进行扩展，或对不同的控制对象，自动改变所显示的或所设定的参数。

5）MM420 变频器的参数设置方法

用基本操作面板可以修改和设定系统参数，使变频器具有期望的特性，例如，斜坡时间、最小和最大频率等。选择的参数号和设定的参数值在五位数字的 LCD 上显示。更改参数的数值的步骤为：

①查找所选定的参数号；

②进入参数值访问级，修改参数值；

③确认并存储修改好的参数值。

参数 P0004（参数过滤器）的作用是根据所选定的一组功能，对参数进行过滤（或筛选），并集中对过滤出的一组参数进行访问，从而可以更方便地进行调试。P0004 可能的设定值见表 1－3－3，缺省的设定值＝0。

表 1－3－3 参数与 P0004 的设定值

设定值	所指定参数组意义	设定值	所指定参数组意义
0	全部参数	12	驱动装置的特征
2	变频器参数	13	电动机的控制
3	电动机参数	20	通信
7	命令，二进制 I/O	21	报警／警告／监控
8	模－数转换和数－模转换	22	工艺参量控制器（例如 PID）
10	设定值通道/ RFG（斜坡函数发生器）		

修改 P0004 设定值的步骤见表 1－3－4。

表 1－3－4 改变参数 P0004 设定值的步骤

序号	操作内容	显示结果
1	按  访问参数	
2	按  直到显示出 P0004	
3	按  进入参数数值访问级	
4	按  或  到所需要的数值	
5	按  确认并存储参数的数值	
6	使用者只能看到命令参数	

6）MM420 变频器的参数访问

MM420 变频器有数千个参数，为了能快速访问指定的参数，MM420 采用把参数分类，屏蔽（过滤）不需要访问的类别的方法实现。实现这种过滤功能的有如下几个参数：

（1）P0004：是实现这种参数过滤功能的重要参数。当完成了 P0004 的设定以后再进行参数查找时，在 LCD 上只能看到 P0004 设定值所指定类别的参数。

（2）P0010：是调试参数过滤器，对与调试相关的参数进行过滤，只筛选出那些与特定功能组有关的参数。P0010 的可能设定值为：0（准备），1（快速调试），2（变频器），29（下载），30（工厂的缺省设定值）；缺省设定值为 0。

（3）P0003：用于定义用户访问参数组的等级，设置范围为 1～4，如表 1－3－5 所示。

表 1－3－5　P0003 访问等级设置

设定值	功能	功能说明
1	标准级	可以访问最经常使用的参数
2	扩展级	允许扩展访问参数的范围，例如变频器的 I/O 功能
3	专家级	只供专家使用
4	维修级	只供授权的维修人员使用，具有密码保护

该参数缺省设置为等级 1（标准级），对于大多数简单的应用对象，采用标准级就可以满足要求了。用户可以修改设置值，但建议不要设置为等级 4（维修级），用 BOP 或 AOP 看不到第 4 访问级的参数。

例 1　用 BOP 进行变频器的“快速调试”。

快速调试包括电动机参数和斜坡函数的参数设定。电动机参数的修改，仅当快速调试时有效。在进行“快速调试”以前，必须完成变频器的机械和电气安装。当选择 P0010＝1 时，进行快速调试。

表 1－3－6 所示为对应模块二项目 4 分拣单元选用的电动机参数设置。

表 1－3－6　设置电动机参数表

参数号	出厂值	设置值	说明
P0003	1	1	设用户访问级为标准级
P0010	0	1	快速调试
P0100	0	0	设置使用地区，0＝欧洲，功率以 kW 表示，频率为 50 Hz
P0304	400	380	电动机额定电压（V）
P0305	1.90	0.18	电动机额定电流（A）
P0307	0.75	0.03	电动机额定功率（kW）
P0310	50	50	电动机额定频率（Hz）
P0311	1 395	1 300	电动机额定转速（r/min）

快速调试与参数 P3900 的设定有关，当其被设定为 1 时，快速调试结束后，要完成必要的电动机计算，并使其他所有的参数（P0010＝1 不包括在内）复位为工厂的缺省设置。当

P3900 = 1 并完成快速调试后，变频器已做好了运行准备。

例2　将变频器复位为工厂的缺省设定值。

如果用户在参数调试过程中遇到问题，并且希望重新开始调试，通常采用首先把变频器的全部参数复位为工厂的缺省设定值，再重新调试的方法。为此，应按照下面的数值设定参数：① 设定 P0010 = 30；② 设定 P0970 = 1。按下 P 键，便开始参数的复位。变频器将自动地把它的所有参数都复位为它们各自的缺省设置值。复位为工厂缺省设置值的时间大约要 60 s。

7）命令信号源的选择（P0700）和频率设定值的选择（P1000）

P0700：这一参数用于指定命令源，可能的设定值见表 1 - 3 - 7，缺省值为 2。

表 1 - 3 - 7　P0700 的设定值

设定值	所指定参数值意义	设定值	所指定参数值意义
0	工厂的缺省设置	4	通过 BOP 链路的 USS 设置
1	BOP（键盘）设置	5	通过 COM 链路的 USS 设置
2	由端子排输入	6	通过 COM 链路的通信板（CB）设置

注意：当改变这一参数时，同时也使所选项目的全部设置值复位为工厂的缺省设置值。例如：把它的设定值由 1 改为 2 时，所有的数字输入都将复位为缺省的设置值。

P1000：这一参数用于选择频率设定值的信号源，其设定值可达 0 ~ 66。缺省的设置值为 2。实际上，当设定值≥10 时，频率设定值将来源于 2 个信号源的叠加。其中，主设定值由最低一位数字（个位数）来选择（即 0 到 6），而附加设定值由最高一位数字（十位数）来选择（即 x0 到 x6，其中，$x = 1 \sim 6$）。下面只说明常用主设定信号源的意义：

（1）0：无主设定值。

（2）1：MOP（电动电位差计）设定值。取此值时，选择 BOP 的按键指定输出频率。

（3）2：模拟设定值。输出频率由 3 - 4 端子两端的模拟电压（0 ~ 10 V）设定。

（4）3：固定频率。输出频率由数字输入端子 DIN1 ~ DIN3 的状态指定，用于多段速控制。

（5）5：通过 COM 链路的 USS 设定。即通过按 USS 协议的串行通信线路设定输出频率。

例如：电动机速度的连续调整

变频器的参数在出厂缺省值时，命令源参数 P0700 = 2，指定命令源为“外部 I/O”；频率设定值信号源 P1000 = 2，指定频率设定信号源为“模拟量输入”。这时，只须在 AIN +（端子 3）与 AIN -（端子 4）加上模拟电压（DC 0 ~ 10 V 可调），并使数字输入 DIN1 信号为 ON，即可启动电动机实现电动机速度连续调整。

例3　模拟电压信号从变频器内部 DC 10 V 电源获得。

按图 1 - 3 - 9（MM420 变频器方框图）的接线，用一个 4.7 K 电位器连接内部电源 +10 V端（端子 1）和 0 V 端（端子 2），中间抽头与 AIN +（端子 3）相连。连接主电路后接通电源，使 DIN1 端子的开关短接，即可启动/停止变频器，旋动电位器即可改变频率实现电动机速度连续调整。

电动机速度调整范围：上述电动机速度的调整操作中，电动机的最低速度取决于参数 P1080（最低频率），最高速度取决于参数 P2000（基准频率）。

P1080 属于"设定值通道"参数组（P0004 = 10），缺省值为 0.00 Hz。

P2000 是串行链路，模拟 I/O 和 PID 控制器采用的满刻度频率设定值，属于"通信"参数组（P0004 = 20），缺省值为 50.00 Hz。

如果缺省值不满足电动机速度调整的要求范围，就需要调整这 2 个参数。另外需要指出的是，如果要求最高速度高于 50.00 Hz，则设定与最高速度相关的参数时，除了设定参数 P2000 外，尚须设置参数 P1082（最高频率）。

P1082 也属于"设定值通道"参数组（P0004 = 10），缺省值为 50.00 Hz。即参数 P1082 限制了电动机运行的最高频率［Hz］。因此最高速度要求高于 50.00 Hz 的情况下，需要修改 P1082 参数。

电动机运行的加、减速度的快慢，可用斜坡上升和下降时间表征，分别由参数 P1120、P1121 设定。这两个参数均属于"设定值通道"参数组，并且可在快速调试时设定。

P1120 是斜坡上升时间，即电动机从静止状态加速到最高频率（P1082）所用的时间。设定范围为 0 ~ 650 s，缺省值为 10 s。

P1121 是斜坡下降时间，即电动机从最高频率（P1082）减速到静止停车所用的时间。设定范围为 0 ~ 650 s，缺省值为 10 s。

注意：如果设定的斜坡上升时间太短，有可能导致变频器过电流跳闸；同样，如果设定的斜坡下降时间太短，有可能导致变频器过电流或过电压跳闸。

例 4　模拟电压信号由外部给定，电动机可正反转。

为此，参数 P0700（命令源选择），P1000（频率设定值选择）应为缺省设置，即 P0700 = 2（由端子排输入），P1000 = 2（模拟输入）。从模拟输入端 3（AIN +）和 4（AIN −）输入来自外部的 0 ~ 10 V 直流电压（例如从 PLC 的 D/A 模块获得），即可连续调节输出频率的大小。用数字输入端口 DIN1 和 DIN2 控制电动机的正反转方向时，可通过设定参数 P0701、P0702 实现。例如，使 P0701 = 1（DIN1 ON 接通正转，OFF 停止），P0702 = 2（DIN2 ON 接通反转，OFF 停止）。

8）多段速控制

当变频器的命令源参数 P0700 = 2（外部 I/O），选择频率设定的信号源参数 P1000 = 3（固定频率），并设定数字输入端子 DIN1、DIN2、DIN3 等相应的功能后，就可以通过外接的开关器件的组合通断改变输入端子的状态实现电动机速度的有级调整。这种控制频率的方式称为多段速控制功能。

（1）选择数字输入 1（DIN1）功能的参数为 P0701，缺省值 = 1。

（2）选择数字输入 2（DIN2）功能的参数为 P0702，缺省值 = 12。

（3）选择数字输入 3（DIN3）功能的参数为 P0703，缺省值 = 9。

为了实现多段速控制功能，应该修改这三个参数，给 DIN1、DIN2、DIN3 端子赋予相应的功能。

参数 P0701、P0702、P0703 均属于"命令，二进制 I/O"参数组（P0004 = 7），可能的设定值见表 1 − 3 − 8。

表 1-3-8 参数 P0701、P0702、P0703 可能的设定值

设定值	所指定参数值意义	设定值	所指定参数值意义
0	禁止数字输入	14	MOP 降速（减少频率）
1	接通正转/停车命令 1	15	固定频率设定值（直接选择）
2	接通反转/停车命令 1	16	固定频率设定值（直接选择 + ON 命令）
3	按惯性自由停车	17	固定频率设定值［二进制编码的十进制数（BCD 码）选择 + ON 命令］
4	按斜坡函数曲线快速降速停车	21	机旁/远程控制
9	故障确认	25	直流注入制动
10	正向点动	29	由外部信号触发跳闸
11	反向点动	33	禁止附加频率设定值
12	反转	99	使能 BICO 参数化
13	MOP（电动电位计）升速（增加频率）		

由表 1-3-8 可见，参数 P0701、P0702、P0703 设定值取值为 15、16、17 时，选择固定频率的方式确定输出频率（FF 方式）。这三种选择说明如下：

（1）直接选择（P0701 - P0703 = 15）。

在这种操作方式下，一个数字输入选择一个固定频率。如果有几个固定频率输入同时被激活，选定的频率是它们的总和。例如：FF1 + FF2 + FF3。在这种方式下，还需要一个 ON 命令才能使变频器投入运行。

（2）直接选择 + ON 命令（P0701 - P0703 = 16）。

选择固定频率时，既有选定的固定频率，又带有 ON 命令，把它们组合在一起。在这种操作方式下，一个数字输入选择一个固定频率。如果有几个固定频率输入同时被激活，选定的频率是它们的总和。例如：FF1 + FF2 + FF3。

（3）二进制编码的十进制数（BCD 码）选择 + ON 命令（P0701 - P0703 = 17）使用这种方法最多可以选择 7 个固定频率。各个固定频率的数值见表 1-3-9。

表 1-3-9 各个固定频率的数值选择

		DIN3	DIN2	DIN1
	OFF	不激活	不激活	不激活
P1001	FF1	不激活	不激活	激活
P1002	FF2	不激活	激活	不激活
P1003	FF3	不激活	激活	激活
P1004	FF4	激活	不激活	不激活
P1005	FF5	激活	不激活	激活
P1006	FF6	激活	激活	不激活
P1007	FF7	激活	激活	激活

综上所述，为实现多段速控制的参数设置步骤如下：

P0004 = 7，选择“外部 I/O”参数组，然后设定 P0700 = 2；指定命令源为“由端子排输入”。

P0701、P0702、P0703 = 15 ~ 17，确定数字输入 DIN1、DIN2、DIN3 的功能。

P0004 = 10，选择“设定值通道”参数组，然后设定 P1000 = 3，指定频率设定值信号源为固定频率。

设定相应的固定频率值，即设定参数 P1001 ~ P1007 有关对应项。

例如要求电动机能实现正反转和高、中、低三种转速的调整，高速时运行频率为 40 Hz，中速时运行频率为 25 Hz，低速时运行频率为 15 Hz，见表 1 - 3 - 10。

表 1 - 3 - 10　三段固定频率控制参数表

步骤号	参数号	出厂值	设置值	说明
1	P0003	1	1	设用户访问级为标准级
2	P0004	0	7	命令组为命令和数字 I/O
3	P0700	2	2	命令源选择“由端子排输入”
4	P0003	1	2	设用户访问级为扩展级
5	P0701	1	16	DIN1 功能设定为固定频率设定值（直接选择 + ON）
6	P0702	12	16	DIN2 功能设定为固定频率设定值（直接选择 + ON）
7	P0703	9	12	DIN3 功能设定为接通时反转
8	P0004	0	10	命令组为设定值通道和斜坡函数发生器
9	P1000	2	3	频率给定输入方式设定为固定频率设定值
10	P1001	0	25	固定频率 1
11	P1002	5	15	固定频率 2

设置上述参数后，将 DIN1 置为高电平，DIN2 置为低电平，变频器输出 25 Hz（中速）；将 DIN1 置为低电平，DIN2 置为高电平，变频器输出 15 Hz（低速）；将 DIN1 置为高电平，DIN2 置为高电平，变频器输出 40 Hz（高速）；将 DIN3 置为高电平，电动机反转。

3.2　步进电动机控制的认知

3.2.1　步进电动机的认知

1. 结构原理

步进电动机是将电脉冲信号转换为相应的角位移或直线位移的一种特殊执行电动机。每输入一个电脉冲信号，电动机就转动一个角度，它的运动形式是步进式的，所以称为步进电动机。

以一台最简单的三相反应式步进电动机为例，简述步进电动机的工作原理。

图1－3－11所示为三相反应式步进电动机的工作原理。定子铁芯为凸极式，共有三对（六个）磁极，每两个空间相对的磁极上绕有一相控制绕组。转子由软磁性材料制成，也是凸极结构，只有四个齿，齿宽等于定子的极宽。

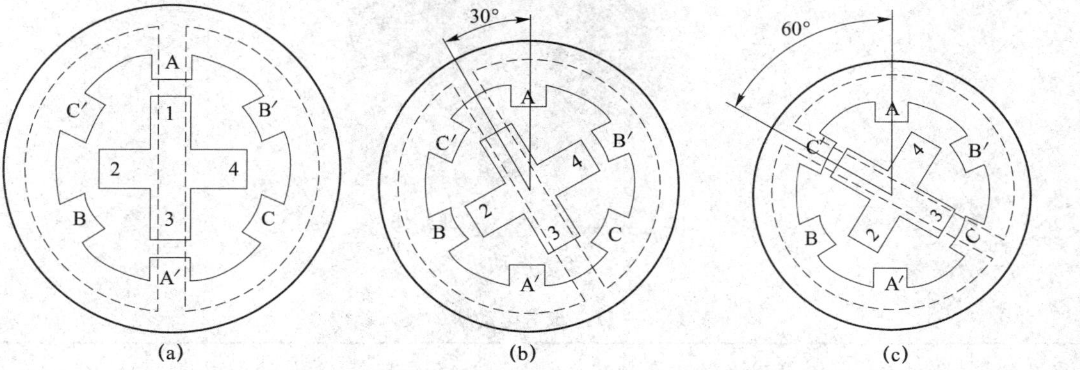

图1－3－11　三相反应式步进电动机的工作原理

（a）A相通电；（b）B相通电；（c）C相通电

当A相控制绕组通电，其余两相均不通电时，电动机内产生以定子A相极为轴线的磁场。由于磁通具有力图走磁阻最小路径的特点，使转子齿1、3的轴线与定子A相极轴线对齐，如图1－3－11（a）所示。当A相控制绕组断电、B相控制绕组通电时，转子在相应转矩的作用下，逆时针转过30°，使转子齿2、4的轴线与定子B相极轴线对齐，即转子走了一步，如图1－3－11（b）所示。若断开B相，使C相控制绕组通电，转子逆时针方向又转过30°，使转子齿1、3的轴线与定子C相极轴线对齐，如图1－3－11（c）所示。如此按A→B→C→A的顺序轮流通电，转子就会一步一步地按逆时针方向转动。其转速取决于各相控制绕组通电与断电的频率，旋转方向取决于控制绕组轮流通电的顺序。若按A→C→B→A的顺序通电，则电动机按顺时针方向转动。

上述通电方式称为三相单三拍。“三相”是指三相步进电动机；“单三拍”是指每次只有一相控制绕组通电；控制绕组每改变一次通电状态称为一拍，“三拍”是指改变三次通电状态为一个循环。把每一拍转子转过的角度称为步距角。三相单三拍运行时，步距角为30°。显然，这个角度太大，不能付诸实用。

如果把控制绕组的通电方式改为A→AB→B→BC→C→CA→A，即一相通电接着二相通电间隔地轮流进行，完成一个循环需要经过六次改变通电状态，称为三相单、双六拍通电方式。当A、B两相绕组同时通电时，转子齿的位置应同时考虑到两对定子极的作用，只有A相极和B相极对转子齿所产生的磁拉力相平衡的中间位置，才是转子的平衡位置。这样，单、双六拍通电方式下转子平衡位置增加了一倍，步距角为15°。

2. 系统所用步进电动机的认知

系统所选用的步进电动机是Kinco三相步进电动机3S57Q－04079型，如图1－3－12所示，与之配套的驱动器为Kinco 3M458型三相步进电动机驱动器。Kinco步进电动机系统具有以下特点：高性价比；使用简单；低振动，高转速，大力矩；可靠的光耦输入；自动半流功能。

步进电动机的技术参数见表1－3－11。

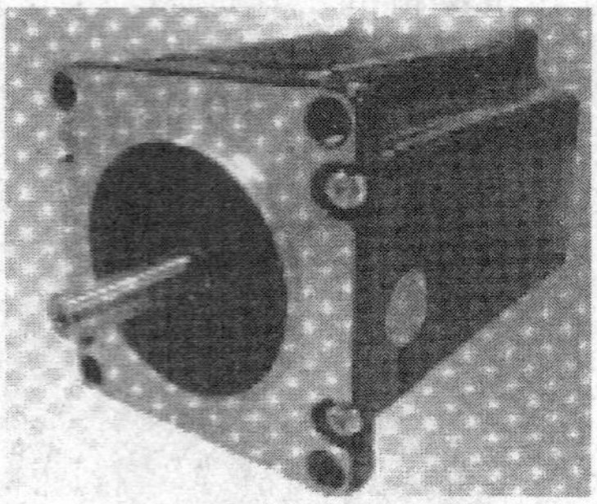

图 1－3－12　3S57Q－04079 型
步进电动机

表 1－3－11　步进电动机的技术参数

参数名称	步距角/(°)	相电流/A	保持转矩/(N·m)	阻尼转矩/(N·m)	电动机惯量/(kg·cm²)
参数值	1.8	5.8	1.8	0.07	0.48

其外部接线如图 1－3－13 所示。

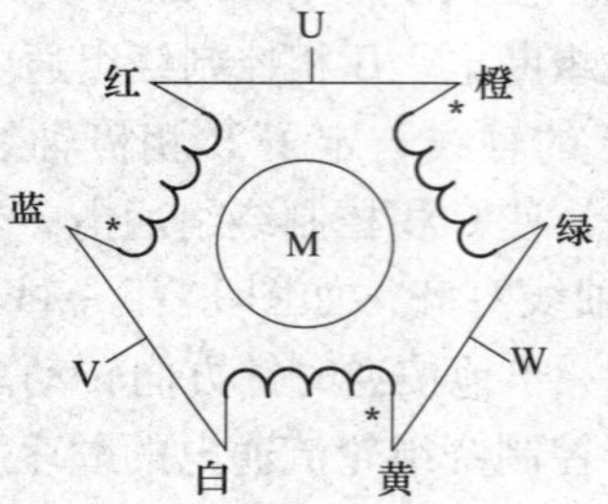

浅色	电动机信号
红色	U
橙色	
蓝色	V
白色	
黄色	W
绿色	

图 1－3－13　步进电动机的外部接线

3.2.2　步进驱动器的认知

3S57Q－04079 型步进电动机适配的步进驱动器为 3M458 型三相步进电动机驱动器，如图 1－3－14 所示。该驱动器采用交流伺服驱动原理，具备交流伺服运转特性，三相正弦电流输出；内部驱动直流电压达 40 V，能提供更好的高速性能；具有电动机静态锁紧状态下的自动半流功能，可大大降低电动机的发热；具有最高可达 10 000 步/转的细分功能，细分可以通过拨动开关设定；几乎无步进电动机常见的共振和爬行区，输出相电流通过拨动开关设定；控制信号的输入电路采用光耦隔离；采用正弦的电流驱动，使电动机的空载起跳频率达 5 kHz（约 1 000 步/转）。

图 1－3－14　3M458 型三相步进电动机驱动器

1. 步进驱动器的工作原理

步进电动机驱动器的组成包括脉冲分配器和脉冲放大器两部分，主要解决向步进电动机的各相绕组分配输出脉冲和功率放大两个问题。

脉冲分配器是一个数字逻辑单元，它接收来自控制器的脉冲信号和转向信号，把脉冲信号按一定的逻辑关系分配到每一相脉冲放大器上，使步进电动机按选定的运行方式工作。由于步进电动机各相绕组是按一定的通电顺序并不断循环来实现步进功能的，因此脉冲分配器也称为环形分配器。实现这种分配功能的方法有多种，例如，可以由双稳态触发器和门电路组成，也可由可编程逻辑器件组成。

脉冲放大器是进行脉冲功率放大的，因为从脉冲分配器输出的电流很小（毫安级），而步进电动机工作时需要的电流较大，因此需要进行功率放大。此外，输出的脉冲波形、幅度、波形前沿陡度等因素对步进电动机运行性能有重要的影响。3M458 型驱动器内部驱动直流电压达 40 V，能提供更好的高速性能。它具有电动机静态锁紧状态下的自动半流功能，可大大降低电动机的发热。而为调试方便，驱动器还有一对脱机信号输入线 FREE + 和 FREE -，当这一信号为 ON 时，驱动器将断开输入到步进电动机的电源电路。系统没有使用这一信号，目的是使步进电动机在上电后，即使静止时也保持自动半流的锁紧状态。驱动器采用交流伺服驱动原理，把直流电压通过脉宽调制技术变为三路阶梯式正弦波形电流，如图 1 - 3 - 15 所示。

图 1 - 3 - 15　相位差 120°的三相阶梯式正弦电流

阶梯式正弦波形电流按固定时序分别流过三相绕组，其每个阶梯对应电动机转动一步。通过改变驱动器输出正弦电流的频率来改变电动机转速，而输出的阶梯数确定了每步转过的角度。角度越小，其阶梯数就越多，即细分就越大，从理论上说此角度可以设得足够小，所以细分数可以很大。细分驱动方式不仅可以减小步进电动机的步距角，提高分辨率，而且可以减少或消除低频振动，使电动机运行更加平稳均匀。

2. DIP 开关的设置

1）细分功能设置

在 3M458 型驱动器的侧面连接端子中间有一个红色的八位 DIP 功能设定开关，可以用来设定驱动器的工作方式和工作参数。其中，DIP1、DIP2 和 DIP3 用来设置细分。细分功能可以消除电动机的低频振荡，提高电动机的输出转矩，减小步距角，提高步距的均匀度。细分的设置如图 1 - 3 - 16 所示。

DIP 开关的正视图：

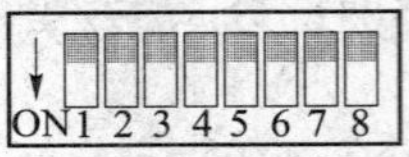

开关序号	ON 功能	OFF 功能
DIP1 ~ DIP3	细分设置用	细分设置用
DIP4	静态电流全流	静态电流半流
DIP5 ~ DIP8	电流设置用	电流设置用

细分设定如下：

DIP1	DIP2	DIP3	细分/(Y)
ON	ON	ON	400
ON	ON	OFF	500
ON	OFF	ON	600
ON	OFF	OFF	1 000
OFF	ON	ON	2 000
OFF	ON	OFF	4 000
OFF	OFF	ON	5 000
OFF	OFF	OFF	10 000

图 1－3－16　细分的设置

2）电流调整功能的设置

可以通过 DIP 开关调整输出相电流，如图 1－3－17 所示。

DIP 开关的正视图：

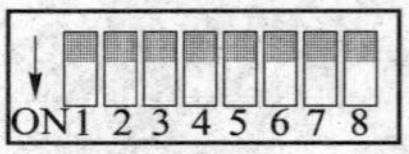

输出相电流设定如下：

DIP5	DIP6	DIP7	DIP8	输出电流/A
OFF	OFF	OFF	OFF	3.0
OFF	OFF	OFF	ON	4.0
OFF	OFF	ON	ON	4.6
OFF	ON	ON	ON	5.2
ON	ON	ON	ON	5.8

图 1－3－17　相电流的设置

3.3　伺服电动机控制的认知

伺服电动机又称执行电动机，在自动控制系统中，用作执行元件，把所收到的电信号转换成电动机轴上的角位移或角速度输出。伺服电动机分为直流和交流伺服电动机两大类，其主要特点是，当信号电压为零时无自转现象，转速随着转矩的增加而匀速下降。交流伺服电动机是无刷电动机，分为同步和异步电动机，目前运动控制中一般都用同步电动机，它的功率范围大，可以做到很大的功率，惯量大，因而适合做低速平稳运行的应用。

20 世纪 80 年代以来，随着集成电路、电力电子技术和交流可变速驱动技术的发展，永磁交流伺服驱动技术有了突出的发展，交流伺服系统已成为当代高性能伺服系统的主要发展方向。

当前，高性能的电伺服系统大多采用永磁同步型交流伺服电动机，控制驱动器多采用快速、准确定位的全数字位置伺服系统。典型生产厂家如德国西门子、美国科尔摩根和日本安川等公司。YL－335B 采用了松下 MINAS－A4 系列伺服电动机及驱动器。

3.3.1　交流伺服电动机及驱动器的认知

在 YL－335B 的输送单元中，采用了松下 MHMD022P1U 永磁同步交流伺服电动机及 MADDT1207003 全数字交流永磁同步伺服驱动器作为运输机械手的运动控制装置，如图 1－3－18 所示。

图 1－3－18　YL－335B 的输送单元上的伺服电动机及驱动器

1—伺服电动机；2—伺服驱动器

交流伺服电动机的工作原理：伺服电动机内部的转子是永磁铁，驱动器控制的 U/V/W 三相电形成电磁场，转子在此磁场的作用下转动，同时电动机自带的编码器反馈信号给驱动器，驱动器根据反馈值与目标值进行比较，调整转子转动的角度。伺服电动机的精度决定于编码器的精度（线数）。伺服电动机结构如图 1－3－19 所示。

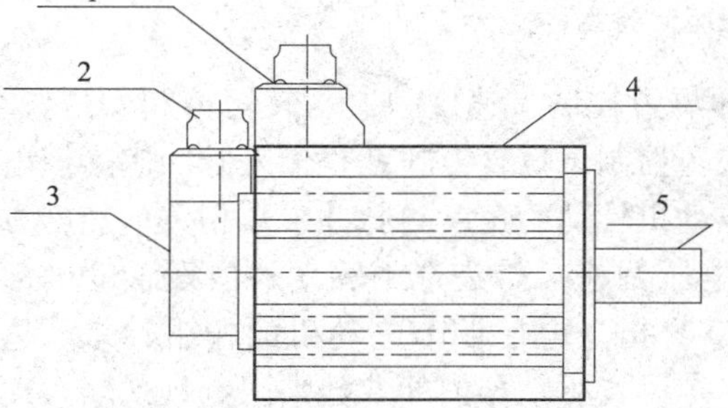

图 1－3－19　伺服电动机结构

1—电动机插座；2—编码器插座；3—编码器；4—电动机本体；5—电动机轴

注意：伺服电动机最容易损坏的是编码器，因为其中有很精密的玻璃光盘和光电元件，因此电动机应避免强烈的振动，不得敲击电动机的端部和编码器部分。

MHMD022P1U 的含义：MHMD 表示电动机类型为大惯量，02 表示电动机的额定功率为 200 W，2 表示电压规格为 200 V，P 表示编码器为增量式编码器，脉冲数为 2 500 p/r，分辨率为 10 000，输出信号线数为 5 根线。

交流永磁同步伺服驱动器主要由伺服控制单元、功率驱动单元、通信接口单元、伺服电动机及相应的反馈检测器件组成，结构框图如图 1－3－20 所示。其中伺服控制单元包括位置控制器、速度控制器、转矩和电流控制器等。

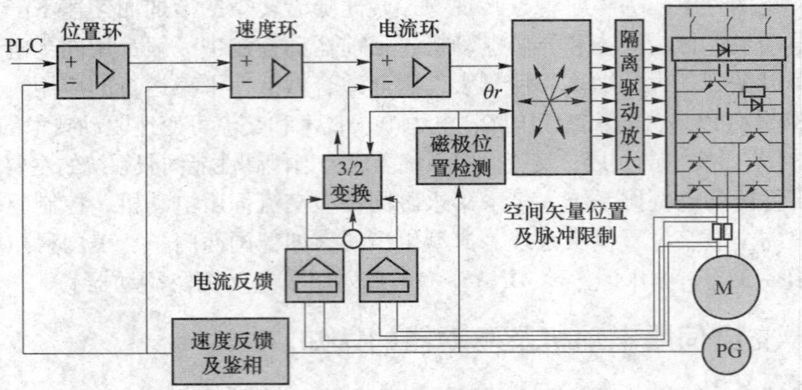

图 1-3-20　伺服驱动器的结构框图

MADDT1207003 的含义：MADDT 表示松下 A4 系列 A 型驱动器，T1 表示最大瞬时输出电流为 10 A，2 表示电源电压规格为单相 200 V，07 表示电流监测器额定电流为 7.5 A，003 表示脉冲控制专用。伺服驱动器的面板如图 1-3-21 所示。

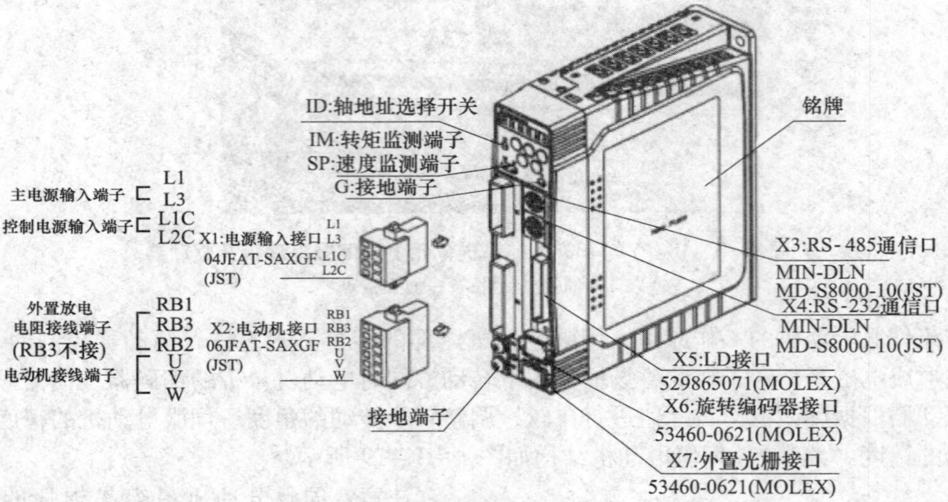

图 1-3-21　伺服驱动器的面板

松下的伺服驱动器有 7 种控制运行方式，即位置控制、速度控制、转矩控制、位置/速度控制、位置/转矩控制、速度/转矩控制、全闭环控制。位置方式就是输入脉冲串来使电动机定位运行，电动机转速与脉冲串频率相关，电动机转动的角度与脉冲个数相关；速度方式有两种，一是通过输入直流 -10 ~ +10 V 指令电压调速，二是选用驱动器内设置的内部速度来调速；转矩方式是通过输入直流 -10 ~ +10 V 指令电压调节电动机的输出转矩，这种方式下运行必须要进行速度限制，有两种方法：①设置驱动器内的参数来限制；②输入模拟量电压限速。

3.3.2　伺服电动机及驱动器的硬件接线

伺服电动机及驱动器与外围设备之间的接线如图 1-3-22 所示，输入电源经断路器、滤波器后直接到控制电源输入端（X1）L1C、L2C，滤波器后的电源经接触器、电抗器后到伺服驱动器的主电源输入端（X1）L1、L3，伺服驱动器的输出电源（X2）U、V、W接伺服电动机，伺服电动机的编码器输出信号也要接到驱动器的编码器接入端（X6），相关的I/O控制信号（X5）还要与PLC等控制器相连接，伺服驱动器还可以与计算机或手持控制器相连，用于参数设置。下面将从三个方面来介绍伺服驱动器的接线。

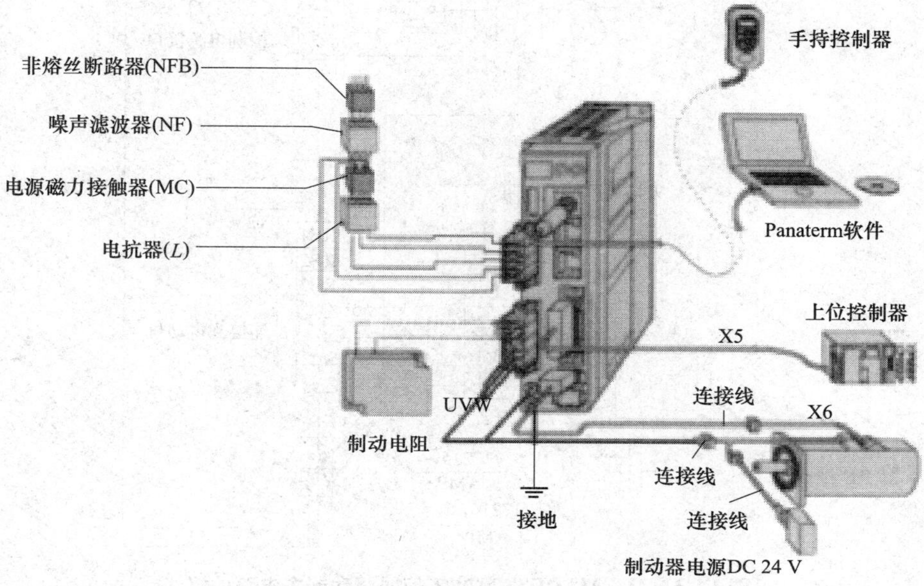

图1-3-22 伺服电动机及驱动器与外围设备之间的接线

1. 主回路的接线

MADDT1207003伺服驱动器主回路的接线如图1-3-23所示，接线时，电源电压必须按照驱动器铭牌上的指示，电动机接线端子（U、V、W）不可以接地或短路，交流伺服电动机的旋转方向不像感应电动机可以通过交换三相相序来改变，必须保证驱动器上的U、V、W、E接线端子与电动机主回路接线端子按规定的次序一一对应，否则可能造成驱动器损坏。电动机的接线端子和驱动器的接地端子以及滤波器的接地端子必须保证可靠地连接到同一个接地点上，机身也必须接地。本型号的伺服驱动器外接放电电阻规格为100 Ω/10 W。

单相电源经噪声滤波器后直接送给控制电源，主电源由磁力接触器MC控制，按下ON按钮，主电源接通；当按下OFF按钮时，主电源断开。也可改由PLC的输出接点来控制伺服驱动器的主电源的接通与断开。

2. 电动机的光电编码器与伺服驱动器的接线

在YL-335B中使用的MHMD022P1U伺服电动机编码器为2 500 p/r的5线增量式编码器，接线如图1-3-24所示，接线时采用屏蔽线且距离最长不超过30 m。

3. PLC控制器与伺服驱动器的接线

MADDT1207003伺服驱动器的控制端口如图1-3-25所示，其中有10路开关量输入点，在YL-335B中使用了3个输入端口，CNX5_29（SRV-ON）伺服使能端接低电平，CNX5_8（CWL）接左限位开关输入，CNX5_9（CCWL）接右限位开关输入；有6路开关量

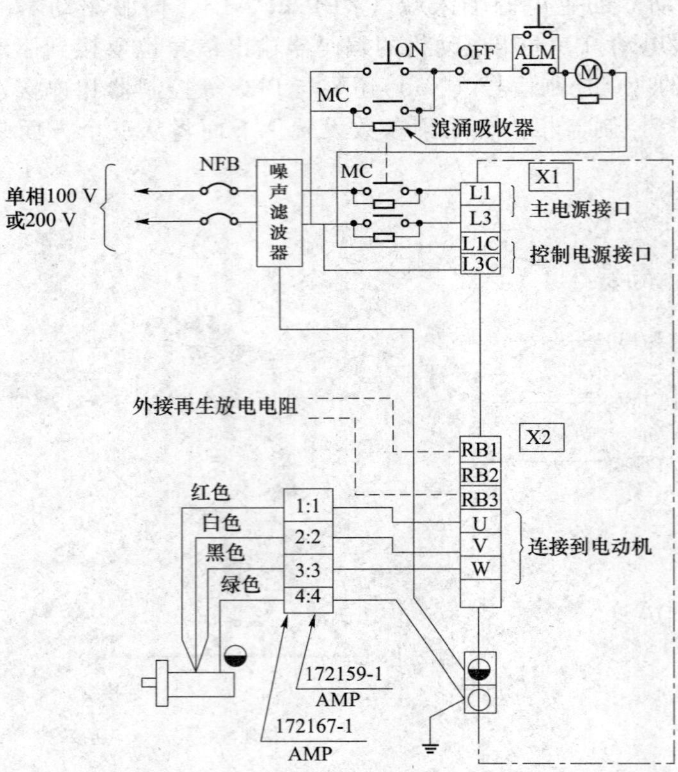

图 1－3－23　MADDT1207003 伺服驱动器主电路的接线

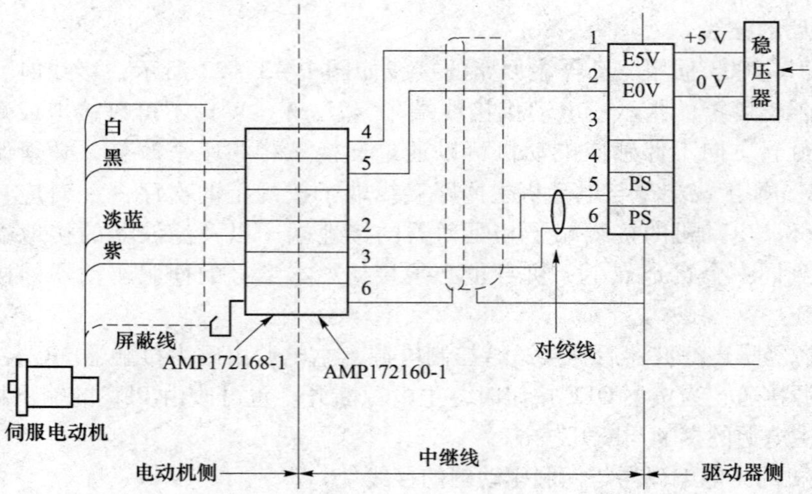

图 1－3－24　电动机编码器与伺服驱动器的接线

输出，只用到了 CNX5_37（ALM）伺服报警；有 2 路脉冲量输入，在 YL－335B 中分别用作脉冲和方向指令信号连接到 S7－226PLC 的高速输出端 Q0. 0 和 Q0. 1；有 4 路脉冲量输出，3 路模拟量输入，在 YL－335B 中未使用。对其他输入量的定义请参看《松下 A 系列伺服电动机手册》。

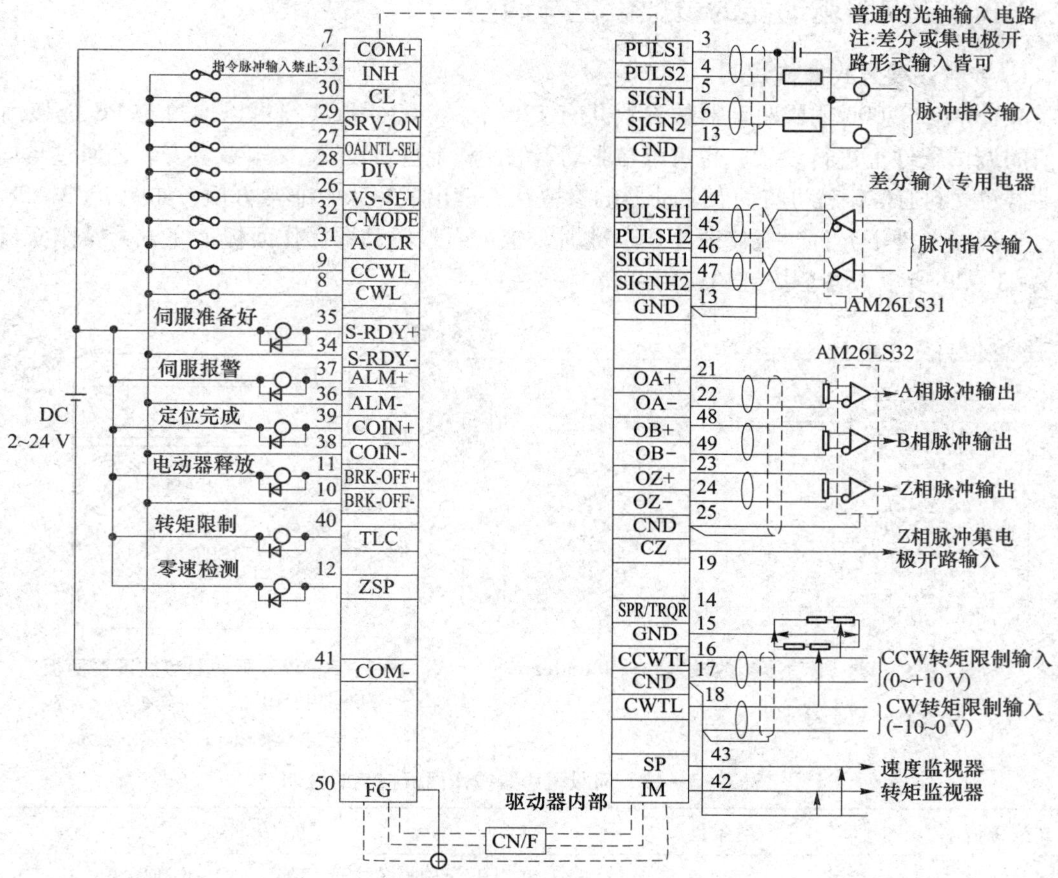

图 1－3－25　MADDT1207003 伺服驱动器的控制端口

两路脉冲两输入的内部电路如图 1－3－26 所示，输入方式为光耦输入，可与差分或集电极开路输出电路连接，图中 OPC1/2 相对 PULS1 和 SIGN1 串联了一个电阻。图 1－3－25 中集电极开路输入方式，需要根据光耦的饱和电流（≤10 mA）在外部串联电阻；在 YL－335B 中，采用了如图 1－3－27 所示的方式，不需要外部串联电阻。

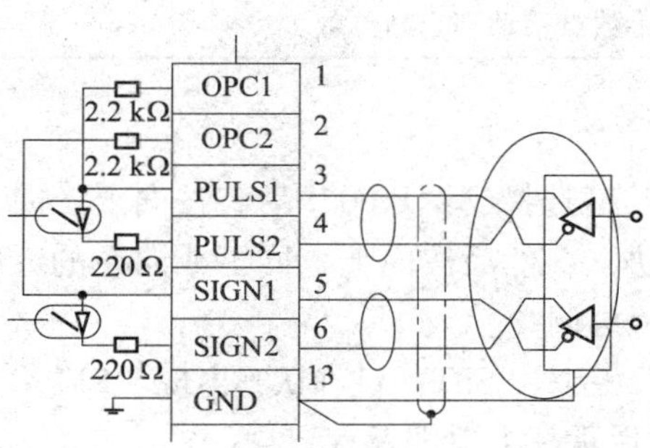

图 1－3－26　脉冲输入端口内部电路

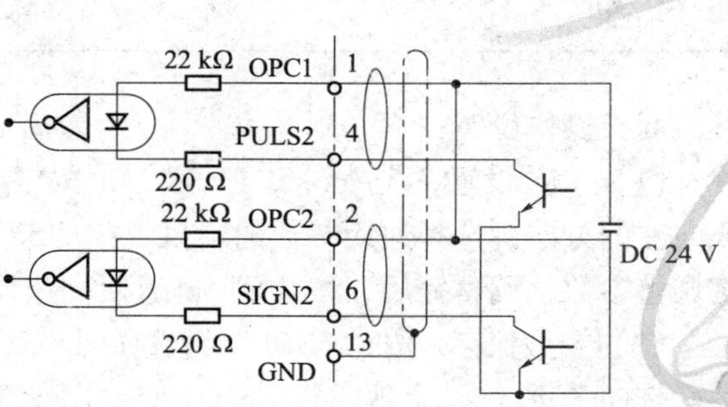

图 1－3－27　集电极开路输入（无外部电阻）

3.3.3 伺服驱动器的参数设置与调整

1. 参数设置方式操作说明

MADDT1207003 伺服驱动器的参数共有 128 个，Pr00 ~ Pr7F，可以通过与 PC 连接后在专门的调试软件上进行设置，也可以在驱动器的面板上进行设置。在 PC 上安装，通过与伺服驱动器建立起通信，就可将伺服驱动器的参数状态读出或写入，非常方便，如图 1 – 3 – 28 所示。当现场条件不允许，或修改少量参数时，也可通过驱动器操作面板来完成，操作面板如图 1 – 3 – 29 所示，各个按键的说明见表 1 – 3 – 12。

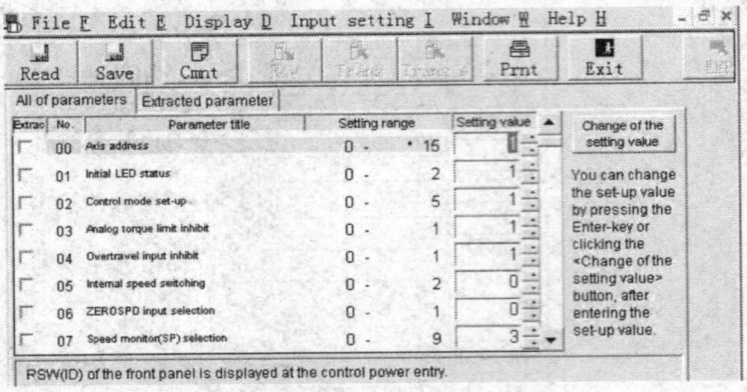

图 1 – 3 – 28 驱动器参数设置软件 Panaterm

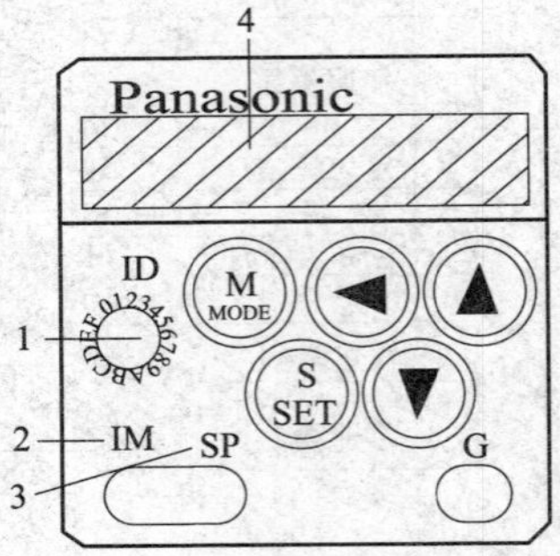

图 1 – 3 – 29 驱动器参数设置面板

1—轴地址选择开关；2—转矩检测端子；3—转速检测端子；4—显示单元

表 1 – 3 – 12 伺服驱动器操作面板按键的说明

按键说明	激活条件	功 能
MODE	在模式显示时有效	在以下 5 种模式之间切换：（1）监视器模式；（2）参数设置模式；（3）EEPROM 写入模式；（4）自动调整模式；（5）辅助功能模式
SET	一直有效	用来在模式显示和执行显示之间切换
▲ ▼	仅对小数点闪烁的那一位数据位有效	改变模式里的显示内容、更改参数、选择参数或执行选中的操作
◀		把移动的小数点移动到更高位数

面板操作说明：

（1）参数设置，先按“SET”键，再按“MODE”键选择到“Pr00”后，按向上、向下或向左的方向键选择通用参数的项目，按“SET”键进入。然后按向上、同下或向左的方向键调整参数，调整完后，按“S”键返回。选择其他项再调整。

（2）参数保存，按“MODE”键选择到“EE – SET”后按“SET”键确认，出现“EEP –”，然后按向上键 3 s，出现“FINISH”或“RESET”，然后重新上电即保存。

2. 部分参数说明

在 YL – 335B 上，伺服驱动器工作于位置控制模式，S7 – 226 的 Q0. 0 输出脉冲作为伺服驱动器的位置指令，脉冲的数量决定伺服电动机的旋转位移，即机械手的直线位移，脉冲的频率决定了伺服电动机的旋转速度，即机械手的运动速度，S7－226 的 Q0.1 输出脉冲作为伺服驱动器的方向指令。对于控制要求较为简单，伺服驱动器可采用自动增益调整模式。根据上述要求，伺服驱动器参数设置见表 1－3－13。

表 1－3－13　伺服驱动器参数设置

<table>
<tr><th rowspan="2">序号</th><th colspan="2">参数</th><th rowspan="2">设置数值</th><th rowspan="2">功能和含义</th></tr>
<tr><th>参数编号</th><th>参数名称</th></tr>
<tr><td>1</td><td>Pr01</td><td>LED 初始状态</td><td>1</td><td>显示电动机转速</td></tr>
<tr><td>2</td><td>Pr02</td><td>控制模式</td><td>0</td><td>位置控制（相关代码 P）</td></tr>
<tr><td>3</td><td>Pr04</td><td>行程限位禁止输入无效设置</td><td>2</td><td>当左或右限位动作时，则会发生 Err38 行程限位禁止输入信号出错报警。设置此参数值必须在控制电源断电重启之后才能修改、写入成功</td></tr>
<tr><td>4</td><td>Pr20</td><td>惯量比</td><td>1 678</td><td>该值自动调整得到，具体请参 AC</td></tr>
<tr><td>5</td><td>Pr21</td><td>实时自动增益设置</td><td>1</td><td>实时自动调整为常规模式，运行时负载惯量的变化情况很小</td></tr>
<tr><td>6</td><td>Pr22</td><td>实时自动增益的机械刚性选择</td><td>1</td><td>此参数值设得越大，响应越快，但过大可能不稳定</td></tr>
<tr><td>7</td><td>Pr41</td><td>指令脉冲旋转方向设置</td><td>1</td><td rowspan="2">指令脉冲＋指令方向，设置此参数值必须在控制电源断电重启之后才能修改、写入成功

</td></tr>
<tr><td>8</td><td>Pr42</td><td>指令脉冲输入方式</td><td>3</td></tr>
<tr><td>9</td><td>Pr48</td><td>指令脉冲分倍频第 1 分子</td><td>10 000</td><td rowspan="4">每转所需指令脉冲数＝编码器分辨率×$\frac{Pr4B}{Pr4B\times 2^{Pr4A}}$，编码器分辨率为 10 000（2 500p/r×4），则每转所需指令脉冲数＝$10\,000\times\frac{Pr4B}{Pr4B\times 2^{Pr4A}}=10\,000\times\frac{5\,000}{10\,000\times 2^{0}}=5\,000$</td></tr>
<tr><td>10</td><td>Pr49</td><td>指令脉冲分倍频第 2 分子</td><td>0</td></tr>
<tr><td>11</td><td>Pr4A</td><td>指令脉冲分倍频分子倍率</td><td>0</td></tr>
<tr><td>12</td><td>Pr4B</td><td>指令脉冲分倍频分母</td><td>5 000</td></tr>
</table>

项目 4　PLC 基本知识与通信技术

学习目标

（1）理解和掌握 PLC 的基本工作原理、外部接口特性、输入输出端口的选择原则。

（2）掌握 PLC 的 PPI 通信接口协议及网络编程指令。

（3）能进行 PPI 通信网络的安装、编程与调试。

项目导入

自动生产线的自动控制是通过控制器来实现的。可编程序控制器（PLC）因高抗干扰能力、高可靠性、高性能价格比且编程简单等特点而被广泛地应用在现代化的自动生产设备中，担负着生产线的大脑——微处理单元的角色。可编程序控制器是一种数字运算操作的电子系统，专为在工业环境下应用而设计。它采用了可编程序的存储器，用来在其内部存储执行逻辑运算、顺序控制、定时、计数和算术运算等操作的指令，并通过数字式和模拟式的输入/输出（I/O），控制各种类型机械的生产过程。可编程序控制器及其外围设备都是按易与工业系统形成一个整体、易于扩充功能的原则设计的，简单地说，可编程序控制器是一个专门用于工业控制的通用计算机。国内现在应用的 PLC 系列很多，有德国西门子公司、GE－ⅣGE 公司、C－2000 立石公司、三菱公司等的 PLC。西门子系列的 PLC 在国内应用较广，特别是西门子 S7－200 系列小型可编程控制器，它结构简单、使用方便、应用广泛，尤其适合初学者学习。这里主要介绍西门子 S7－200 系列 PLC。

现代的自动化生产线中，不同的工作站控制设备并非是独立运行的，就像 YL－335B 中的 5 个站是通过通信手段，相互之间进行交换信息，形成一个整体，从而提高了设备的控制能力、可靠性，实现了“集中处理、分散控制”。作为自动控制设备的重要一员，PLC 也为我们提供了强大的通信能力，通过 PLC 的通信接口，我们能够使 PLC 和 PLC 交换数据。

4.1　S7－200 系列 PLC 的结构与认知

S7－200 系列 PLC 属于混合式 PLC，由 PLC 主机和扩展模块组成。其中，PLC 主机由 CPU、存储器、通信电路、基本输入输出电路、电源等基本模块组成，相当一个整体式的 PLC，可以单独完成控制功能，它包含一个控制系统所需的最小组成单元。图 1－4－1 所示为 S7－200 CPU 模块的外形结构，它将一个微处理器、一个集成电源和数字量 I/O（输入/输出）点集成在一个紧密的封装之中。

PLC 虽然在外观上与通用计算机有较大差别，但在内部结构上，PLC 只是像一台增强了

I/O 功能的可与控制对象方便连接的计算机。在系统结构上，PLC 的基本组成包括硬件与软件两部分。

PLC 的硬件部分由中央处理器（CPU）、存储器、输入接口、输出接口、通信接口、电源等构成；PLC 的软件部分由系统程序和用户程序等构成。

在内部结构上，CPU 模块由中央处理器（CPU）、存储器、输入端口、输出端口、通信接口、电源等构成，每个部分的功用不同，与通用微机 CPU 一样，CPU 在 PLC 系统中的作用类似于人体的中枢神经。

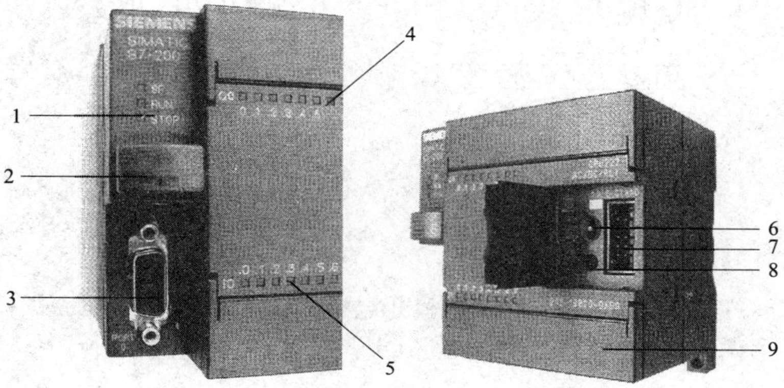

图 1－4－1　S7－200 CPU 模块的外形结构图

1—状态指示灯（SF、RUN、STOP）；2—可选卡插槽（EEPROM 卡、时钟卡、电池卡）；
3—通信口；4—输出点指示灯；5—输入点指示灯；6—模式选择开关；
7—I/O 扩展端口；8—模拟电位器；9—打开盖子就是输入接线端子

1. 开关量输入、 输出端口

输入接口将按钮、行程开关或传感器等产生的开关量信号或模拟量信号，转换成数字信号传送给 CPU。开关量输入工程上常称为“开入量” 或 “DI（数字量输入)”。

开关量输入端口将按钮、行程开关或传感器等外部电路的接通与断开的信号，转换成 PLC 所能识别的 1（高电平)、0（低电平）数字信号传送到 CPU 单元。

在图 1－4－2 中，虚线框内为内部电路，外部输入由连接在输入点的开关、外部电源经公共端与 PLC 内部电路构成回路，内部电路通过光电耦合器将外部开关的接通与断开转换

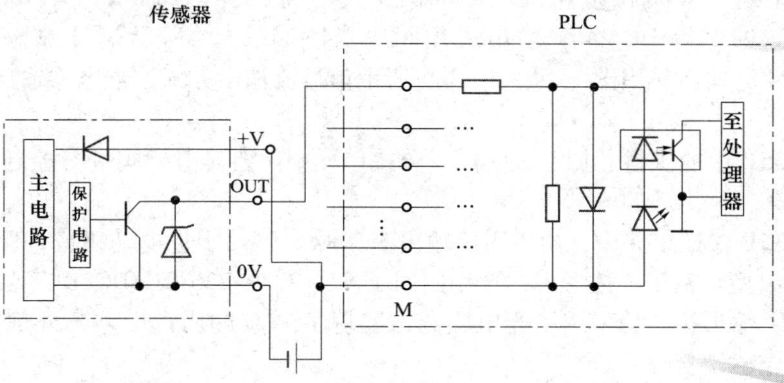

图 1－4－2　S7－200 PLC 输入模块接线图

成 CPU 所能识别的 0（低电平）、1（高电平）信号。对于 NPN 输出的传感器与 S7－200 系列 PLC 输入端口连接时，采用源型输入；对于 PNP 输出的传感器与 S7－200 系列 PLC 输入端口连接时，采用漏型输入，如图 1－4－3 所示。

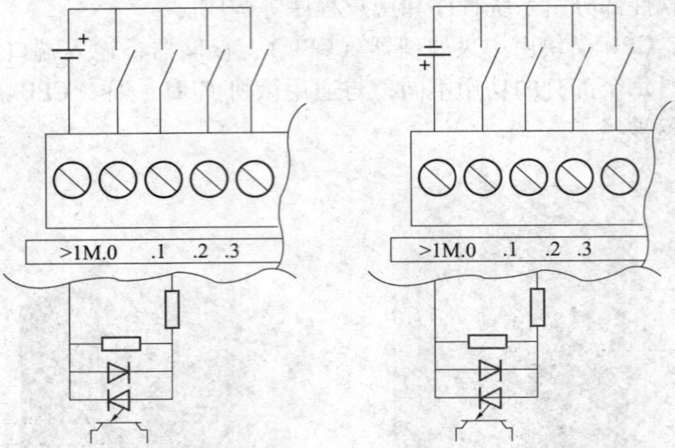

图 1－4－3 NPN 输出传感器与 PLC 的连接

（a）DC 24 V 输入用作漏型输入；（b）DC 24 V 输入用作源型输入

输入信号的电源均可由用户提供，直流输入信号的电源也可由 PLC 自身提供，一般 8 或 4 路输入共用一个公共端，现场的输入提供一对开关信号："0"或"1"（有无触点均可），每路输入信号均经过光电隔离、滤波，然后送入输入缓冲器等待 CPU 采样。每路输入信号均有 LED 显示，以指明信号是否到达 PLC 的输入端子。

输出接口将 CPU 向外输出的数字信号转换成可以驱动外部执行电路的信号，分为数字量输出与模拟量输出。开关输出模块是把 CPU 逻辑运算的结果"0""1"信号变成功率接点的输出，驱动外部负载，不同开关量输出模块的端口特性不同，按照负载使用的电源可分为直流输出模块、交流输出模块和交直流输出模块。按照输出的开关器件种类可分为场效应晶体管输出、继电器输出等。它们所能驱动的负载类型、负载大小和相应时间是不同的。我们可以根据需要来选择不同的输出模块。在模块选定后，不同的模块如何使用是我们下面需要讨论的。

S7－200 系列 PLC 输出模块的电路如图 1－4－4 所示。CPU221、CPU222、CPU224、CPU226、CPU224XP 等 DC 24 V 输出采用图 1－4－4（a）所示信号源输出方式，CPU 224XPPsi DC 24 V 输出采用图 1－4－4（b）所示信号流输出方式，继电器输出如图 1－4－4（c）所示。

在 YL－335B 中的供料、加工、装配、分拣单元中需要对电磁阀进行控制，采用的是继电器输出型 PLC。

在 YL－335B 输送单元中，由于需要输出高速脉冲驱动步进电动机或伺服电动机，PLC 采用晶体管输出型。基于上述考虑，选用西门子 S7－200－226 DC/DC/DC 型 PLC。

PLC 输入、输出接口均采用了光电隔离，实现了 PLC 的内部电路与外部电路的电气隔离，用来减小电磁干扰。

输入输出端口的数量是 PLC 非常重要的技术指标，有些专家将 PLC 按照 I/O 点数来划分为大、中、小型。

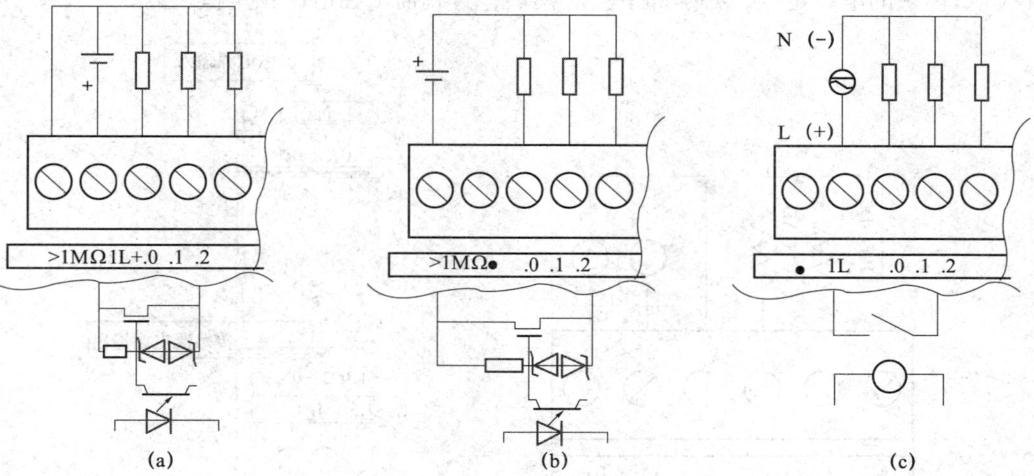

图 1-4-4 S7-200 PLC 输出模块的电路

(a) DC 24 V 输出（信号源）；(b) DC 24 V 输出（信号流）；(c) 继电器输出

在安装与调试中，确定每一个 I/O 点的功能是非常重要的工作。实际工程中对 I/O 点的数量要求有一定的裕量。

2. 模拟量 I/O 模块

要实现模拟量的数据采集，或者通过输出模拟量实现位置等控制，必须要有 A/D 和 D/A 模块。A/D 模块把模拟量如电压、电流转换成数字量，而 D/A 则正好相反，把数字量转换成模拟量，如电流、电压信号。在分拣单元的 CPU224XP 上，有两路 A/D，一路 D/A。接口电路如图 1-4-5 所示，A+、B+为模拟量输入单端，M 为共同端；输入电压范围为 ±10 V；分辨率 11 位，加一符号位；数据格式对应的满量程范围为 -32 000 ~ +32 000，对应的模拟量输入映像寄存器分别为 AIW0、AIW2。图 1-4-5 中，有一路单极性模拟量输出，可以选择是电流输出或电压输出，I 为电流负载输出端，V 为电压负载输出端；输出电流的范围为 0 ~ 20 mA，输出电压的范围为 0 ~ 10 V，分辨率为 12 位，数据格式对应的量程范围为 0 ~ 32 767，对应的模拟量输出映像寄存器分别为 AQW0。

3. 通信接口

S7-200 系列 PLC 整合了一个或两个 RS-485 通信接口，既可作为 PG（编程）接口，也可作为 OP（操作终端）接口，如连接一些 HMI（人机接口）设备。支持自由通信协议及 PPI（点对点主站模式）通信协议。

4. 电源

S7-200 本机单元有一个内部电源，它为本机单元、扩展模块以及一个 DC 24 V 电源输出，如图 1-4-6 所示。每一个 S7-200 CPU 模块向外提供 DC 5 V 和 DC 24 V 电源。需要注意以下两点：

①CPU 模块都有一个 DC 24 V 传感器电源，它为本机输入点和扩展模块继电器线圈提供 DC 24 V。如果电源要求超出了 CPU 模块 DC 24 V 电源的定额，可以增加一个外部 DC 24 V 电源来供给扩展模块 DC 24 V。

②当有扩展模块连接时 CPU 模块也为其提供 5 V 电源。如果扩展模块的 5 V 电源需求超

出了 CPU 模块的电源定额，必须卸下扩展模块，直到需求在电源预定值之内。

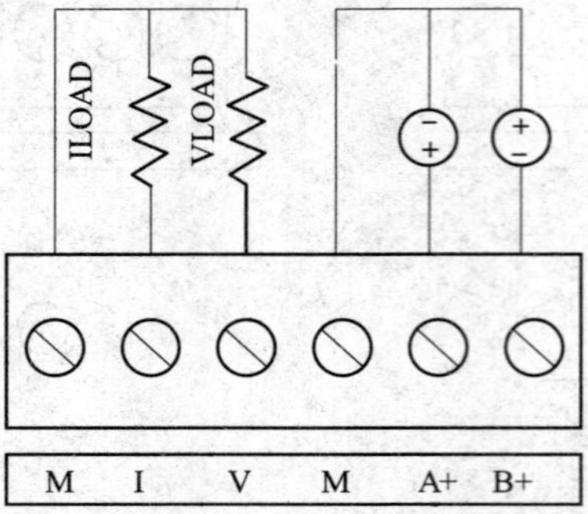

图 1-4-5 CPU224XP 模拟量接口电路

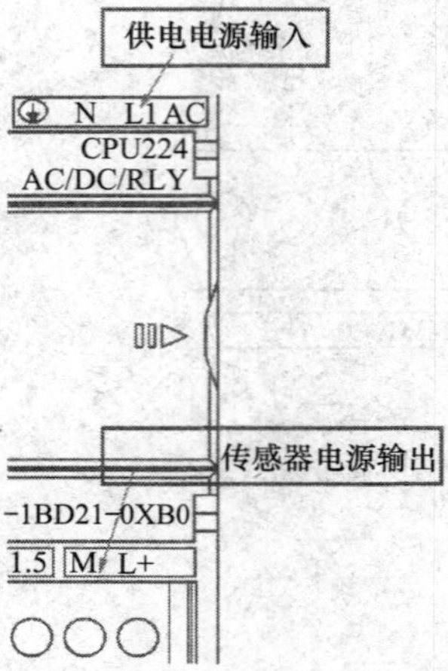

图 1-4-6 PLC 电源图

4.2 MAP 库文件的应用

S7-200 提供了三种方式的开环运功控制：

（1）脉宽调制（PWM）——内置于 S7-200，用于速度、位置或占空比控制。

（2）脉冲输出（PTO）——内置于 S7-200，用于速度和位置控制。

（3）EM253 位控模块——用于速度和位置控制的附加模块。

S7-200 的内置脉冲串输出提供了两个数字输出通道（Q0.0 和 Q0.1），该数字输出可以通过位控向导组态为 PWM 或 PTO 的输出。

当组态一个输出为 PTO 操作时，生成一个 50% 占空比脉冲串用于步进电动机或伺服电动机的速度和位置的开环控制。内置 PTO 功能仅提供了脉冲串输出。我们编写应用程序时必须通过 PLC 内置 I/O 或扩展模块提供方向和限位控制。

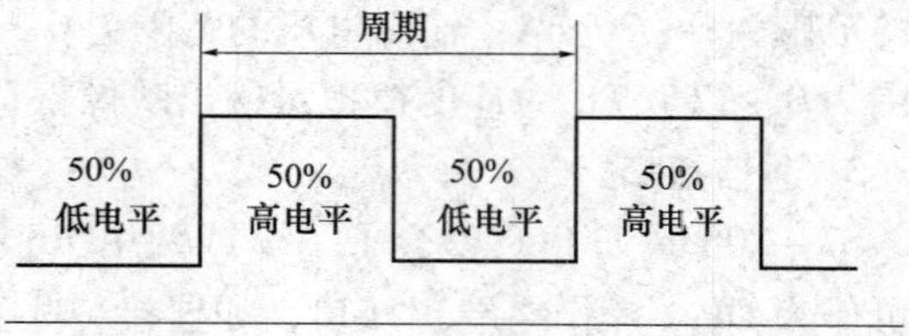

图 1-4-7 PTO 输出的方波

PTO 按照给定的脉冲个数和周期输出一串方波（占空比 50%），如图 1-4-7 所示，PTO 可以产生单段脉冲串或者多段脉冲串（使用脉冲包络）。可以制动脉冲数和周期（以微秒或毫秒为增加量）：

脉冲个数：1～4 294 967 295

周期：10 μs～65 535 μs 或者 2 ms～65 535 ms。

200 系列 PLC 的最大脉冲输出频率除 CPU224XP 以外均为 20 kHz，CPU224XP 可达 100 kHz，见表 1-4-1。

1. MAP 库的基本描述

现在，200 系列 PLC 本体 PTO 提供了应用库 MAP SERV Q0.0 和 MAP SERV Q0.1，分别

用于 Q0.0 和 Q0.1 的脉冲输出，如图1－4－8 所示。这两个库文件可同时应用于同一项目。

表 1－4－1　最大脉冲输出频率

CPU 型号	最大脉冲输出频率/kHz	CPU 型号	最大脉冲输出频率/kHz
221	20	224XP	100
222	20	226	20
224	20		

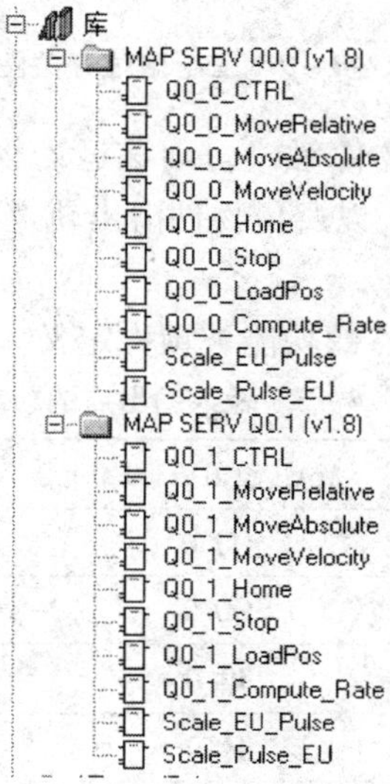

图 1－4－8　PTO 提供的应用库 MAP SERV Q0.0 和 MAP SERV Q0.1

各个块的功能见表 1－4－2。

表 1－4－2　各个块的功能

块名称	功能	块名称	功能
Q0_x_CTRL	参数定义控制	Q0_x_Stop	停止运动
Q0_x_MoveRelative	执行一次相对位移运动	Q0_x_LoadPos	重新装载当前位置
Q0_x_MoveAbsolute	执行一次绝对位移运动	Scale_EU_Pulse	将距离值转化为脉冲数
Q0_x_MoveVelocity	按预设的速度运动	Scale_Pulse_EU	将脉冲数转化为距离值
Q0_x_Home	寻找参考点位置		

该功能块可驱动线性轴。为了很好地应用该库，需要在运动轨迹上添加 3 个限位开关，如图 1－4－9 所示：

（1）一个参考点接近开关（Home），用于定义绝对位置 C_Pos 的零点。

（2）两个边界限位开关，一个是正向限位开关（Fwd_Limit），一个是反向限位开关（Rev_Limit）。

（3）绝对位置 C_Pos 的计数值格式为 DINT，所以其计数范围（－2 147 483 648 ~ +2 147 483 648）。

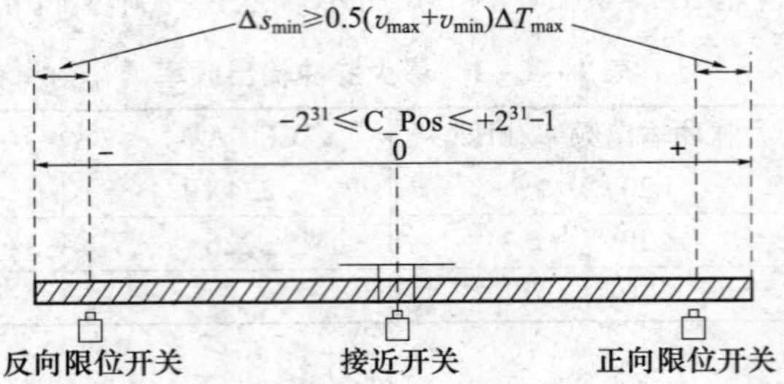

图 1-4-9　三个限位开关图

(4) 如果一个限位开关被运动物件触碰，则该运动物件会减速停止，因此，限位开关的安置位置应当留出足够的余量 Δs_{min} 以避免物件滑出轨道尽头。

2. 输入输出点定义

应用 MAP 库时，一些输入输出点的功能被预先定义，如表 1-4-3 所示。

表 1-4-3　输入输出点的功能

名称	MAP SERV Q0. 0	MAP SERV Q0. 1
脉冲输出	Q0. 0	Q0. 1
方向输出	Q0. 2	Q0. 3
参考点输入	I0. 0	I0. 1
所用高速计数器	HC0	HC3
高速计数器预设值	SMD 42	SMD 142
手动速度	SMD 172	SMD 182

3. MAP 库的背景数据块

为了可以使用该库，必须为该库分配 68 字节（每个库）的全局变量，如图 1-4-10 所示。

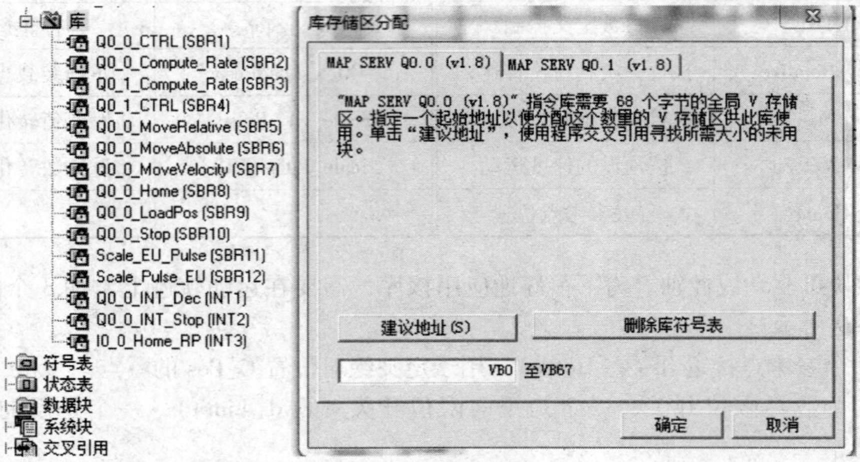

图 1-4-10　分配全局变量

使用该库时所用到的最重要的一些变量（以相对地址表示）见表 1－4－4。

表 1－4－4　变量的相对地址注释

符号名	相对地址	注释
Disable_Auto_Stop	+ V0.0	默认值 =0 意味着当运动物件已经到达预设地点时，即使尚未减速到 Velocity_ss，依然停止运动；等于 1 时则减速至 Velocity_ss 时才停止
Dir_Active_Low	+ V0.1	方向定义，默认值 0，表示反方向；输出为 1 时表示正向
Flnal_Dir	+ V0.2	寻找参考点过程中的最后方向
Tune_Factor	+ VD1	调整因子（默认值 =0）
Ramp_Time	+ VD5	Ramp time = accel_dec_time（加速时间）
Max_Speed_DI	+ VD9	最大输出频率 = Velocity_Max
SS_Speed_DI	+ VD13	最小输出频率 = Velocity_Min
Homing_State	+ VD18	寻找参考点过程状态
Homing_Slow_Spd	+ VD19	寻找参考点时的低速（默认值 = Velocity_ss）
Homng_Fast_Spd	+ VD23	寻找参考点时的高速（默认值 = Velocity_MAX/2）
Fwd_Limit	+ V27.1	正向限位开关
Rev_Limit	+ V27.2	反向限位开关
Homing_Active	+ V27.3	寻找参考点激活
C_Dir	+ V27.4	当前方向
Homing_Limit_Chk	+ V27.5	限位开关标志
Dec_Stop_Flag	+ V27.6	开始速度
PT00_LDPOS_Error	+ VB28	使用 Q0_x_LoadPos 时故障信息（16#00 = 无故障，16#FF = 有故障）
Target_Location	+ VD29	目标位置
Deceleration_factor	+ VD33	减速因子 =（Velocity_ss － Velocity_Max）/accel_dec_time（格式：REAL）
SS_Speed_real	+ VD37	最小速度 = Velocity_ss（格式：REAL）
Est_Stopping_Dist	+ VD41	计算出的减速距离（格式：DINT）

4. 功能块介绍

下面逐一介绍该库中所应用到的程序块。这些程序块全部基于 PLC－200 的内置 PTO 输出，完成运动控制的功能。此外，脉冲数将通过制定的高速计数器 HSC 计算。通过 HSC 中断计算并触发减速的起始点。

1）Q0_x_CTRL

该块用于传递全局参数，每个扫描周期都需要被调用。其功能块如图 1－4－11 所示，功能块描述见表 1－4－5。

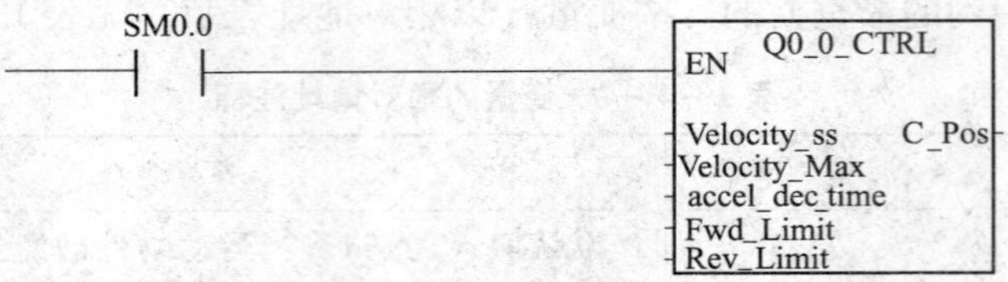

图 1-4-11　Q0_x_CTRL 功能块

表 1-4-5　Q0_x_CTRL 功能块描述

参数	类型	格式	单位	意义
Velocity_ss	IN	DINT	Pulse/s	启动停止频率
Velocity_Max	IN	DINT	Pulse/s	最大频率
accel_dec_time	IN	REAL	s	最大加减速时间
Fwd_Limit	IN	BOOL	—	正向限位开关
Rev_Limit	IN	BOOL	—	反向限位开关
C_Pos	OUT	DINT	Pulse	当前绝对位置

Velocity_ss 是最小脉冲频率，是加速过程的起点和减速过程的终点。Velocity_Max 是最大脉冲频率，受限于电动机最大频率和 PLC 的最大输出频率。在程序中若输入超出（Velocity_ss, Velocity_Max）范围的脉冲频率，将会被 Velocity_ss 或 Velocity_Max 所取代。accel_dec_time 是由 Velocity_ss 加速到 Velocity_Max 所用时间（或由 Velocity_Max 减速到 Velocity_ss 所用的时间，两者相等），范围被规定为 0.02～32.0 s，但是最好不要小于0.5 s。超出 accel_dec_time 范围的值还是可以被写入块中，但是会导致定位过程出错。

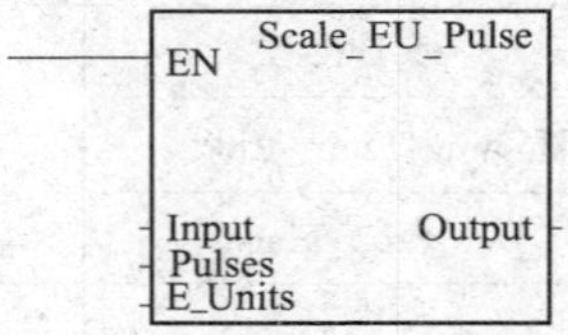

图 1-4-12　Scale_EU_Pulse 功能块

2）Scale_EU_Pulse

该块用于将一个位置量转化为脉冲量，因此它可用于将一段位移转化为脉冲数，或将一个速度转化为脉冲频率。其功能块如图 1-4-12 所示，功能块描述见表 1-4-6。

表 1-4-6　Scale_EU_Pulse 功能块描述

参数	类型	格式	单位	意义
Input	IN	REAL	mm 或 mm/s	欲转换的位移或速度
Pulses	IN	DINT	Pulse/r	电动机转一圈所需的脉冲数
E_Units	IN	REAL	mm/r	电动机转一圈所产生的位移
Output	OUT	DINT	Pulse 或 Pulse/s	转换后的脉冲数或脉冲频率

下面是该功能块的计算公式：

$$\text{Output} = \frac{\text{Pulses}}{\text{E\_Units}} \cdot \text{Input}$$

3）Scale_Pulse_EU

该块用于将一个脉冲量转化为一个位置量，因此它可用于将一段脉冲数转化为位移，或将一个脉冲频率转化为速度。该功能块如图 1－4－13 所示，功能块描述见表 1－4－7。

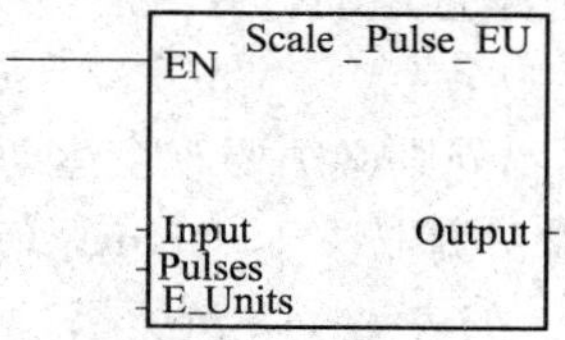

图 1－4－13　Scale_Pulse_EU 功能块

表 1－4－7　Scale_Pulse_EU 功能块描述

参数	类型	格式	单位	意义
Input	IN	REAL	Pulse 或 Pulse/s	欲转换的脉冲数或脉冲频率
Pulses	IN	DINT	Pulse/r	电动机转一圈所需的脉冲数
E_Units	IN	REAL	mm/r	电动机转一圈所产生的位移
Output	OUT	DINT	mm 或 mm/s	转换后的位移或速度

下面是该功能块的计算公式：

$$\text{Output} = \frac{\text{E\_Units}}{\text{Pulses}} \cdot \text{Input}$$

4）Q0_x_Home

该功能块如图 1－4－14 所示，功能块描述见表 1－4－8。

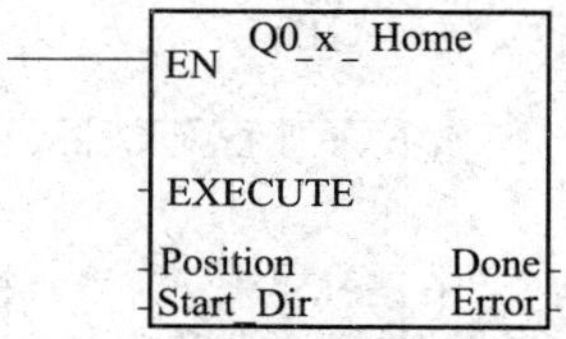

图 1－4－14　Q0_x_Home 功能块

表 1－4－8　Q0_x_Home 功能块描述

参数	类型	格式	单位	意义
EXECUTE	IN	BOOL		寻找参考点的执行位
Position	IN	DINT	Pulse	参考点绝对位移
Start_Dir	IN	BOOL	—	寻找参考点的起始方向（0 = 反向，1 = 正向）
Done	OUT	BOOL	—	完成位（1 = 完成）
Error	OUT	BYTE	—	故障位（1 = 故障）

该功能块用于寻找参考点，在寻找过程的开始，电动机首先以 Start_Dir 的方向，Homing_Fast_Spd 的速度开始寻找：在碰到 limit switch（“Fwd_Limit” or “Rev_Limit”）后，减速至停止，然后开始相反方向寻找：当碰到参考点开关（input I0.0；with Q0_1_Home：I0.1）的上升沿时，开始减速到“Homing_Slow_Spd”，如果此时的方向与“Final_Dir”相同，则在碰到参考点开关下降沿时停止运动，并且将计数器 HC0 的计数值设为“Position”中所定义的值。

如果当前方向与“Final_Dir”不同则必须要改变运动方向，这样就可以保证参考点始终在参考点开关的同一侧（具体是哪一侧取决于“Final_Dir”），寻找参考点的状态可以通过全局变量“Homing_State”来监测，如表 1－4－9 所示。

表 1－4－9　全局变量“Homing_State”值的意义

Homing_State 的值	意义
0	参考点已找到
2	开始寻找
4	在相反方向，以速度 Homing_Fast_Spd 继续寻找过程（在碰到限位开关或参考点开关之后）
6	发现参考点，开始减速过程
7	在方向 Final_Dir，以速度 Homing_Slow_Spd 继续寻找过程（在参考点已经在 Homing_Fast_Spd 的速度下被发现之后）
10	故障（在两个限位开关之间并未发现参考点）

5）Q0_x_MoveRelative

该功能块用于让轴按照指定的方向，以指定的速度，运动指定的相对位移。该功能块如图 1－4－15 所示，功能块描述见表 1－4－10。

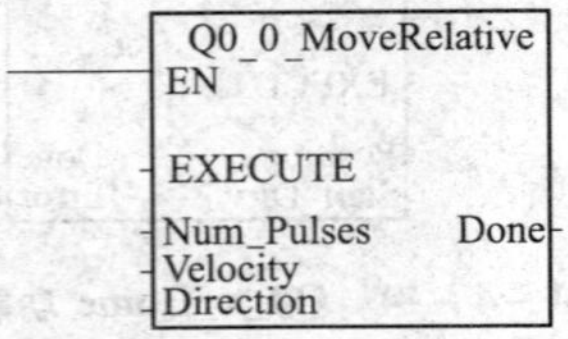

图 1－4－15　Q0_x_MoveRelative 功能块

表 1－4－10　Q0_x_MoveRelative 功能块描述

参数	类型	格式	单位	意　义
EXECUTE	IN	BOOL		相对位移运动的执行位
Num_Pulses	IN	DINT	Pulse	相对位移（必须 >1）
Velocity	IN	DINT	Pulse/s	预置频率 （Velocity_ss≤Velocity≤Velocity_Max）
Direction	IN	BOOL	—	预置方向
Done	OUT	BOOL	—	完成位（1＝完成）

6）Q0_x_MoveAbsolute

该功能块用于让轴以指定速度，运动到指定的绝对位置。该功能块如图 1－4－16 所示，功能块描述见表 1－4－11。

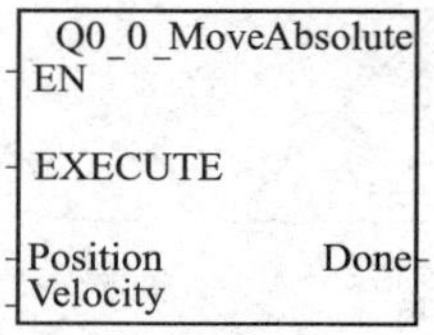

图 1－4－16 Q0_x_MoveAbsolute 功能块

表 1－4－11 Q0_x_MoveAbsolute 功能块描述

参数	类型	格式	单位	意 义
EXECUTE	IN	BOOL	—	相对位移运动的执行位
Position	IN	DINT	Pulse	绝对位移
Velocity	IN	DINT	Pulse/s	预置频率 （Velocity_ss≤Velocity≤Velocity_Max）
Done	OUT	BOOL	—	完成位（1＝完成）

7）Q0_x_MoveVelocity

该功能块用于让轴按照指定的方向和频率运动，在运动过程中可对频率进行更改。该功能块如图 1－4－17 所示，功能块描述见表 1－4－12。

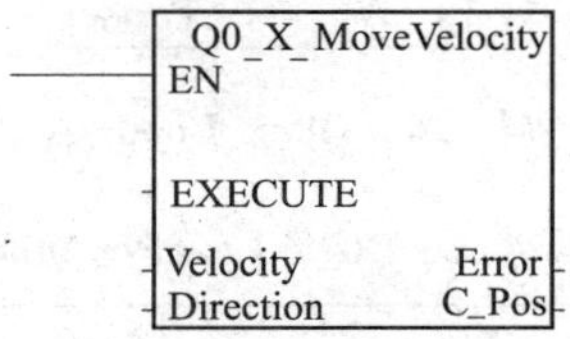

图 1－4－17 Q0_x_MoveVelocity 功能块

表 1－4－12 Q0_x_MoveVelocity 功能块描述

参数	类型	格式	单位	意 义
EXECUTE	IN	BOOL	—	执行位
Velocity	IN	DINT	Pulse/s	预置频率 （Velocity_ss≤Velocity≤Velocity_Max）
Direction	IN	BOOL	—	预置方向（0＝反向，1＝正向）
Error	OUT	BYTE	—	故障标识（0＝无故障，1＝立即停止，3＝执行错误）
C_Pos	OUT	DINT	—	当前绝对位置

注意：Q0_x_MoveVelocity 功能块只通过 Q0_x_Stop 功能块来停止轴的运动，如图 1－4－18 所示。

8）Q0_x_Stop

该功能块用于使轴减速至停止。该功能块如图 1－4－19 所示，功能块描述见表 1－4－13。

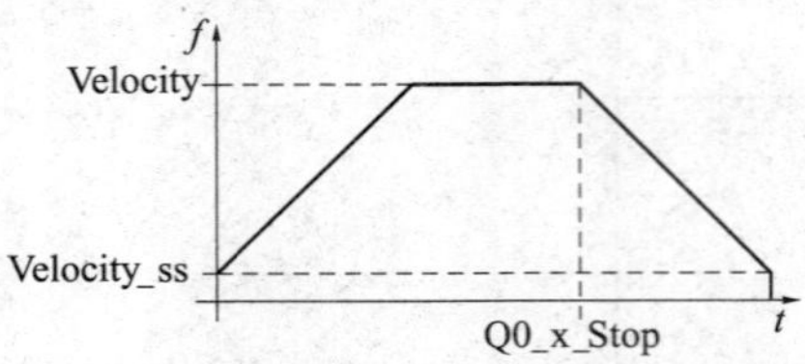

图 1－4－18 Q0_x_Stop 功能块来停止轴的运动

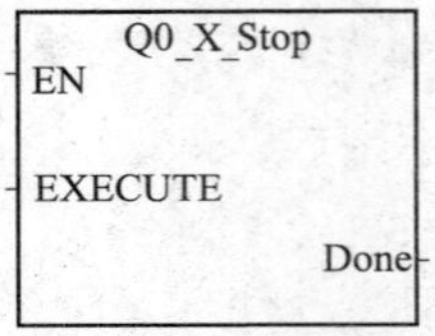

图 1－4－19 Q0_x_Stop 功能块

表 1－4－13 Q0_x_Stop 功能块描述

参数	类型	格式	单位	意义
EXECUTE	IN	BOOL		执行位
Done	OUT	BOOL		完成位（1＝完成）

9）Q0_x_LoadPos

该功能块用于将当前位置的绝对位置设为预置值。功能块如图 1－4－20 所示，功能块描述见表 1－4－14。

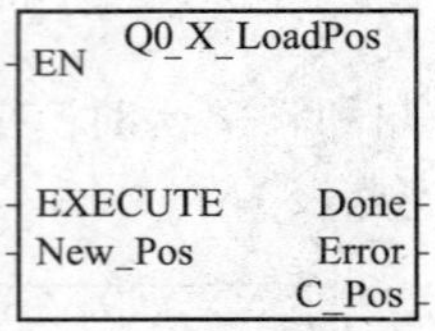

图 1－4－20 Q0_x_LoadPos 功能块

表 1－4－14 Q0_x_LoadPos 功能块描述

参数	类型	格式	单位	意 义
EXECUTE	IN	BOOL	—	设置绝对位置的执行位
New_Pos	IN	DINT	Pulse	预置绝对位置
Done	OUT	BOOL	—	完成位（1＝完成）
Error	OUT	BYTE	—	故障位（0＝无故障）
C_Pos	OUT	DINT	Pulse	当前绝对位置

注意：使用该块将使得原参考点失效，为了清晰地定义绝对位置，必须重新寻找参考点。

5. 校准

该块所使用的算法将计算出减速过程（从减速起始点到速度最终达到 Velocity_ss）所需要的脉冲数。但是在减速过程中所形成的斜坡有可能会导致计算出的减速斜坡与实际的包络不完全一致。此时就需要对“Tune_Factor”进行校正。

1）校正因子“Tune_Factor”

“Tune_Factor”的最优值取决于最大、最小和目标脉冲频率以及最大减速时间，如图 1－4－21 所示。

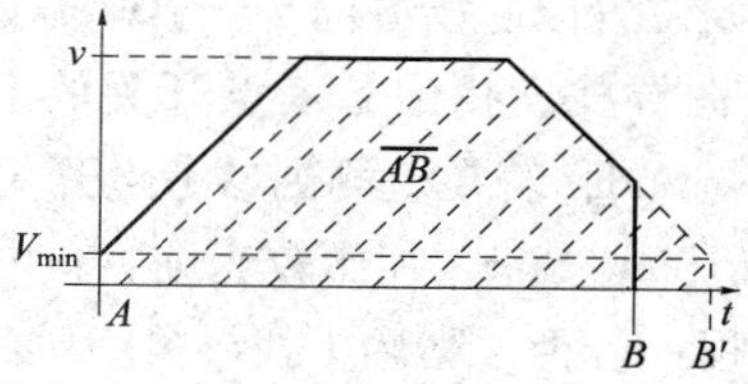

图 1－4－21　“Tune_Factor”的最优值

如图 1－4－21 所示，运动的目标位置是 B，算法会自动计算出减速起始点，当计算与实际不符，轴已经运动到 B 点时，尚未到达最低速度，此时若位“Disable_Auto_Stop”＝0 则轴运动到 B 点即停止运动，若位“Disable_Auto_Stop”＝1，则轴会继续运动直至到达最低速度。图 1－4－21 所示的情况为计算的减速起始点出现的太晚了。

2）确定调整因子

一次新的校准过程并不需要将伺服驱动器连接到 CPU。

步骤如下：

（1）置位“Disable_Auto_Stop”，即令“Disable_Auto_Stop”＝1。

（2）设置“Tune_Factor”＝1。

（3）使用 Q0_x_LoadPos 功能将当前位置的绝对位置设为 0。

（4）使用 Q0_x_MoveRelative，以指定的速度完成一次相对位置运动（留出足够的空间以使得该运动得以顺利完成）。

（5）运动完成后，查看实际位置 HC0。Tune_Fator 的调整值应由 HC0、目标相对位 Num_Pulses、预计减速距离 Est_Stopping_Dist 所决定。Est_Stopping_Dist 由下面公式计算得出：

$$\text{Est\_Stopping\_Dist} = \frac{\text{Velocity}^2 - \text{Velocity\_ss}^2}{\text{Velocity\_Max} - \text{Velocity\_ss}} \cdot \frac{\text{accel\_dec\_time}}{2}$$

Tune_Factor 由下面的公式计算得出：

$$\text{Tune\_Factor} = \frac{\text{HC0} - \text{Num\_Pulses} + \text{Est\_Stopping\_Dist}}{\text{Est\_Stopping\_Dist}}$$

（6）在调用 Q0_x_CTRL 的网络时，将调整后的 Tune_Factor 传递给全局变量＋VD1，如图 1－4－22 所示。

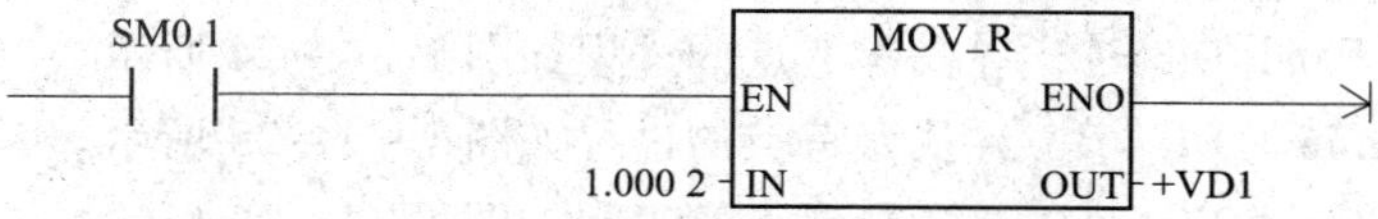

图 1－4－22　将调整后的 Tune_Factor 传递给全局变量＋VD1

（7）复位“Disable_Auto_Stop”，即令“Disable_Auto_Stop”＝0。

3）寻找参考点的若干种情况

在寻找参考点的过程中由于起始位置、起始方向和终止方向的不同会出现很多种情况。

一个总的原则就是：从起始位置以起始方向 Start_Dir 开始寻找，碰到参考点之前若碰到限位开关，则立即调头开始反向寻找，找到参考点开关的上升沿（即刚遇到参考点开关）即减速到寻找低速 Homing_Slow_Spd，若在检测到参考点开关下降沿（即刚离开遇到参考点开关）之前已经减速到 Homing_Slow_Spd，则比较当前方向与终止方向 Final_Dir 是否一致，若一致，则完成参考点寻找过程：若否，则调头找寻另一端的下降沿。若在检测到参考点开关的下降沿（即刚离开遇到参考点开关）之前尚未减速到 Homing_Slow_Spd，则在减速到 Homing_Slow_Spd 后调头加速，直至遇到参考点开关上升沿，重新减速到Homing_Slow_Spd，最后判断当前方向与终止方向 Final_Dir 是否一致，若一致，则完成参考点寻找过程；若否，则调头找寻另一端的下降沿。（Final_Dir 决定寻找参考点过程结束后，轴停在参考点开关的哪一侧）

不同情形下寻找参考点的过程。

Start_Dir = 0, Final_Dir = 0，寻找参考点的过程如图 1 – 4 – 23 所示。

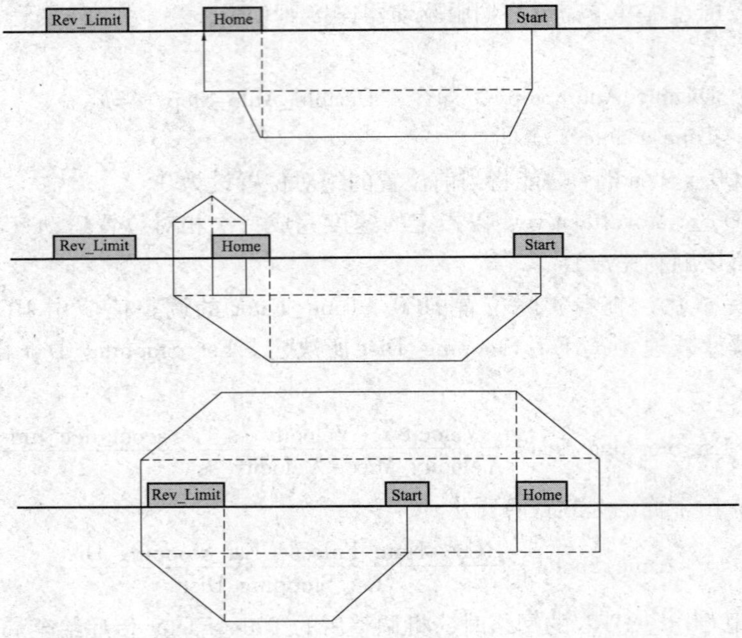

图 1 – 4 – 23　Start_Dir = 0, Final_Dir = 0 寻找参考点的过程

Start_Dir = 0, Final_Dir = 1，寻找参考点的过程如图 1 – 4 – 24 所示。

Start_Dir = 1, Final_Dir = 0，寻找参考点的过程如图 1 – 4 – 25 所示。

Start_Dir = 1, Final_Dir = 1，寻找参考点的过程如图 1 – 4 – 26 所示。

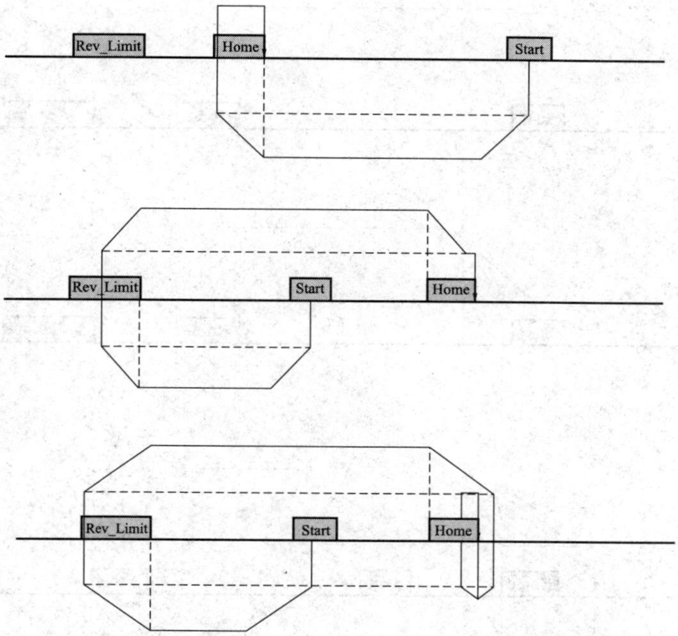

图 1-4-24　Start_Dir = 0, Final_Dir = 1 寻找参考点的过程

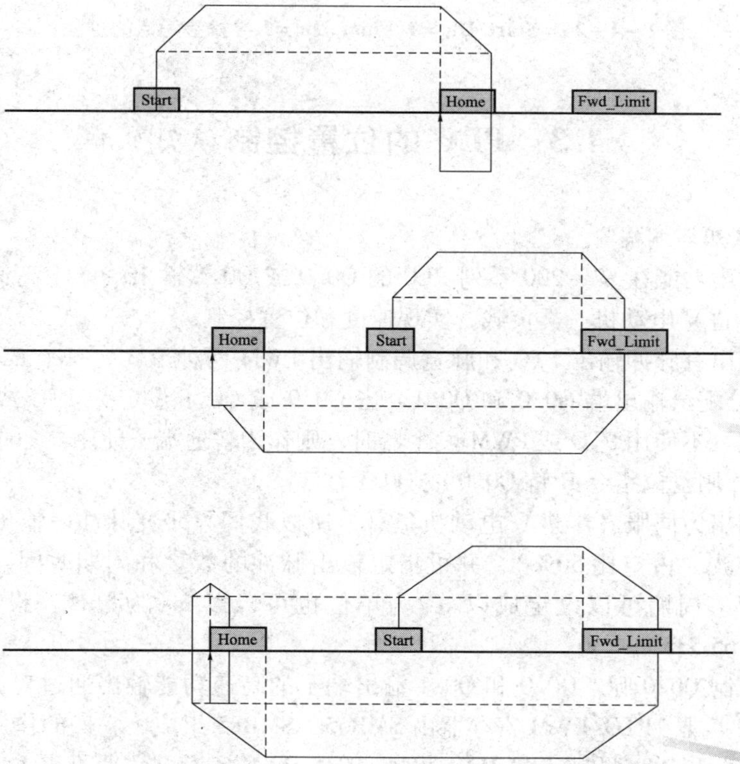

图 1-4-25　Start_Dir = 1, Final_Dir = 0 寻找参考点的过程

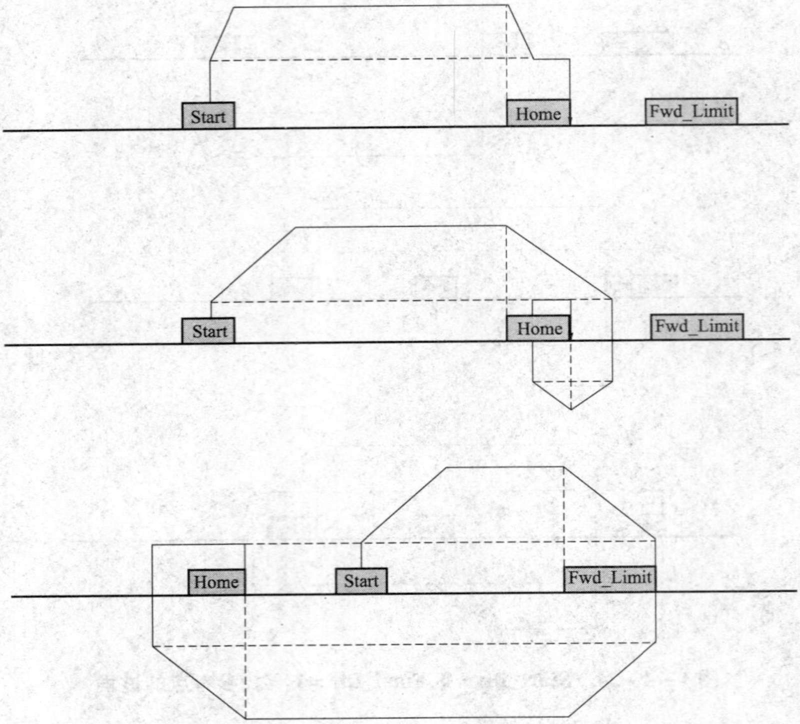

图 1-4-26　Start_Dir = 1, Final_Dir = 1 寻找参考点的过程

4.3　PLC 的位置控制认知

1. PTO 的认知与编程

高速脉冲输出功能在 S7-200 系列 PLC 的 Q0.0 或 Q0.1 输出端产生高速脉冲，用来驱动诸如伺服（步进）电动机一类负载，实现速度和位置控制。

高速脉冲输出有脉冲输出 PTO 和脉宽调制输出 PWM 两种形式。每个 CPU 有两个 PTO/PWM 发生器，分配给输出端 Q0.0 和 Q0.1。当 Q0.0 或 Q0.1 设定为 PTO 或 PWM 功能时，其他操作均失效。不使用 PTO 或 PWM 发生器时，则作为普通端子使用。通常在启动 PTO 或 PWM 操作之前，用复位指令 R 将 Q0.0 或 Q0.1 清零。

由于控制输出为伺服（步进）电动机负载，所以我们只研究脉冲串输出（PTO），PTO 功能可以发出方波（占空比 50%），并可指定输出脉冲的数量和周期时间，脉冲数可指定 1~4 294 967 295。周期可以设定成以 μs 为单位也可以以 ms 为单位，设定范围为 50~65 535 μs 或 2~65 535 ms。

怎样才能控制 Q0.0 呢？Q0.0 和 Q0.1 输出端子的高速功能输出通过对 PTO/PWM 寄存器的不同设置来实现。PTO/PWM 寄存器由 SMB65~SMB85 组成，它们的作用是监视和控制脉冲输出（PTO）和脉宽调制（PWM）功能。PTO/PWM 寄存器说明见表 1-4-15。

表 1-4-15 PTO/PWM 寄存器说明

Q0.0	Q0.1	说　明
SM66.4	SM76.4	PTO 包络由于增量计算错误异常终止　0：无错；　1：异常终止
SM66.5	SM76.5	PTO 包络由于用户命令异常终止　0：无错；　1：异常终止
SM66.6	SM76.6	PTO 流水线溢出　0：无溢出；　1：溢出
SM66.7	SM76.7	PTO 空闲　0：运行中；　1：PTO 空闲
SM67.0	SM77.0	PTO/PWM 刷新周期值　0：不刷新；　1：刷新
SM67.1	SM77.1	PWM 刷新脉冲宽度值　0：不刷新；　1：刷新
SM67.2	SM77.2	PTO 刷新脉冲计数值　0：不刷新；　1：刷新
SM67.3	SM77.3	PTO/PWM 时基选择　0：1 μs；　1：1 ms
SM67.4	SM77.4	PWM 更新方法　0：异步更新；　1：同步更新
SM67.5	SM77.5	PTO 操作　0：单段操作；　1：多段操作
SM67.6	SM77.6	PTO/PWM 模式选择　0：选择 PTO；　2：选择 PWM
SM67.7	SM77.7	PTO/PWM 允许　0：禁止；　1：允许
SMW68	SMW78	PTO/PWM 周期时间值（范围：2~65 535）
SMW70	SMW80	PWM 脉冲宽度值（范围：0~65 535）
SMD72	SMD82	PTO 脉冲计数值（范围：1~4 294 967 295）
SMB166	SMB176	段号（仅用于多段 PTO 操作），多段流水线 PTO 运行中的段的编号
SMW168	SMW178	包络表的起始位置，用距离 V0 的字节偏移量表示（仅用于多段 PTO 操作）

2. 开环位控信息简介

为了简化用户应用程序中位控功能的使用，STEP7 - Micro/WIN 提供的位控向导可以帮助用户在几分钟内全部完成 PWM、PTO 或位控模块的组态。向导可以生成位置指令，用户可以用这些指令在其应用程序中为速度和位置提供动态控制。

开环位控用于伺服（步进）电动机的基本信息借助位控向导组态 PTO 输出时，需要用户提供一些基本信息，逐项介绍如下：

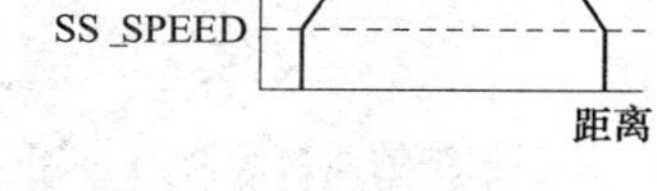

图 1-4-27　最大速度和启动/停止速度示意

（1）最大速度（MAX_SPEED）和启动/停止速度（SS_SPEED），如图 1-4-27 所示。

MAX_SPEED：允许操作速度的最大值，它应在电动机力矩能力的范围内。驱动负载所需的力矩由摩擦力、惯性以及加速/减速时间决定。

SS_SPEED：该数值应满足电动机在低速时驱动负载的能力，如果 SS_SPEED 的数值过低，电动机和负载在运动的开始和结束时可能会摇摆或颤动。如果 SS_SPEED 的数值过高，电动机会在启动时丢失脉冲，并且负载在试图停止时使电动机超速。通常，SS_SPEED 值是 MAX_SPEED 值的5% ~15%。

（2）加速和减速时间。

加速时间 ACCEL_TIME：电动机从 SS_SPEED 速度加速到 MAX_SPEED 速度所需的时间。

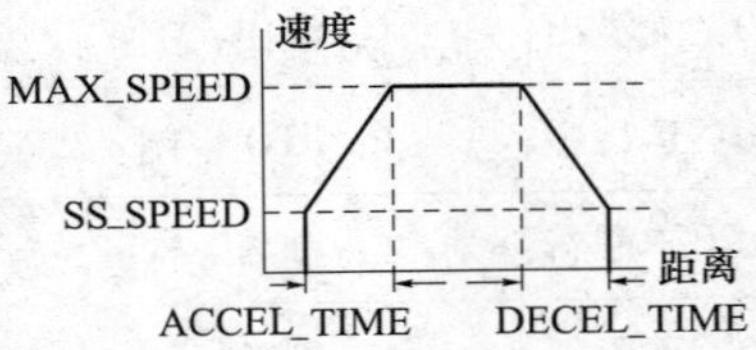

图 1 –4 –28　加速和减速时间

减速时间 DECEL_TIME：电动机从 MAX_SPEED 速度减速到 SS_SPEED 速度所需要的时间。

加速时间和减速时间的默认设置都是 1 000 ms。通常，电动机可在小于 1 000 ms 的时间内工作，如图 1 –4 –28 所示。这两个值设定时要以 ms 为单位。

（3）移动包络，一个包络是一个预先定义的移动描述，它包括一个或多个速度，影响着从起点到终点的移动。一个包络由多段组成，每段包含一个达到目标速度的加速/减速过程和以目标速度匀速运行的一串固定数量的脉冲。

在 Micro – WIN4. 0 的位控向导中提供移动包络定义界面，应用程序所需的每一个移动包络均可在这里定义。PTO 最大支持 100 个包络。

定义一个包络，包括以下几点：

（1）选择包络的操作模式。PTO 支持相对位置和单一速度的连续转动，如图 1 –4 –29 所示，相对位置模式指的是运动的终点位置是从起点开始计算的脉冲数量。单速连续转动则不需要提供终点位置，PTO 一直持续输出脉冲，直至有其他命令发出，如到达原点要求停发脉冲。

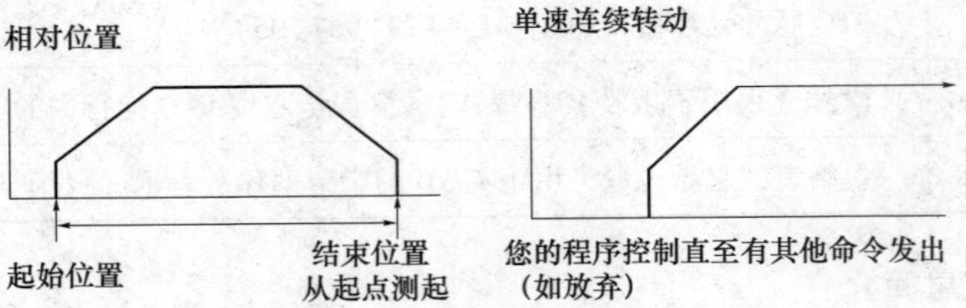

图 1 –4 –29　一个包络的操作模式

（2）为包络的各步定义指标。一步是工件运动的一个固定距离，包括加速和减速时间内的距离。PTO 每一包络最大允许 29 步。每一步包括目标速度、结束位置和脉冲数目等几个指标。图 1 –4 –30 所示为一步、两步、三步和四步包络。注意一步包络只有一个常速段，两步包络有两个常速段，依次类推。步的数目与包络中常速段的数目一致。

（3）为包络定义一个符号名。

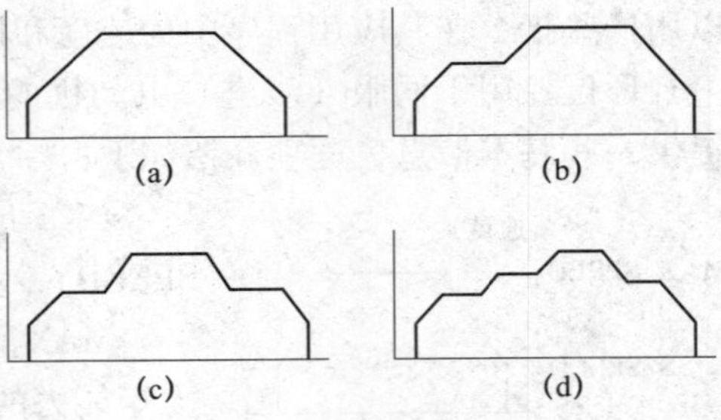

图 1 –4 –30　包络的步数示意

（a）一步包络；（b）两步包络；（c）三步包络；（d）四步包络

4.4 PLC位移的测量

YL－335B分拣单元使用了这种具有A、B两相90°相位差的旋转编码器，用于计算工件在传送带上的位置。编码器直接连接到传送带主动轴上。该旋转编码器的三相脉冲采用NPN型集电极开路输出，分辨率500线，工作电源DC 12～24 V。A、B两相输出端直接连接到PLC（S7－200－224XP AC/DC/RLY主单元）的高速计数器输入端。

计算工件在传送带上的位置时，需确定每两个脉冲之间的距离即脉冲当量。分拣单元主动轴的直径为$d=43$ mm，则减速电动机每旋转一周，传送带上工件移动距离$L=\pi\times d=3.14\times43=135.09$（mm）。故脉冲当量$\mu$为$\mu=L/500=0.27$ mm，即工件每移动0.27 mm，光电编码器就发出一个脉冲。

1. 高速计数器

S7－200有6个均可以运行在最高频率而互不影响的高速计数器HSC0～HSC5，6个高速计数器又分别可以设置12种不同的工作模式，其计数频率与PLC的扫描周期无关。

1）高速计数器的工作模式

工作模式0、1或2：带有内部方向控制的单相增/减高速计数器，可用高速计数器控制字节的第3位（6个高速计数器分别对应SM37.3，SM47.3，SM57.3，SM137.3，SM147.3和SM157.3）来控制增/减计数，该位为1时增计数，为0时减计数。

工作模式3、4或5：带有外部方向控制的单相增/减高速计数器，外部方向信号为1时增计数，为0时减计数。

工作模式6、7或8：有增减计数时钟输入的双相高速计数器，当增计数时钟到来时增计数，减计数时钟到来时减计数。如果增计数时钟与减计数时钟的上升沿出现的时间间隔小于0.3 ms，高速计数器的当前值不变，也不会有计数方向变化的指示。

工作模式9、10或11：A/B相正交高速计数器，其输入的两路计数脉冲的相位差为π/4（与光栅、磁栅和光电编码器的输出相匹配）。当A相信号相位超前B相信号相位π/4时，进行增计数，反之，当A相信号相位落后B相信号相位π/4时，进行减计数。A/B相正交高速计数器又有两种倍频模式：

1倍频模式：在时钟的每一个周期计1次数。

4倍频模式：在时钟的每一个周期计4次数。

2）高速计数器的外部输入点

高速计数器对外部输入点进行了划分，以保证在两个及以上的高速计数器同时工作时外部输入点的功能不重叠，如表1－4－16所示。

复位输入有效时高速计数器的当前值清零；直至复位输入无效时，启动输入有效时将允许高速计数器开始计数；关闭启动输入时，高速计数器的当前值保持不变，即使此时复位输入有效。

3）高速计数器的控制位

高速计数器的工作模式在设置其控制位之后才产生作用。高速计数器的控制位见表1－4－17。

表 1－4－16　高速计数器的输入点

模式	中断描述	输入点			
HSC0		I0.0	I0.1	I0.2	
HSC1		I0.6	I0.7	I1.0	I1.1
HSC2		I1.2	I1.3	I1.4	I1.5
HSC3		I0.1	—	—	—
HSC4		I0.3	I0.4	I0.5	—
HSC5		I0.4	—	—	—
0	带有内部方向控制的单相计数器	时钟	—	—	—
1		时钟	—	复位	—
2		时钟	—	复位	启动
3	带有外部方向控制的单相计数器	时钟	方向	—	—
4		时钟	方向	复位	—
5		时钟	方向	复位	启动
6	带有增减计数时钟的双相计数器	增时钟	减时钟	—	—
7		增时钟	减时钟	复位	—
8		增时钟	减时钟	复位	启动
9	A/B 相正交计数器	A 相时钟	B 相时钟	—	—
10		A 相时钟	B 相时钟	复位	—
11		A 相时钟	B 相时钟	复位	启动

表 1－4－17　高速计数器的控制位

HSC0	HSC1	HSC2	HSC3	HSC4	HSC5	配置或中断描述
SM37.0	SM47.0	SM57.0	—	SM147.0	—	复位控制：0＝高电平有效；1＝低电平有效
	SM47.1	SM57.1	—	—	—	启动控制：0＝高电平有效；1＝低电平有效
SM37.2	SM47.2	SM57.2	—	SM147.2	—	正交计数器倍频：0＝4 倍频；1＝1 倍频
SM37.3	SM47.3	SM57.3	SM137.3	SM147.3	SM157.3	计数方向控制：0＝减计数；1＝增计数
SM37.4	SM47.4	SM57.4	M137.4	SM147.4	SM157.4	写入计数方向：0＝不更新；1＝更新
SM37.5	SM47.5	SM57.5	SM137.5	SM147.5	SM157.5	写入预置值：0＝不更新；1＝更新
SM37.6	SM47.6	SM57.6	SM137.6	SM147.6	SM157.6	写入当前值：0＝不更新；1＝更新
SM37.7	SM47.7	SM57.7	SM137.7	SM147.7	SM157.7	HSC 允许：0＝禁止；1＝允许

例如，设 HSC0 无复位或启动控制，1 倍频正交计数，增计数方向且不更新，预置值不更新，当前值更新，HSC 允许，则 SMB37 = 2#11011100，即：MOV16#DC，SMB37。

设置控制位应在定义高速计数器之前，否则，高速计数器将工作在默认模式下，即 0 位、1 位和 2 位为 0 状态：复位和启动输入高电平有效，正交计数器 4 倍频。

一旦完成定义高速计数器，就不能再改变高速计数器的设置，除非 CPU 停止工作。

4）预置值和当前值的设置

各高速计数器均有一个 32 位的预置值和一个 32 位的当前值，预置值和当前值均为有符号的双整数。

为了向高速计数器装入新的当前值和预置值，必须先设置高速计数器的控制位（见表 1 – 4 – 17），允许当前值和预置值更新，即把第 5 位和第 6 位置 1，再将新的当前值和预置值存入表 1 – 4 – 18 所示的特殊存储器之中，然后执行 HSC 指令，才能完成装入新值。

表 1 – 4 – 18　当前值和预置值存储器地址

指令 / 值	HSC0	HSC1	HSC2	HSC3	HSC4	HSC5
当前值	SMD38	SMD48	SMD58	SMD138	SMD148	SMD158
预置值	SMD42	SMD52	SMD62	SMD142	SMD152	SMD162

高速计数器的当前值是可以采用 HC 后接高速计数器号 0 ~ 5 的格式（双字）读出，但其写操作只能用 HSC 指令来实现。

5）高速计数器的状态位

每个高速计数器均给出了当前计数方向和当前值是否等于或大于预置值，如表 1 – 4 – 19 所示。

表 1 – 4 – 19　高速计数器的状态位

HSC0	HSC1	HSC2	HSC3	HSC4	HSC5	中断描述
SM36. 5	SM46. 5	SM56. 5	SM136. 5	SM146. 5	SM156. 5	当前计数方向；0 = 减计数；1 = 增计数
SM36. 6	SM46. 6	SM56. 6	SM136. 6	SM146. 6	SM156. 6	当前值与预置值：0 = 不等；1 = 相等
SM36. 7	SM46. 7	SM56. 7	SM136. 7	SM146. 7	SM156. 7	当前值与预置值；0 = 小于等于；1 = 大于

6）高速计数器指令

定义高速计数器指令（HDEF）用来指定高速计数器（HSC）及其工作模式（MODE）。

高速计数器指令（HSC）用来激活高速计数器，N 为其标号。

以上两个指令的梯形图和 STL 格式以及操作数如图 1 – 4 – 31 和表 1 – 4 – 20 所示。

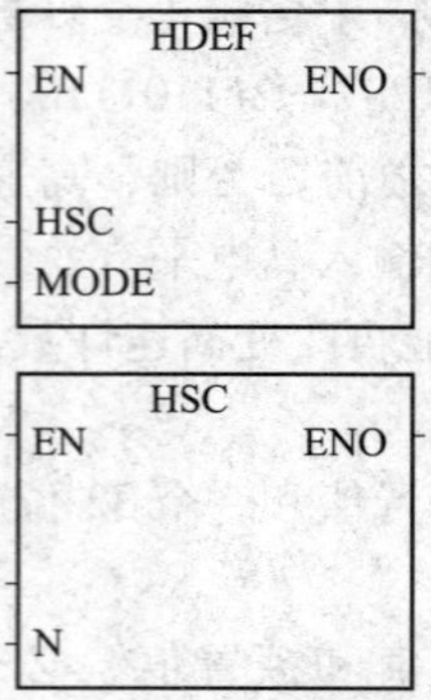

图 1-4-31 高速计数器指令梯形图

表 1-4-20 高速计数器指令的 STL 格式以及操作数

指令	STL 格式	操作数	描述
HDEF	HDEF HSC，MODE	BYTE	定义高速计数器模式
HSC	HSC N	WORD	激活高速计数器

2. 任务实现

根据分拣单元旋转编码器输出的脉冲信号形式（A/B 相正交脉冲，Z 相脉冲不使用，无外部复位和启动信号），由表 1-4-16 容易确定，所采用的计数模式为模式 9，所选用的计数器为 HSC0，A 相脉冲从 I0.0 输入，B 相脉冲从 I0.1 输入，计数倍频设定为 4 倍频。分拣单元高速计数器编程要求较简单，不考虑中断子程序、预置值等。

使用引导式编程，很容易自动生成符号地址为"HSC_INIT"的子程序，其子程序清单如图 1-4-32 所示。（引导式编程的步骤从略，请参考 S7-200 系统手册。）

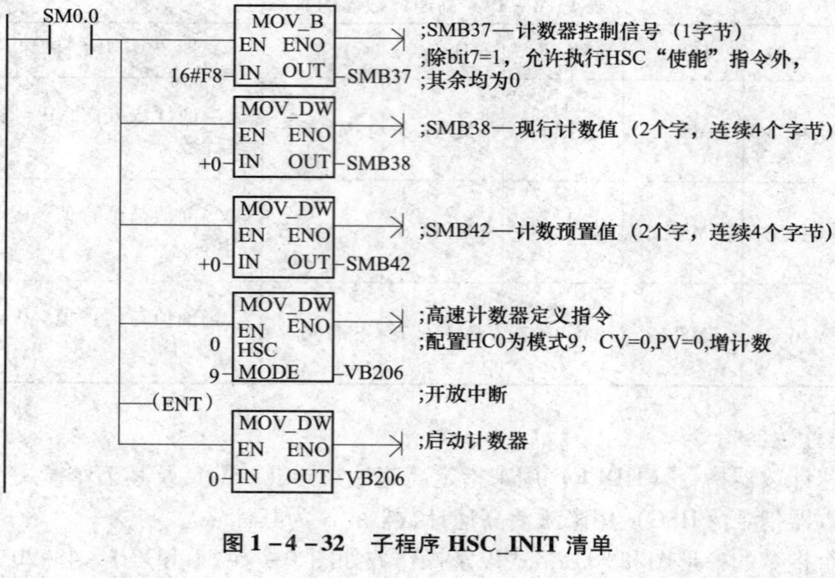

图 1-4-32 子程序 HSC_INIT 清单

在主程序块中使用 SM0.1（上电首次扫描 ON）调用此子程序，即完成高速计数器定义并启动计数器。主程序如图 1－4－33 所示。

按照工作任务，可在系统启动后，每一扫描周期均访问 HC0 当前值，存储到指定的变量存储器 VD12 中。

注意：由于高速计数器设定为四倍频，因此，HC0 读出的脉冲值为编码器输出脉冲的 4 倍。

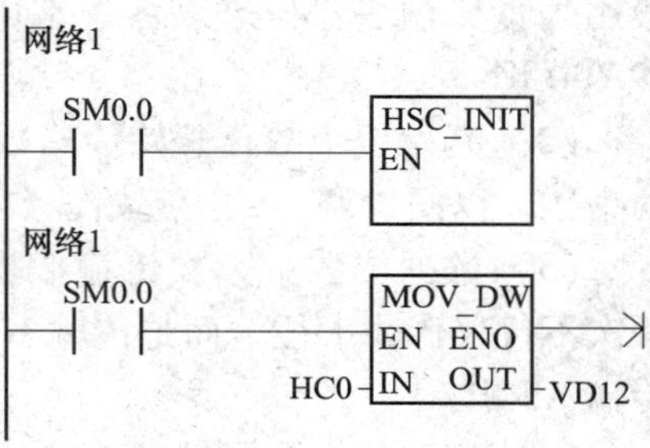

图 1－4－33　主程序

4.5　PLC 的通信技术

4.5.1　PLC 的 PPI 通信

1. 通信基本知识

通信技术的作用就是实现不同设备之间的数据交换，PPI（point to point）是点对点的串行通信，串行通信是指每次只传送 1 位二进制数。因而其传输的速度较慢，但是其接线少，可以长距离传输数据。PLC－200 自带了串行通信接口。

2. 通信协议

为了实现任何设备之间通信，通信双方必须对通信的方式和方法进行约定，否则双方无法接收和发数据。接口的标准可以从两个方面进行理解：一是硬件方面，也就是规定了硬件接线的个数、信号电平的表示及通信接头的形状等；二是软件方面，也就是双方如何理解收或发数据的含义，如何要求对方传出数据等，一般把它称为通信协议。

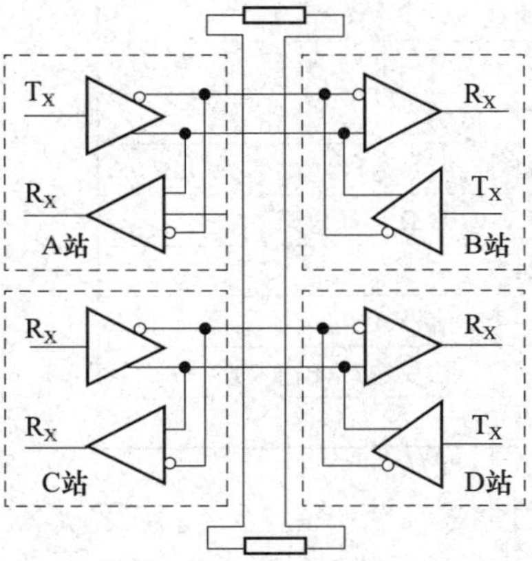

图 1－4－34　RS－485 组网接线

S7－200 系列 PLC 自带通信端口为西门子规定的 PPI 通信协议，而硬件接口为 RS－485 通信接口。

RS－485 只有一对平衡差分信号线用于发送和接收数据，为半双工通信方式。

使用 RS－485 通信接口和连接线路可以组成串行通信网络，实现分布式控制系统。网络最多可以由 32 个子站（PLC）组成。为提高网络的抗干扰能力，在网络的两端要并联两个电阻，值一般为 120 Ω，其组网接线如图 1－4－34 所示。

RS－485 的通信距离可以达 1 200 m。在 RS－485 通信网络中，为了加以区别，每个设备都有一个编号，称为地址。地址必须是唯一的，否则会引起通信混乱。

3. 通信参数

对于串行通信方式，在通信时双方必须约定好线路上通信数据的格式，否则接收方无法接收数据。同时，为提高传输数据的准确性，还应该设定检验位，当传输的数据出错时，可以指示错误。

通信格式设置的主要参数有：

（1）波特率：由于是以位为单位进行传输数据，所以必须规定每位传输的时间，一般用每秒传输多少位来表示。常用的有 1 200 Kb/s、2 400 Kb/s、4 800 Kb/s、9 600 Kb/s、19 200 Kb/s。

（2）起始位个数：开始传输数据的位，称为起始位，在通信之前双方必须确定起始位的个数，以便协调一致。起始位数一般为 1 个。

（3）数据位数：一次传输数据的位数。当每次传输数据时，为提高数据传输的效率，一次不仅仅传输 1 位，而是传输多位，一般为 8 位，正好 1 个字节。常见的还有 7 位，用于传输 ASCII 码。

（4）检验位：为了提高传输的可靠性，一般要设定检验位，以指示在传输过程中是否出错，一般单独占用 1 位。常用的检验方式有偶检验、奇检验。当然也可以不用检验位。

偶检验规定传输的数据和检验位中“1”（二进制）的个数必须是偶数，当个数不是偶数时，说明数据传输出错。

奇检验规定传输的数据和检验位中“1”（二进制）的个数必须是奇数，当个数不是奇数时，说明数据传输出错。

（5）停止位：当一次数据位数传输完毕后，必须发出传输完成的信号，即停止位。停止位一般有 1 位、1.5 位和 2 位的形式。

（6）站号：在通信网络中，为了标示不同的站，必须给每个站一个唯一的标示符，称为站号，也可以称为地址。同一个网络中所有的站的站号不能相同，否则会出现通信混乱。

4. S7－200 通信协议介绍

S7－200 的通信接口定义如图 1－4－35 所示，S7－200 在通信时连接 RS－485 信号 B 和 RS－485 信号 A，多个 PLC 可以组成网络。

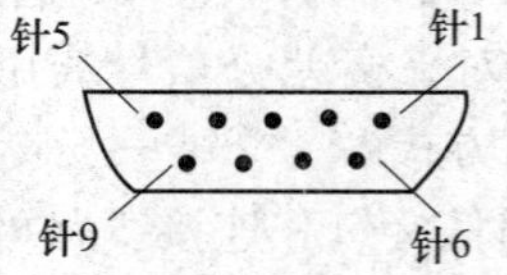

针	端口 0/1
1	逻辑地
2	逻辑地
3	RS－485 信号 B
4	RTS（TTL）
5	逻辑地
6	+5 V，100 Ω 串联电阻
7	+24 V
8	RS－485 信号 A
9	10－位，协议选择（输入）
连接器外壳	机壳接地

图 1－4－35　S7－200 的通信接口定义

S7－200 的通信接口为 RS－485，通信协议可以使用 PLC 自带标准的 PPI 协议或 Modbus 协议，也可以通过 S7－200 的通信指令使用自定义的通信协议进行数据通信。

在使用 PPI 协议进行通信时，只能有一台 PLC 或其他设备作为通信发起方，称为主站，其他的 PLC 或设备只能被动地传输或接收数据，称为从站。网络中的设备不能同时发数据，这样做会引起网络通信错误。

PPI 通信协议格式在此不做介绍。只给出其通信参数：8 位数据位、1 位偶检验、1 位停止位、1 位起始位，通信速率和站地址根据实际情况可以更改。

5. 设置 S7-200 PPI 通信参数

S7-200 的默认通信参数为：地址是 2，波特率为 9 600 Kb/s，8 位数据位、1 位偶检验、1 位停止位、1 位起始位。

其地址和波特率可以根据实际情况进行更改，其他的数据格式是不能更改的。要设置 PLC 的通信参数，选择“系统块”的“通信端口”命令，出现如下提示窗口后设置地址和波特率，如图 1-4-36 所示。

参数设置完成后必须把数据下载到 PLC 中，在下载时选中“系统块”选项，否则设置的参数在 PLC 中没有生效，如图 1-4-37 所示。

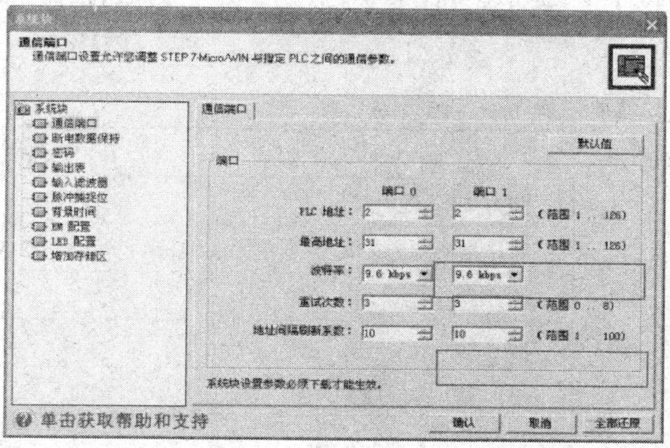

图 1-4-36　PLC 地址和波特率设置

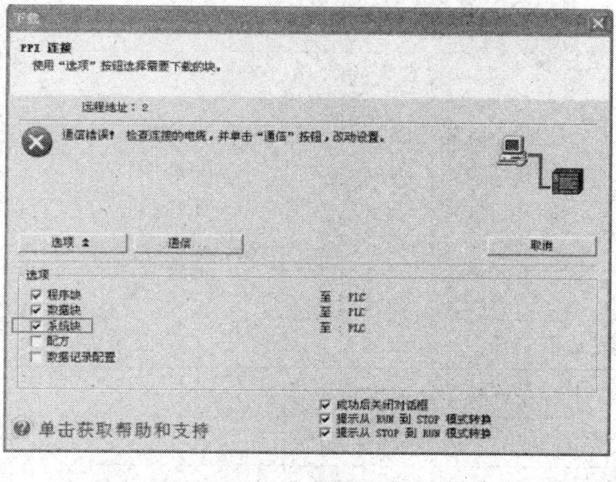

图 1-4-37　通信数据下载

4.5.2　网络读/写命令的使用

PLC 的网络读/写命令可实现多个 PLC 之间的通信。

网络读 NETR 指令可从远程站最多读取 16 字节信息，网络写 NETW 指令可向远程站最多写入 16 字节信息。可在程序中使用任意数目的 NETR/NETW 指令，但在任何时间最多只能有 8 条 NETR 和 NETW 指令同时被激活。

使用网络读/写命令前，确认 PLC 之间的通信线路必须相连畅通，PLC 之间的通信波特率一致，而地址则不相同。指令使用的通信协议为 PLC 自带的 PPI 协议，在使多个 PLC 之间进行通信时，必须保证网络中同一时刻只有一个 PLC 在发数据，否则会出现通信数据的混乱。

1. 网络读指令

网络读指令如图 1－4－38 所示，当 EN 为 ON 时，执行网络通信命令，从其他 PLC 连续的存储单元中读取数据，但是最多只能读 16 个字节的数据。

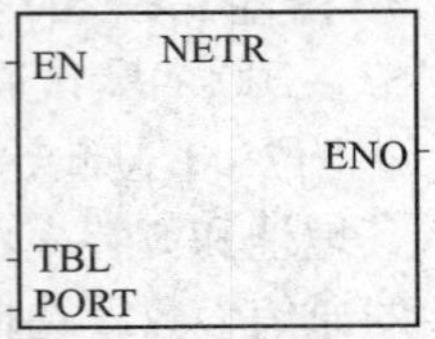

图 1－4－38 网络读指令

PORT 指定通信端口，如果只有一个通信端口，此值必须为 0。有两个通信端口时，此值可以是 0 或 1，分别对应两个通信端口。

NETR/NETW 表格 TBL 表的定义见表 1－4－21 和错误代码说明见表 1－4－22。

表 1－4－21 TBL 表的定义

地址偏移	表头				
0	D	A	E	0	错误代码
1	对方 PLC 地址				
2	指针指向对方 PLC 数据单元的地址				
3	占用 4 个字节				
4	—				
5	可以指向对方的 Q、I、M、V				
6	数据长度				
7	接收或写入的第 1 个数据				
…	……				
22	接收或写入的第 16 个数据				

D：完成（功能完成）；　0＝未完成；　1＝完成。
A：现用（功能入队）；　0＝非现用；　1＝现用。
E：错误；　0＝无错；　1＝错误。

表 1－4－22 错误代码说明

0	无错
1	接收错误；远程站不应答
2	接收错误；应答中存在校验、帧或校验和错误
3	脱机错误；重复站址或故障硬件引起的冲突
4	队列溢出错误；8 个以上 NETR/NETW 命令被激活
5	违反协议；未启用 SMB30 中的 PPI＋即尝试执行 NETR/NETW
6	非法参数；NETR/NETW 表格包含一个非法或无效数值
7	无资源；远程站繁忙（正在上载或下载序列）
8	第 7 层错误；违反应用程序协议
9	信息错误；数据地址错误或数据长度不正确

2. 网络写指令

网络写指令如图 1－4－39 所示，当 EN 为 ON 时，执行网络通信命令，把数据写到其他

PLC 连续的存储单元中，但是最多只能写 16 个字节的数据。

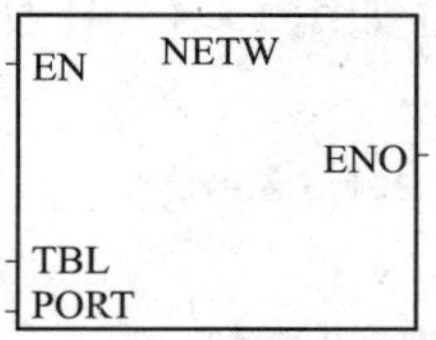

图 1－4－39 网络写指令

PORT 指定通信端口，如果只有一个通信端口，此值必须为 0。有两个通信端口时，此值可以是 0 或 1，分别对应两个通信端口。

为表达方便，我们把地址为 2 的 PLC 称为主站，而把地址为 10 的 PLC 称为从站。

根据前面掌握的知识，我们首先必须设置两台 PLC 的通信参数，同时为保证编程软件的正常使用，其相应的通信参数也必须进行设置。

本任务中，从站的 PLC 没有任何程序，只要设置好通信参数即可。主站中则要用网络读命令读从站的 PLC 的输入，然后用读到的数据控制主站的输出。

PPI 通信中主站 PLC 程序中，必须在上电第 1 个扫描周期内，用特殊存储器 SMB30 指定其主站属性，从而激活主站模式。在 PPI 模式下，控制字节的 2～7 位是忽略掉的，即 SMB30＝00000010，定义 PPI 主站。SMB30 中协议选择默认值是 00＝PPI 从站，因此，从站不需要初始化。

在执行网络读命令之前，设置好 TBL 表。假定表的首地址为 VB200，因而表的设置参数见表 1－4－23。

表 1－4－23 TBL 表的设置参数

VB200	D	A	E	O	错误代码
VB201	从站地址：10				
VB202	指针指向对方 PLC 数据单元的地址				
VB203	占用 4 字节				
VB204	—				
VB205	此处是 IBO 的地址（&IBO）				
VB206	读数据长度：1				
VB207	接收第一个数据				

表 1－4－23 中数据的赋值可以采用数据传输指令完成，TBL 表初始化和通信程序如图 1－4－40 所示。

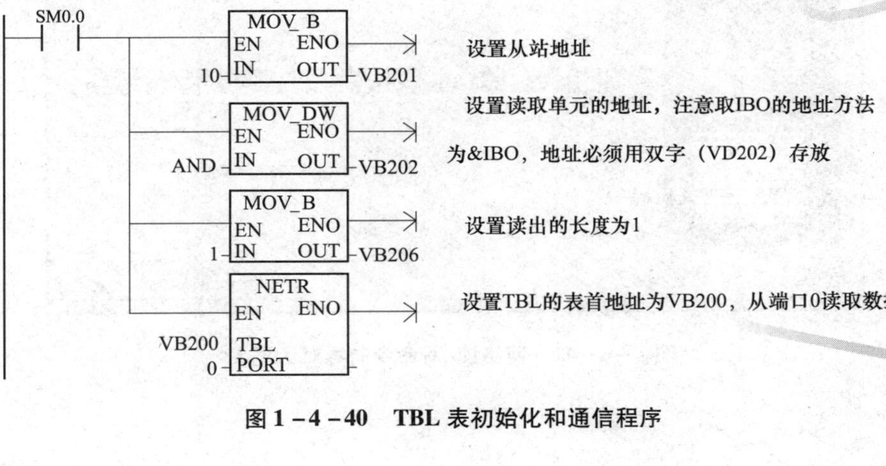

图 1－4－40 TBL 表初始化和通信程序

当命令执行后，成功读到数据时，其 V200.7 为 ON，V200.5 为 OFF，此时 VB207 就是正确的数据，我们可以用此数据直接控制主站的输出。控制和通信程序如图 1－4－41 所示。

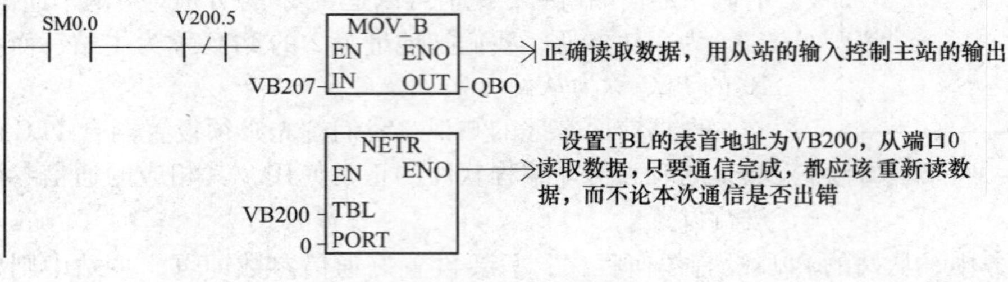

图 1－4－41 控制和通信程序

根据上面的解释，读者可以编写完整的程序。当把程序下载到主站 PLC 以后，连接 PPI 电缆，然后上电运行程序，以检验程序是否正确。

4.5.3 网络读/写命令向导的使用

网络读/写命令除了自己编写程序外，还可以利用 SETP7－Micro/WIN 提供的向导功能，由向导编写好程序，我们就可以直接使用其程序。

以上面的任务为例，讲解如何利用向导完成任务。

1. 解决方法

假定主站中有程序，而从站中无程序，所以主站的程序不仅要读取从站的输入，同时还要把主站的输入写到从站的输出中。

2. 解决步骤

首先，我们必须设置好从站和主站的通信参数，其设置方法和前面一样，在此不再重复。现在我们利用向导直接产生程序。

（1）单击“向导”中的“NETR/NETW”命令，弹出如图 1－4－42 所示的对话框。

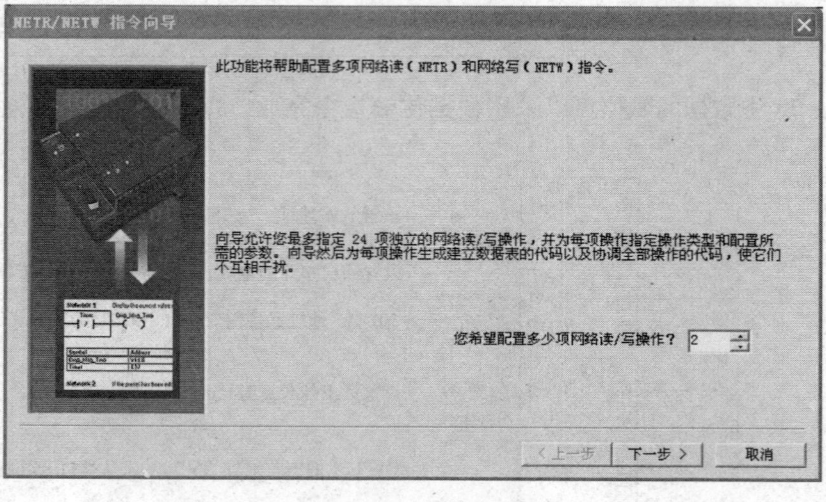

图 1－4－42 网络读/写命令向导对话框 1

（2）因为程序中有读和写两个操作，所以网络读/写操作的项数值为 2，设置好后，单击“下一步”按钮，弹出如图 1－4－43 所示的对话框。

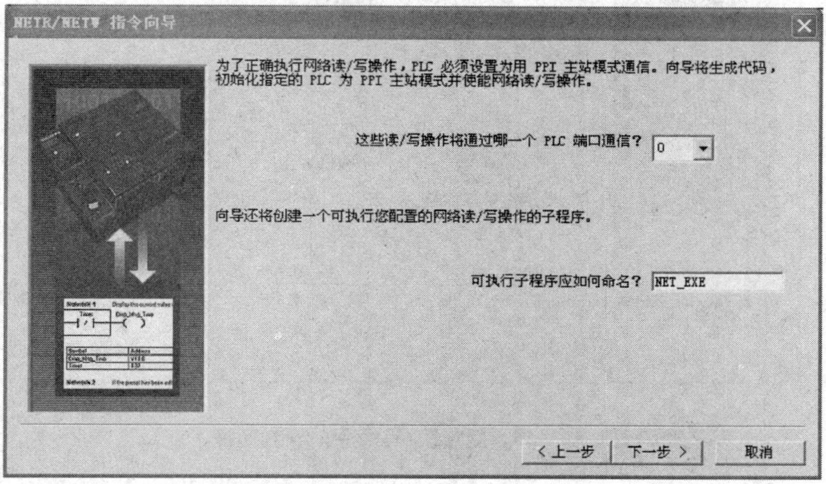

图 1－4－43　网络读/写命令向导对话框 2

（3）设定使用的通信口，此处为通信口 0，因为向导会自动生成子程序，所以我们必须给子程序设定一个名称，名称设定好后单击“下一步”按钮，弹出如图 1－4－44 所示的对话框。

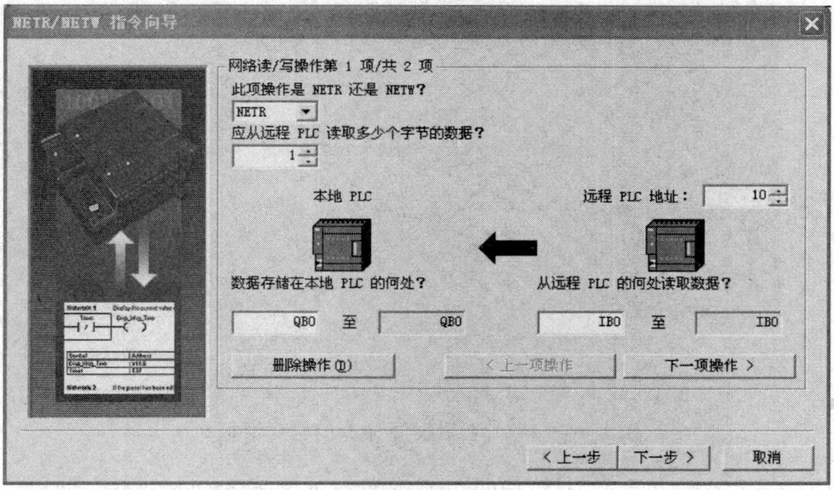

图 1－4－44　网络读/写命令向导对话框 3

（4）要配置读和写网络命令，假定我们先配置网络读命令，此时按照图中所示设定好参数。

单击“删除操作”按钮可以删除当前的操作项，同时也会把网络读写命令减少一个，即网络读写命令向导对话框 1 中设定的参数要减 1。

单击“下一项操作”和“上一项操作”按钮可以在不同的网络读写命令之间切换设置参数对话框 1。

参数设置好后，单击“下一项操作”按钮，弹出如图 1－4－45 所示的对话框。

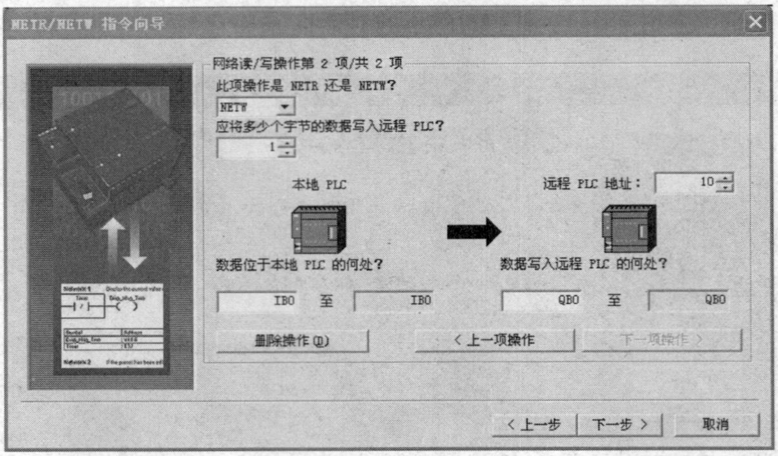

图 1－4－45　网络读/写命令向导对话框 4

（5）在此项操作中，要选择网络写命令，按图示设置好参数。其参数的含义对话框中的文字表达得很清楚，不做过多的描述。单击“下一步”按钮，弹出如图 1－4－46 所示的对话框。

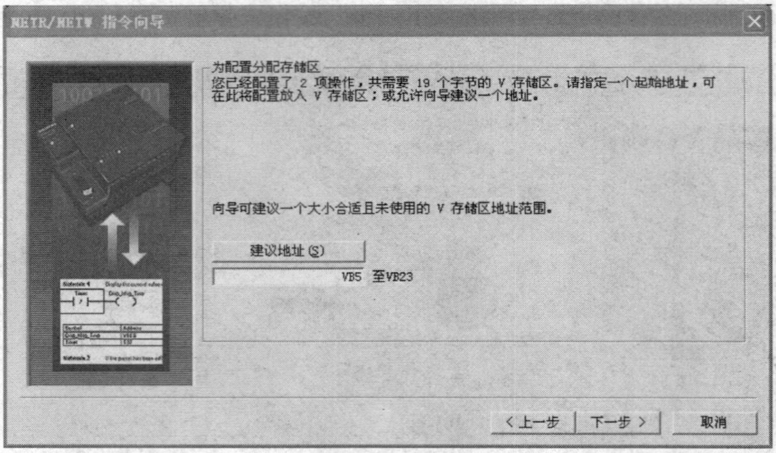

图 1－4－46　网络读/写命令向导对话框 5

（6）生成的子程序要使用一定数量的、连续的存储区，本项目中提示要用 19 个字节的存储区，向导只要求设定连续存储区的起始位置即可，但是一定要注意，存储区必须是其他程序中没有使用的，否则程序无法正常运行。设定好存储区起始位置后，单击“下一步”按钮，弹出如图 1－4－47 所示的对话框。

（7）在此对话框中，可以为此向导单独起一个名称，以便和其他的网络读写命令向导区分开。如果要监视此子程序中读写网络命令执行的情况，请记住“全局符号表”的名称。

如果要检查或更改前面设置的参数，单击“上一步”按钮，最后单击“完成”按钮，弹出如图 1－4－48 所示的对话框。

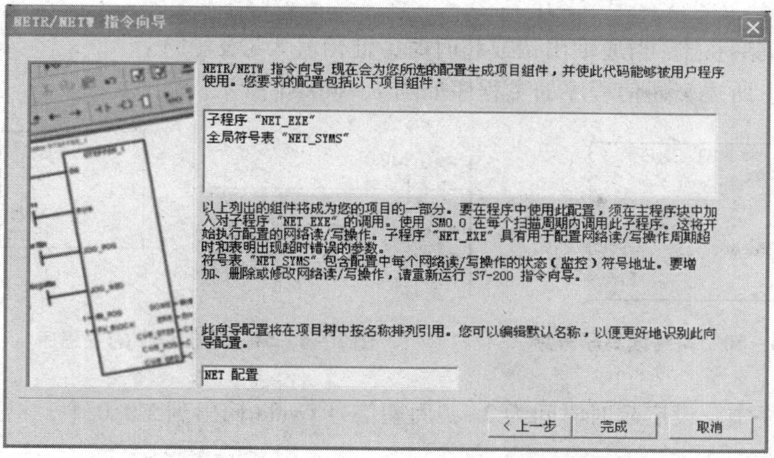

图 1-4-47　网络读/写命令向导对话框 6

（8）单击“是”按钮退出向导，此时程序中会自动产生一个子程序，此项目中子程序的名称为 NET_EXE。

要使得子程序 NET_EXE 运行，不断地读取和写入数据，必须在主程序中不停地调用它。

在指令树的最下面，“调用子程序”中出现了 NET_EXE 子程序，在“向导”的“NETR/NETW”中也会出现相应的提示。

图 1-4-48　网络读/写命令向导对话框 7

如果要改变向导参数设置，只要双击向导名称下面的子项即可，如图 1-4-49 所示的“起始地址”或“网络读写操作”或“通信端口”。

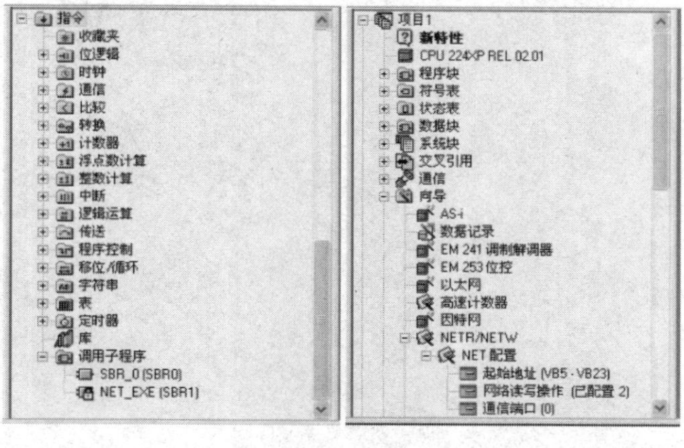

图 1-4-49　网络读/写命令向导完成后的提示

（9）当调用子程序时，还必须给子程序设定相关的参数。网络读写子程序如图 1-4-50 所示，EN 为 ON 时子程序才会执行，程序要求必须用 SM0.0 控制。Timeout 用于时间控制，以秒（s）为单位设置，当通信的时间超出设定时间时，会给出通信错误信号，即位 Error 为 ON。

Cycle 是一个周期信号，如果子程序运行正常，会发出一个 ON（1）和 OFF（0）之间跳变的信号。

Error 为出错标志，当通信出错或超时时，此信号为 ON（1）。

（10）综上所述，通信程序的主程序如图 1－4－51 所示。

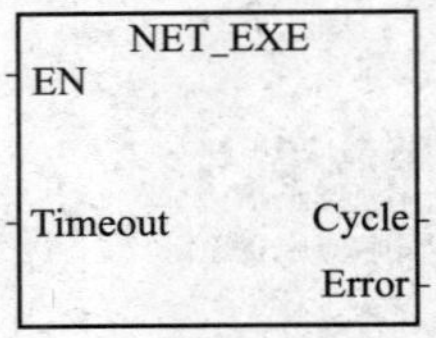

图 1－4－50　网络读写子程序

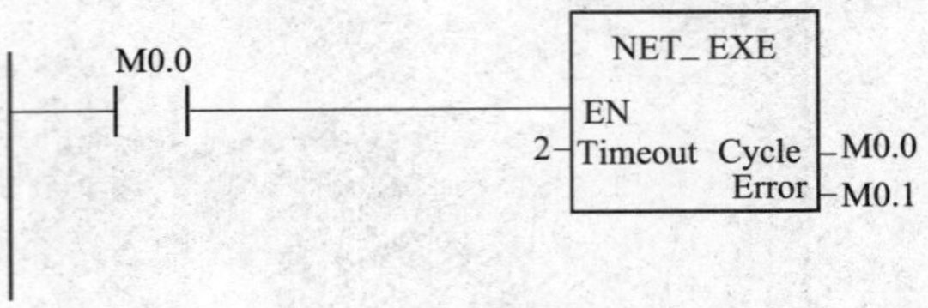

图 1－4－51　通信程序的主程序

（11）程序中，设定超时时间为 2 s，周期信号 Cycle 输出到 M0. 0 中，错误标志 Error 保存在 M0. 1 中。

如果要监视通信程序运行的情况，可以打开“符号表”中的“NET_SYMS”子表，找到通信程序用到的各种标志的地址，监视它就可以了，如图 1－4－52 所示。

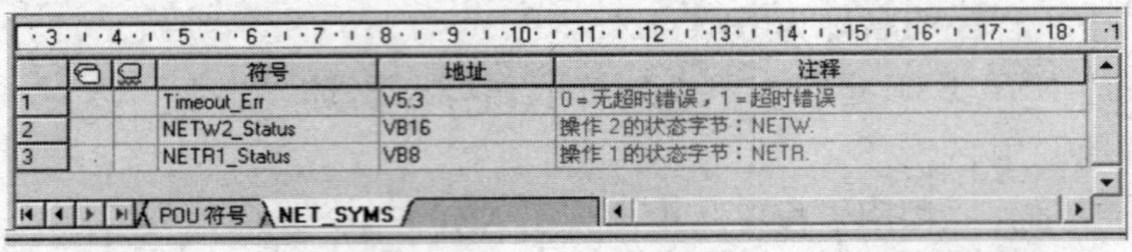

			符号	地址	注释
1			Timeout_Err	V5.3	0＝无超时错误，1＝超时错误
2			NETW2_Status	VB16	操作 2 的状态字节：NETW.
3			NETR1_Status	VB8	操作 1 的状态字节：NETR.

图 1－4－52　通信程序的符号表

项目 5

人机界面及组态技术

学习目标

（1）掌握人机界面的概念及特点，人机界面的组态方法。

（2）能编写人机交互的组态程序，并进行安装调试。

项目导入

PLC 具有很强的功能，能够完成各种控制任务，但是同时我们也注意到这样一个问题，PLC 无法显示数据，没有漂亮的界面，不能像计算机控制系统一样以图形方式显示数据，操作设备也很简单。

借助智能终端设备，即人机操作界面也称 HMI 人机控制操作界面，通过人机界面设备提供的组态软件，能够很方便地设计出用户所要求的界面，也可以直接在人机界面设备上操作设备。

人机界面设备提供了人机交互的方式，就像一面窗口，是操作人员与 PLC 之间进行对话的接口设备。人机界面设备以图形形式显示所连接 PLC 的状态，当前过程数据以及故障信息，用户可以使用 HMI 设备方便地操作和观测正在监控的设备或系统。工业触摸屏已经成为现代工业控制系统中不可缺少的人机界面设备之一。

5.1　认知人机界面

人机操作界面，包括指示灯、显示仪表、主令按钮、开关和电位器等。操作人员通过这些设备把操作指令传输到自动控制器中，控制器也通过它们显示当前的控制数据和状态。这是一个广义的人机交互界面。随着技术的进步，新的模块化的、集成的人机操作界面产品被开发出来。这些 HMI 产品一般具有灵活的可由用户（开发人员）自定义的信号显示功能，用图形和文本方式显示当前的控制状态；现代 HMI 产品还提供了固定或可定义的按键，或者触摸屏输入功能。HMI 产品在现代控制系统的人机交互中作用越来越大。操作员面板（如 OP270、OP73 等）和触摸屏（如 TP270、TP277 等）的基本功能是过程状态和过程控制的可视化，可以使用 Protool 软件组态它们的显示和控制功能。文本显示器（如 TD400C）的基本功能是文本信息显示和实施操作，在控制系统中可以设定和修改参数，可编程的功能键可以作为控制键。人机界面的实物如图 1－5－1 所示。

HMI 设备的作用是提供自动化设备操作人员与自动控制系统（PLC 系统）之间的交互

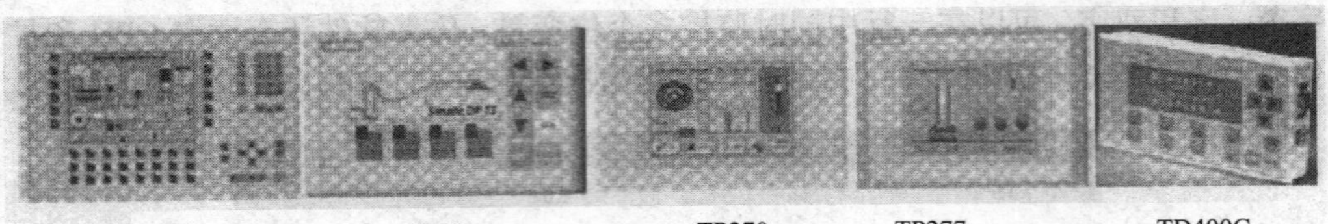

图 1－5－1　人机界面的实物

界面接口。使用 HMI 设备，可以实现以下功能：

（1）在 HMI 上显示当前的控制状态、过程变量，包括数字量（开关量）和数值等数据；

（2）显示报警信息，通过硬件或可视化图形按键输入数字量、数值等控制参数；

（3）使用 HMI 的内置功能对 PLC 内部进行简单的监控、设置等。

HMI 设备作为一个网络通信主站与 S7－200 CPU 相连，因此也有通信协议、站地址及通信速率等属性。通过串行通信在两者之间建立数据对应关系，也就是 CPU 内部存储区与 HMI 输入/输出元素间的对应关系，如图 1－5－2 所示。只有建立了这种对应关系，操作人员才可以与 PLC 内部的用户程序建立交互联系。这种联系在 HMI 上究竟如何安排、定义各种元素，都需要在软件中配置，俗称“组态”。为了通过触摸屏设备操作机器或系统，给触摸屏设备组态用户界面的过程就称为“组态阶段”。系统组态就是通过 PLC 以“变量”方式进行操作站与机械设备或过程之间的通信。变量值写入 PLC 上的存储区域（地址），由操作站从该区域读取。各种不同的 HMI 有各自专用的配置软件。

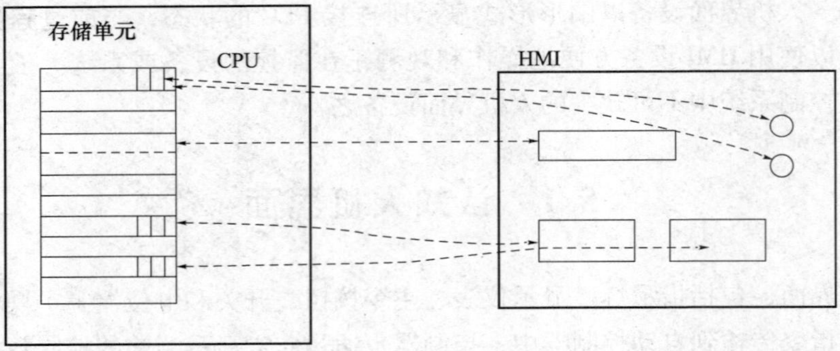

图 1－5－2　S7－200 和 HMI 之间的数据对应关系

HMI 设备上的操作、显示元素与 PLC 内存的对应关系需要进行配置才能建立；HMI 设备上的显示画面等也需要布置及制作。HMI 组态软件就是用来完成上述工作的。不同的 HMI 产品使用的组态软件不同，但一个系列的产品往往使用同一个软件。适用 S7－200 的 HMI 产品需要的组态软件有很多，如 TD 系列文本显示器使用文本显示向导组态及一些国产的组态软件。

HMI 软件在以 PC 技术为基础的计算机上［如 ProTool Pro RT（运行版）、WinCC 1］直接通信 HMI 软件，也可以运行 HMI 软件，直接与控制器通信并与人交互。

所谓直接通信，就是HMI软件能够支持PLC的通信协议。能够直接连接的HMI软件都通过专用的驱动接口与特定的PLC通信。因此往往同一厂家的产品之间具有更好的兼容性。对于世界性的通信标准来说，由于各主要厂家都提供符合标准的产品，其通用性也能得到保证。例如，S7－200可以通过EM277通信模块与支持PROFIBUS－DP通信标准的HMI计算机（包括软件和硬件接口）通信。

触摸屏是一种最直观的操作设备，如图1－5－3所示。只要用手指触摸屏幕上的图形对象，计算机便会执行相应的操作，人和机器间的交流变得简单、直接。触摸屏的组成及作用如图1－5－4所示。

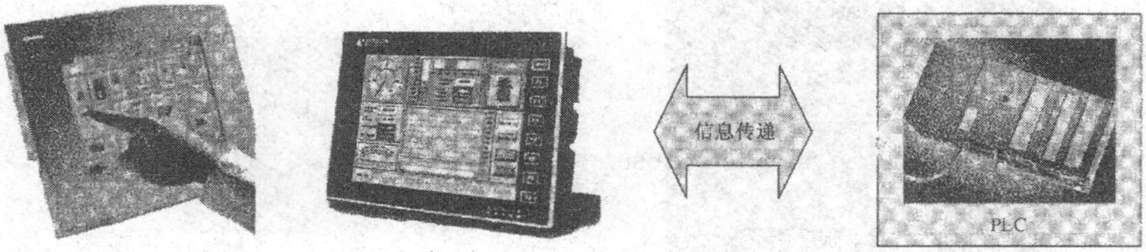

图1－5－3 触摸屏

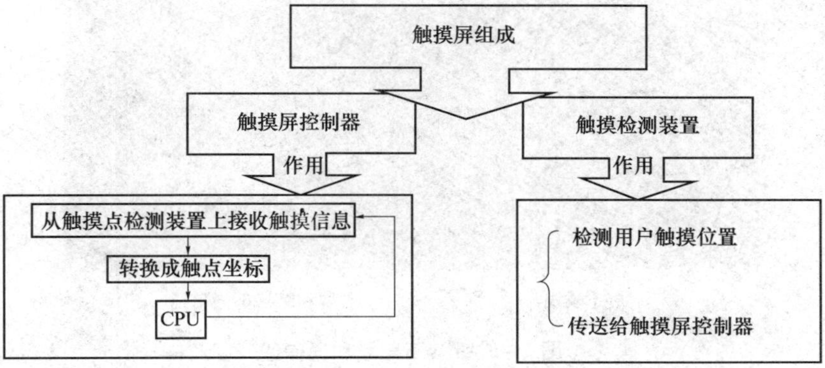

图1－5－4 触摸屏的组成及作用

触摸屏根据其工作原理和传输信息介质的不同，分为电阻式、电容式、红外线式和表面声波式触摸屏，如图1－5－5所示。

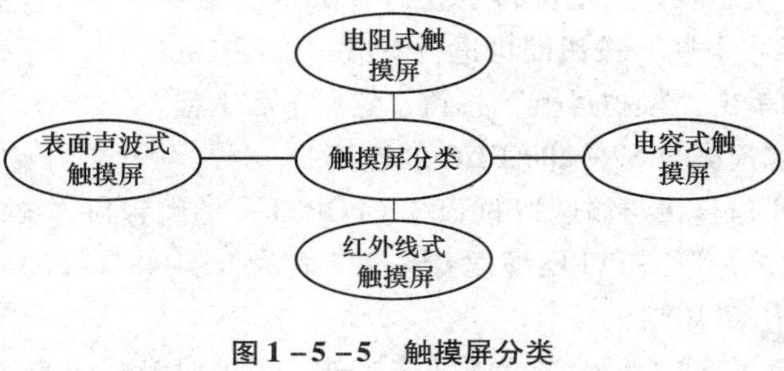

图1－5－5 触摸屏分类

5.2 嵌入版工控组态软件的连接

下面就以 MCGS 嵌入式组态软件为例介绍组态软件的应用。

TPC7062KS 人机界面的硬件连接：TPC7062KS 人机界面的电源进线、各种通信接口均在其背面，如图 1－5－6 所示。其中 USB1 口用来连接鼠标和 U 盘等，USB2 口用于工程项目下载，COM（RS－232）用来连接 PLC。下载线和通信线如图 1－5－7 所示。

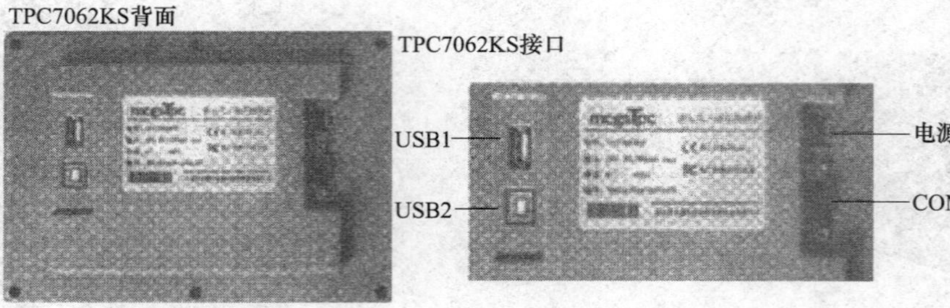

图 1－5－6 TPC7062KS 的接口

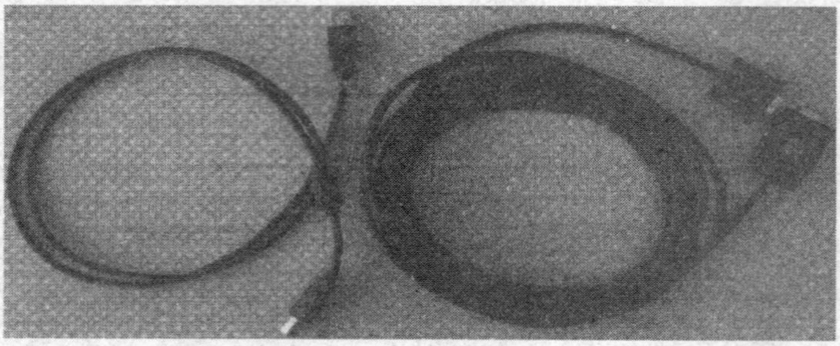

屏下载线　　屏和S7-200通信线

图 1－5－7 下载线和通信线

1. TPC7062KS 触摸屏与个人计算机的连接

TPC7062KS 触摸屏是通过 USB2 口与个人计算机连接的，连接以前，个人计算机应先安装 MCGS 组态软件。

当需要在 MCGS 组态软件上把资料下载到 HMI 时，只要在下载配置里，选择“连接运行”命令，单击“工程下载”按钮即可进行下载，如图 1－5－8 所示。如果工程项目要在计算机模拟测试，则单击“模拟运行”按钮，然后下载工程。

2. TPC7062KS 触摸屏与 S7－200 PLC 的连接

触摸屏通过 COM 口直接与输送站的 PLC（PORT1）的编程口连接。所使用的通信线采用西门子 PC－PPI 电缆，PC－PPI 电缆把 RS－232 转为 RS－485。PC－PPI 电缆 9 针母头插在屏侧，9 针公头插在 PLC 侧。

为了实现正常通信，除了正确进行硬件连接外，还须对触摸屏的串行 1510 属性进行设置，这将在设备窗口组态中实现。

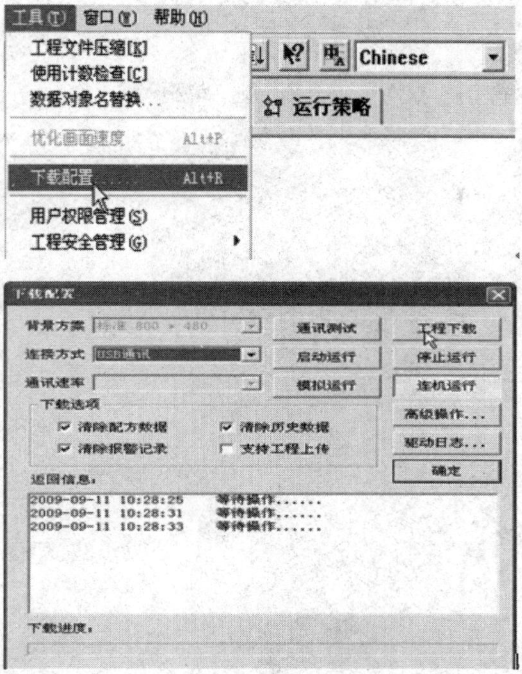
工具(T) 窗口(W) 帮助(H)
工程文件压缩[K]
使用计数检查[C]
数据对象名替换...
优化画面速度 Alt+P
下载配置... Alt+R
用户权限管理(S)
工程安全管理(G)
Chinese
运行策略
背景方案
连接方式
USB通讯
通讯速率
通讯测试
工程下载
启动运行
停止运行
模拟运行
连机运行
下载选项
清除配方数据
清除历史数据
清除报警记录
支持工程上传
高级操作...
驱动日志...
确定
返回信息:
2009-09-11 10:28:26 等待操作......
2009-09-11 10:28:31 等待操作......
2009-09-11 10:28:33 等待操作......
下载进度:

图 1-5-8　工程下载方法

模块二　技能训练篇

项目1

供料单元技能训练

学习目标

（1）掌握光电传感器、磁性开关、电感式传感器的结构及应用，并能够正确使用传感器。

（2）掌握气动元件的构成及应用，能够正确绘制供料单元气动控制原理图，并正确安装气路。

（3）熟悉供料单元机械组装步骤及注意事项，并能够独立完成供料单元的机械组装。

（4）熟悉供料单元电气接线方法与规则，能够正确设计电气接线图，并正确接线。

（5）能够正确编写供料单元 PLC 控制程序，并下载调试。

项目导入

供料单元是自动生产线中的起始单元，它在整个系统中向其他工作单元提供原材料，如同企业生产线上的自动供料系统一样。供料单元根据生产过程的需要将工件仓中待加工的工件自动推到物料台上，以便输送站的机械手将其抓取并送往其他单元进行加工。供料单元的组成如图 2－1－1 所示。

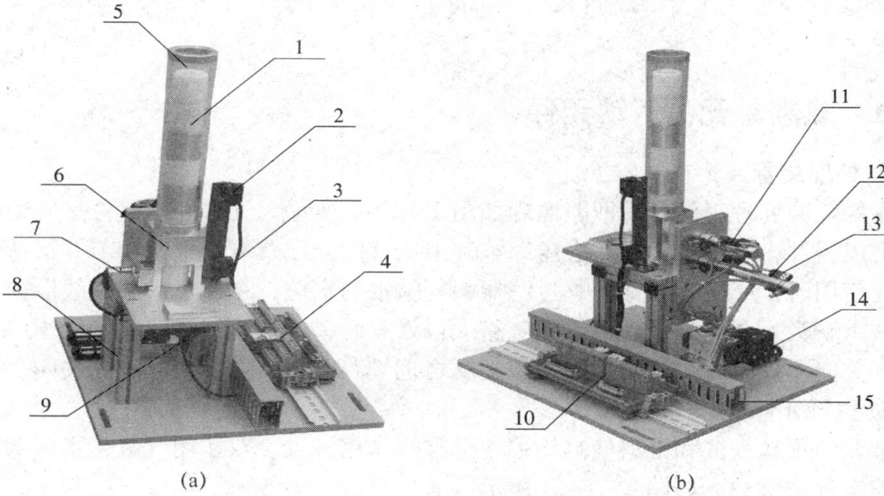

(a)　　(b)

图 2－1－1　供料单元的组成

（a）正视图；（b）侧视图

1—工件；2—物料不足检测（光电传感器 1）；3—物料不足检测（光电传感器 2）；4—接线端子；5—料仓；6—料仓底座；7—电感式传感器；8—支架；9—物料台检测（光电）；10—接线端子排；11—顶料气缸；12—推料气缸；13—磁性开关；14—电磁阀组；15—线槽

工件叠放在料仓中，推料气缸处于料仓的底层，顶料气缸则与次下层工件处于同一水平位置。需要供料时，顶料气缸的活塞杆伸出，顶住次下层工件；然后推料气缸活塞推出，把最下层工件推到物料台上。当推料气缸返回后，再使顶料气缸返回，松开次下层工件；料仓中的工件在重力的作用下，自动下落，为下一次供料做好准备。

1.1 供料单元的控制要求

供料单元的主令信号和工作状态显示信号来自控制模块，它由 PLC、启动/停止按钮、急停按钮、状态指示灯组成，工作方式选择开关 SA 应置于“单站方式”位置。具体控制要求如下：

（1）设备上电和气源接通后，若供料单元的两个气缸均处于缩回位置，且料仓内有足够的待加工工件，则“正常工作”指示灯 HL1 常亮，表示设备准备好。否则，该指示灯以 1 Hz 频率闪烁。

（2）若设备准备好，按下启动按钮，供料单元启动，“设备运行”指示灯 HL2 常亮。启动后，若出料台上没有工件，则应把工件推到出料台上。出料台上的工件被人工取出后，若没有停止信号，则进行下一次推出工件操作。

（3）若在运行中按下停止按钮，则在完成本工作周期任务后，各工作单元停止工作，HL2 指示灯熄灭。

（4）若在运行中料仓内工件不足，则供料单元继续工作，但“正常工作”指示灯 HL1 以 1 Hz 的频率闪烁，“设备运行”指示灯 HL2 保持常亮。若料仓内没有工件，则 HL1 指示灯和 HL2 指示灯均以 2 Hz 频率闪烁。供料单元在完成本周期任务后停止。除非向料仓补充足够的工件，否则供料单元不能再启动。

1.2 项目资讯

1.2.1 供料单元的气动元件

1. 气源处理装置

本装置的气源处理组件及其回路原理如图 2－1－2 所示。气源处理组件是气动控制系统中的基本组成器件，它的作用是除去压缩空气中所含的杂质及凝结水，调节并保持恒定的工作压力。在使用时，应注意经常检查过滤器中凝结水的水位，在超过最高标线以前，必须排放，以免被重新吸入。气源处理组件的气路入口处安装一个快速气路开关，用于启/闭气源，当把气路开关向左拔出时，气路接通气源，反之把气路开关向右推入时气路关闭。

2. 气动执行元件

供料单元的顶料气缸和推料气缸均采用标准双作用气缸。双作用气缸是指活塞的往复运动均由压缩空气来推动，如图 2－1－3 所示。

气缸的两个端盖上都设有进排气通口，从无杆侧端盖气口进气时，推动活塞向前运动；反之，从有杆侧端盖气口进气时，推动活塞向后运动。

双作用气缸具有结构简单，输出力稳定，行程可根据需要选择的优点，但由于是利用压缩空气交替作用于活塞上实现伸缩运动的，回缩时压缩空气的有效作用面积较小，所以产生的力要小于伸出时产生的推力。

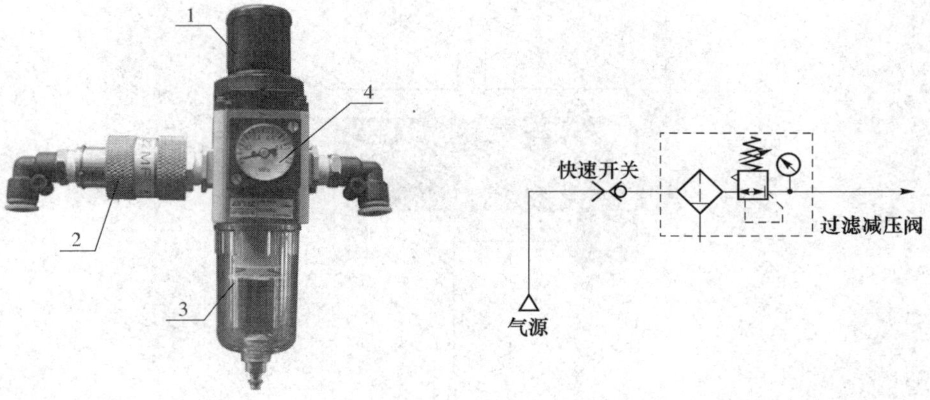

(a)　　　　(b)

图2－1－2　气源处理组件及其回路原理

(a) 气源处理组件；(b) 回路原理

1—压力调节旋钮；2—快速开关；3—过滤及干燥系统；4—压力表

3. 气动控制元件

1）单向节流阀

为了使气缸的动作平稳可靠，应对气缸的运动速度加以控制，常用的方法是使用单向节流阀来实现。单向节流阀是由单向阀和节流阀并联而成的流量控制阀，常用于控制气缸的运动速度，所以也称为速度控制阀。

图2－1－4所示为双作用气缸连接两个单向节流阀，这种连接方式称为排气节流方式。即，当压缩空气从A端进气、从B端排气时，单向节流阀A的单向阀开启，向气缸无杆腔快速充气；由于单向节流阀B的单向阀关闭，有杆腔的气体只能经节流阀排气，调节节流阀B的开度，便可改变气缸伸出时的运动速度。反之，调节节流阀A的开度则可改变气缸缩回时的运动速度。这种控制方式，活塞运行稳定，是最常用的方式。

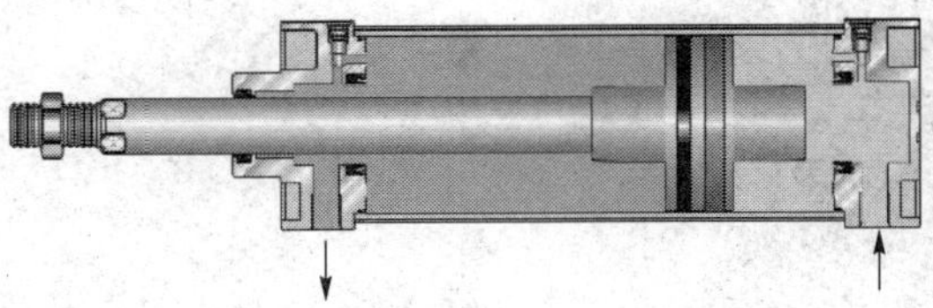

图2－1－3　标准双作用气缸

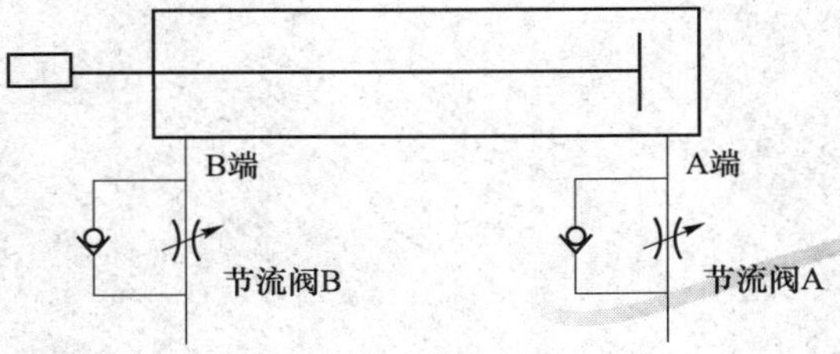

图2－1－4　双作用气缸连接两个单向节流阀

图2－1－5所示为供料单元的双作用气缸。气缸的两个进气口已安装单向节流阀，节流阀上带有气管的快速接头，只要将合适外径的气管往快速接头上一插就可以将管连接好，使用十分方便。气缸两端安装有检测气缸伸出、缩回到位的磁性开关。

2）单电控电磁换向阀

供料单元的执行气缸是双作用气缸，因此控制它们工作的电磁阀需要有两个工作口、两个排气口以及一个供气口，故使用的电磁阀均为二位五通单电控电磁阀。电磁阀的工作原理在前面已经讲过，这里不再叙述。值得注意的是：电磁阀带有手动换向和加锁钮，有锁定（LOCK）和开启（PUSH）2个位置。用小螺丝刀把加锁钮旋到LOCK位置时，手控开关向

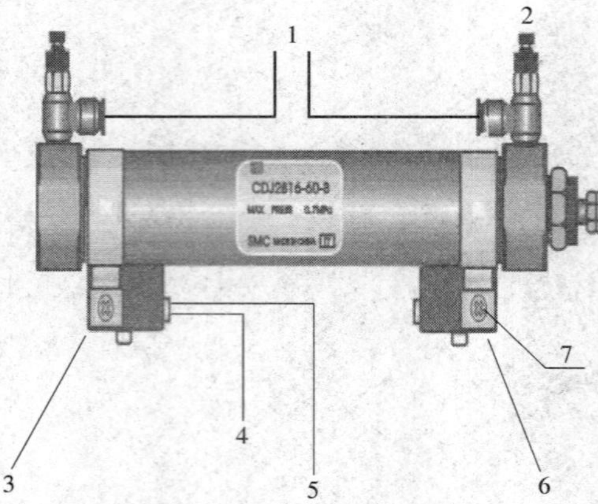

图 2-1-5 供料单元的双作用气缸

1—接气管；2—节流阀；3—气缸缩回到位检测；4—棕色表示“+”；
5—蓝色表示“-”；6—气缸伸出到位检测；7—紧定螺栓

下凹进去，不能进行手控操作。只有在 PUSH 位置时，可用工具向下按，信号为“1”，等同于该侧的电磁信号为“1”；常态时，手控开关的信号为“0”。在进行设备调试时，可以使用手控开关对阀进行控制，从而实现对相应气路的控制，以改变推料气缸等执行机构的控制，达到调试的目的。

供料单元的两个电磁阀是集中安装在汇流板上的。汇流板中两个排气口末端均连接了消声器，消声器的作用是减少压缩空气在向大气排放时的噪声。这种将多个阀与消声器、汇流板等集中在一起构成的组件称为阀组，而每个阀的功能是彼此独立的。阀组的结构如图 2-1-6 所示。

图 2-1-6 阀组的结构

1—电磁阀；2—气管接口；3—消声器；
4—手动换向加锁组；5—电源插针；6—汇流板

1.2.2 供料单元的传感器

各传感器的工作原理在模块一中已经介绍过，这里只介绍供料单元中用到的传感器及其使用方法。

1. 光电式传感器

供料单元中，用来检测工件不足或工件有无的传感器是漫射式放大器内置型光电接近开关（细小光束型，NPN 型晶体管集电极开路输出）。该光电接近开关如图 2－1－7 所示。

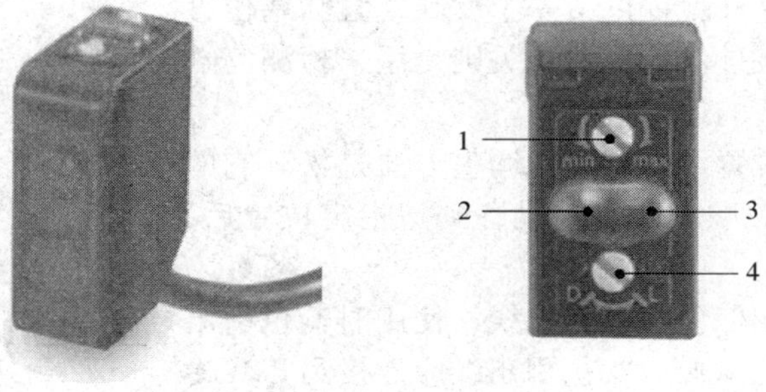

图 2－1－7 漫射式放大器内置型光电接近开关

1—距离设定旋钮（可旋转 5 周）；2—稳定显示灯（绿）；
3—动作显示灯（橙）；4—动作选择开关

图 2－1－7 中动作选择开关的功能是选择受光动作（Light）或遮光动作（Drag）模式。即：当此开关按顺时针方向充分旋转时（L 侧），则进入检测－ON 模式，当此开关按逆时针方向充分旋转时（D 侧），则进入检测－OFF 模式。

距离设定旋钮为回转调节器，调整距离时注意逐步轻微旋转，若充分旋转则距离调节器会空转。调整的方法是，首先按逆时针方向将距离调节器充分旋转到最小检测距离（E3Z－L61 约 20 mm），然后根据要求距离放置检测物体，按顺时针方向逐步旋转距离调节器，找到传感器进入检测条件的点；拉开检测物体距离，按顺时针方向进一步旋转距离调节器，找到传感器再次进入检测状态，一旦进入，向后旋转距离调节器直到传感器回到非检测状态的点。两点之间的中点为稳定检测物体的最佳位置。

用来检测物料台上有无物料的光电开关是一个圆柱形漫射式光电接近开关，工作时向上发出光线，从而透过小孔检测是否有工件存在，该光电接近开关选用 SICK 公司产品 MHT15－N2317 型，其外形如图 2－1－8 所示。

2. 电感式传感器

在供料单元的料仓底座安装有一个电感式传感器，其作用是检测工件原材料是否为金属材料，以便在分拣过程中根据要求将其放入指定的分拣区域。在选用和安装电感式传感器时，必须认真考虑检测距离、设定距离，保证生产线上的传感器可靠动作，如图 2－1－9 所示。

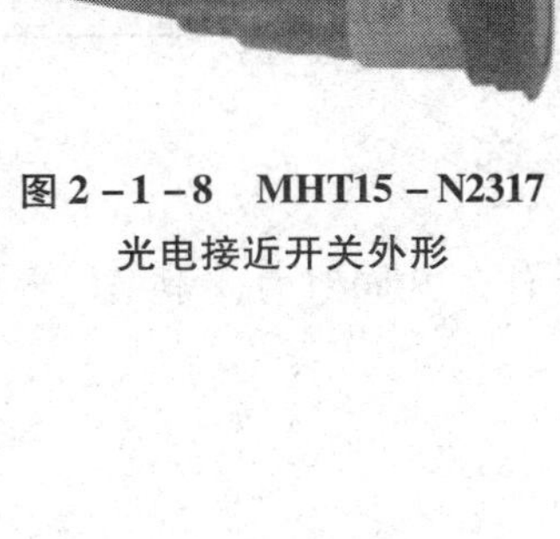

图 2－1－8 MHT15－N2317 光电接近开关外形

图 2－1－9 供料单元中的电感式传感器

3. 磁性开关

本设备所使用的气缸都是带磁性开关的气缸。这些气缸的缸筒采用导磁性弱、隔磁性强的材料，如硬铝、不锈钢等。在非磁性体的活塞上安装一个永久磁铁的磁环，这样就提供了一个反映气缸活塞位置的磁场。而安装在气缸外侧的磁性开关则是用来检测气缸活塞位置，即检测活塞的运动行程的。

磁性开关的安装位置可以调整，调整方法是松开它的紧定螺栓，让磁性开关顺着气缸滑动，到达指定位置后，再旋紧紧定螺栓。

磁性开关有蓝色和棕色两根引出线，使用时蓝色引出线应连接到PLC输入公共端，棕色引出线应连接到PLC输入端。磁性开关的内部电路如图2-1-10所示。

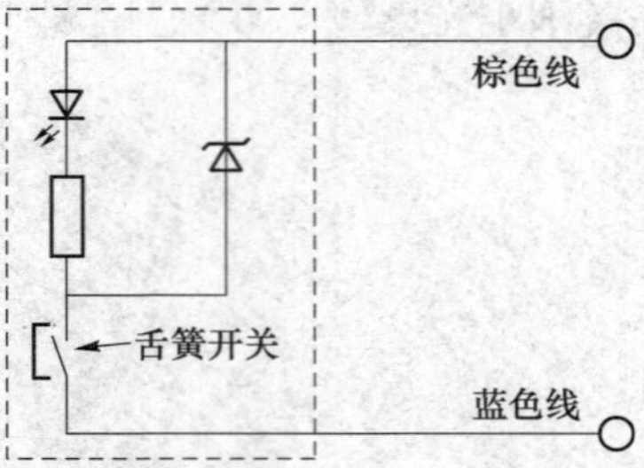

图2-1-10 磁性开关的内部电路

了解了以上相关知识点，下面开始完成供料单元的安装与调试技能训练项目。

1.3 项目决策与计划

学习了前面的知识后，同学们对供料单元已有了全面的了解，为了有计划地完成本次项目，要先做好任务分工和工作计划表。

1. 任务分工

四人一组，每名成员要有明确分工，角色安排及负责任务如下：

程序设计员：小组的组长，负责整个项目的统筹安排并设计调试程序。

机械安装工：负责供料单元的机械、传感器、气路的安装及调试。

电气接线工：负责供料单元的电气接线。

资料整理员：负责整个实施过程的资料准备整理工作。

2. 实施计划表

供料单元项目实施计划表见表2-1-1。

表2-1-1 供料单元项目实施计划表

实施步骤	实施内容	计划完成时间	实际完成时间	备注说明
1	根据控制要求准备材料			
2	安装机械部分、传感器、电磁阀			
3	气动回路设计、安装、调试			
4	电气线路设计及连接			
5	程序编译及调试			
6	文件整理			
7	总结评价			

1.4 项目实施

在项目实施过程中，同学们要自己动手、互相协作、共同努力，根据任务要求完成供料单元的安装与调试，填好工作单并整理好归档文件。

1.4.1　供料单元的材料准备

在实施项目前，请同学们按照材料供料单元清单（表2－1－2）逐一检查供料单元的所需材料是否齐全，并填好各种材料的规格、数量、是否损坏等情况。

表2－1－2　供料单元材料清单

材料名称	规格	数量	是否损坏
料仓底座			
料仓管			
顶料气缸			
推料气缸			
铝型材及其连接件			
支撑板及物料挡块			
传感器支架			
螺栓			
光电式传感器			
磁性开关			
电感式传感器			
电磁阀组			
端子排			
走线槽			
PLC			
按钮指示灯模块盒			
底板			

1.4.2　供料单元的机械组装

供料单元主要由控制系统和供料装置两部分组成。供料装置安装在工作台上，控制系统安装在工作台下方的抽屉中，装置侧的信号通过接线端子排与控制系统相连。

控制单元系统主要组成部分有：直流开关电源、PLC、按钮指示灯模块盒、线槽、端子排等，如图2－1－11所示。其中按钮指示灯模块盒上器件包括：红、绿、黄指示灯各一只，红、绿常开按钮各一只，选择开关一只，急停按钮一只，接线端子排。

1. 供料单元的机械安装

1）安装步骤

供料单元的安装示意图如图2－1－12所示。

（1）落料支撑架的安装。首先将各铝合金型材通过L形连接支架连接成一个整体支架。为了安装的快捷与方便，先将螺栓与螺母与L形连接支架套接在一起，再将螺母插接在L形槽内，并锁紧螺母。在锁紧螺母的同时，应注意各条边的平行度与垂直度。

注意：要放置后续工序的预留螺母。

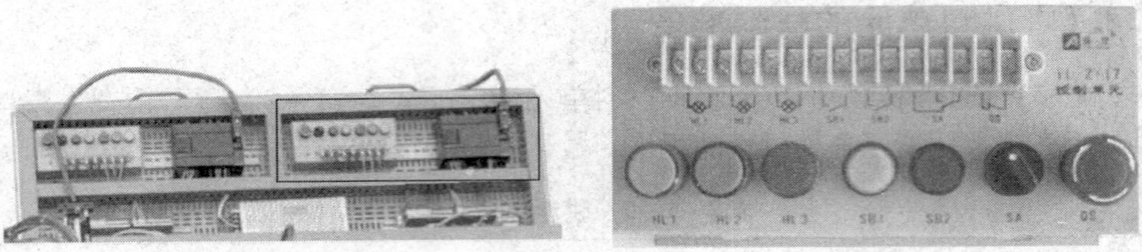

(a)　　　　　　　　(b)

图 2 -1 -11　供料单元控制系统及按钮指示灯模块

(a) 供料单元控制系统；(b) 按钮指示灯模块

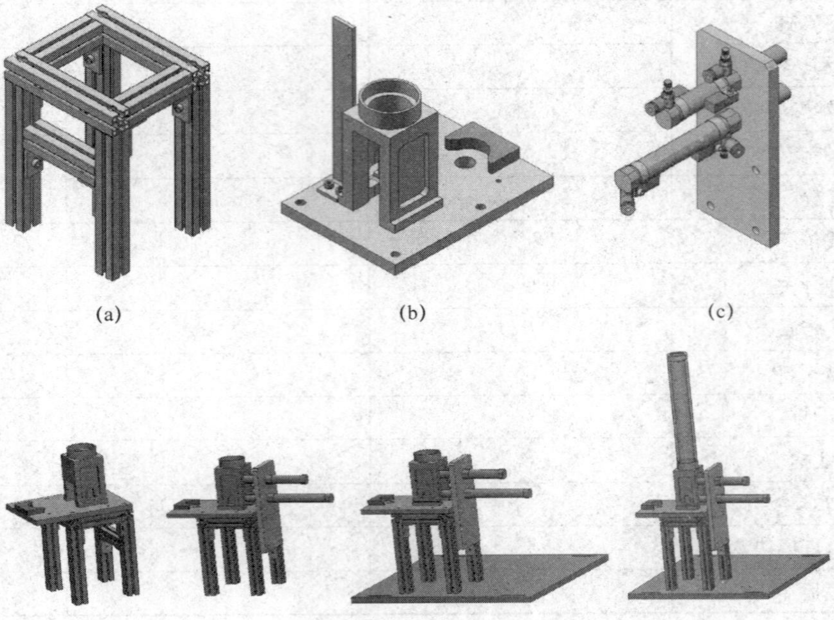

(a)　　　　　　　　(b)　　　　　　　　(c)

(d)

图 2 -1 -12　供料单元安装示意图

(a) 落料支撑架安装；(b) 物料台及料仓底座安装；(c) 推料机构安装；(d) 整体组装

(2) 物料台及料仓底座的安装。首先把传感器支架安装在落料支撑板下方，在支撑板上安装料仓底座。

注意：出料口方向朝前，与挡料板方向一致。挡料块安装到落料板上，然后装 2 个传感器支架。

(3) 顶料气缸、推料气缸与气缸安装板连接，并将节流阀、推料头与各气缸的螺纹连接，并锁紧，然后固定在落料板支架上。

(4) 整体安装。将落料组件与落料支撑架连接。

注意：支撑架的横架方向是在后面，螺栓先不要拧紧，方向不能装反，安装气缸支撑板后再固定紧。将安装好气缸的气缸支撑板与落料支撑架连接。将连接好的整体安装到底板上并将其固定于工作台上，在工作台第 4 道、第 10 道槽口安装螺栓固定。

(5) 用橡皮锤把大工件装料管（俗称料筒或料仓）连接到料仓底座上。

(6) 安装节流阀、光电传感器、金属传感器和磁性开关。

(7) 在底板上安装电磁阀组、接线端子排、走线槽。

供料单元的机械装配完成如图 2-1-13 所示。

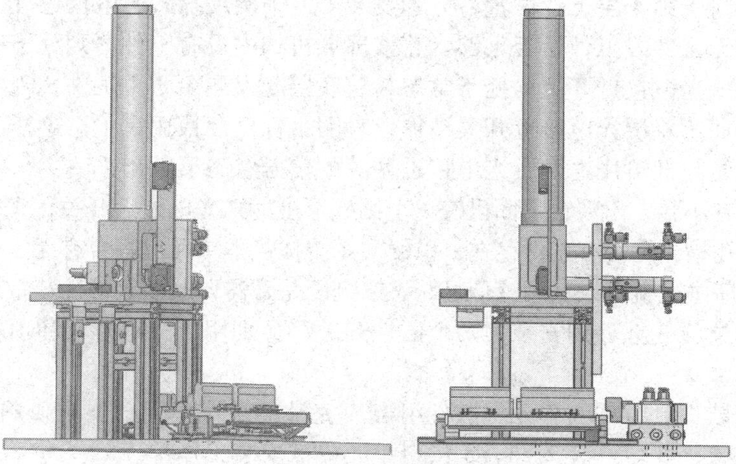

图 2-1-13　供料单元的机械装配完成

2) 供料单元机械安装的注意事项

(1) 装配铝合金型材支撑架时，注意调整好各条边的平行度及垂直度，锁紧螺栓。

(2) 气缸安装板和铝合金型材支撑架的连接，是靠预先在特定位置的铝型材 T 形槽中放置预留与之相配的螺母，因此在对该部分的铝合金型材进行连接时，一定要在相应的位置放置相应的螺母。如果没有放置螺母或没有放置足够多的螺母，将造成无法安装或安装不可靠。

(3) 机械机构固定在底板上的时候，需要将底板移动到操作台的边缘，螺栓从底板的反面拧入，将底板和机械机构部分的支撑型材连接起来。

3) 供料单元机械部分的调试

(1) 推料位置要手动调整推料气缸或挡料板位置，调整后，再紧定螺栓。否则位置不到位将引起工件推偏。

(2) 磁性开关的安装位置可以调整，调整方法是松开磁性开关的紧定螺栓，让它顺着气缸滑动，到达指定位置后，再旋紧紧定螺栓。

注意：夹料气缸要把工件夹紧，行程很短，因此它上面的 2 个磁性开关几乎靠近在一起。如果磁性开关安装位置不当则会影响控制过程。

(3) 底座和装料管安装的光电式接近开关，若该部分机构内没有工件，光电式接近开关上的指示灯不亮；若从底层起有 3 个工件，底层处光电式接近开关亮，而第 4 层处光电式接近开关不亮；若从底层起有 4 个工件或者更多，2 个光电式接近开关都亮。否则调整光电式接近开关位置或者光强度。

(4) 物料台面开有小孔，物料台下面也设有一个光电式接近开关，工作时向上发出光线，从而通过小孔检测是否有工件存在，以便系统提供本单元物料台有无工件的信号。在输送单元的控制程序中，就可以利用该信号状态来判断是否需要驱动机械手装置来抓取此工件。该光电式接近开关选用圆柱形的光电接近开关（MHT15-N2317 型）。

注意：所用工件中心也有个小孔，调整传感器位置时，防止传感器发出的光线通过工件中心小孔而没有反射，从而引起误动作。

2. 传感器的安装

在底座和装料管第 4 层工件位置，分别安装了一个漫反射式光电接近开关。它们的功能是检测料仓中有无工件或工件是否足够。若该部分机构内没有工件，则处于底层和第 4 层位置的两个漫反射式光电接近开关均处于常态；若底层起仅剩余 3 个工件，则底层处光电接近开关处于常态，而第 4 层光电接近开关动作，表明工件已经快用完了。这样，料仓中有无工件或工件是否充足，即可用这两个光电接近开关的信号状态反映出来。

出料台面开有小孔，出料台下面设有一个圆柱形漫射式光电接近开关，工作时向上发出光线，从而透过小孔检测是否有工件存在，以便向系统提供本单元出料台有无工件的信号。在输送单元的控制程序中，就可以利用该信号状态来判断是否需要驱动机械手装置来抓取此工件。

推料气缸和顶料气缸分别安装了两个磁性开关，分别用于指示推料和顶料到位、推料和顶料复位。

正确使用安装工具将供料单元的散件组合成完整的工作单元，要求供料单元动作顺畅，无松动、卡壳现象，并填好表 2－1－3 供料单元机械安装工作单。

表 2－1－3　供料单元机械安装工作单

<table>
<tr><th>安装步骤</th><th>计划时间</th><th>实际时间</th><th>工具</th><th>是否返工，返工原因及解决方法</th></tr>
<tr><td>落料支撑架安装</td><td></td><td></td><td></td><td></td></tr>
<tr><td>物料台及料仓底座安装</td><td></td><td></td><td></td><td></td></tr>
<tr><td>推料机构的安装</td><td></td><td></td><td></td><td></td></tr>
<tr><td>传感器的安装</td><td></td><td></td><td></td><td></td></tr>
<tr><td>电磁阀的安装</td><td></td><td></td><td></td><td></td></tr>
<tr><td>整体安装</td><td></td><td></td><td></td><td></td></tr>
<tr><td rowspan="4">调试过程</td><td colspan="4">工件是否推偏：　　是　　否
原因及解决方法：</td></tr>
<tr><td colspan="4">气缸推出是否顺利：　　是　　否
原因及解决方法：</td></tr>
<tr><td colspan="4">气路是否能正常换向：　　是　　否
原因及解决方法：</td></tr>
<tr><td colspan="4">其他故障及解决方法：</td></tr>
</table>

1.4.3　供料单元的气路连接及调试

1. 供料单元的气动控制回路

供料单元的气动控制回路如图 2－1－14 所示，图中 1A 和 2A 分别为推料气缸和顶料气缸，1B1 和 1B2 为安装在推料气缸的两个极限工作位置的磁感应接近开关，2B1 和 2B2 为安装在顶料气缸的两个极限工作位置的磁感应接近开关。1Y1 和 2Y1 分别为控制推料气缸和顶料气缸的电磁阀的电磁控制端。两个电磁阀分别对顶料气缸和推料气缸进行控制，以改变各自的动作状态。

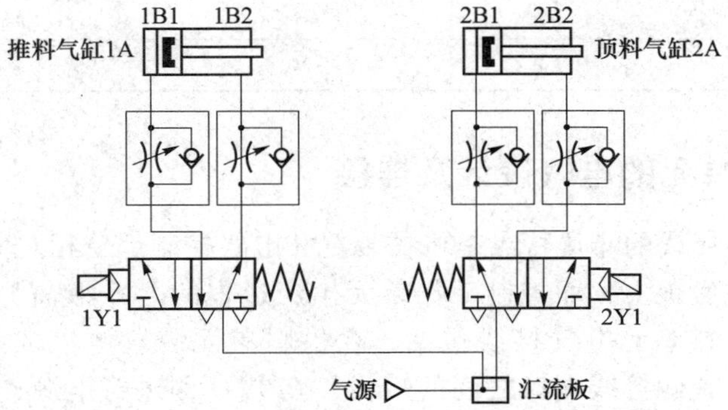

图 2－1－14 供料单元气动控制回路

2. 供料单元气路连接及调试

气路安装从汇流板开始，按图 2－1－14 所示的气动控制回路原理图连接电磁阀、气缸。连接时注意气管走向应按序排布，均匀美观，不能交叉、打折；气管要在快速接头中插紧，不能有漏气现象。

气路调试包括：

（1）用电磁阀上的手动换向加锁钮验证顶料气缸和推料气缸的初始位置和动作位置是否正确。

（2）调整气缸节流阀以控制活塞杆的往复运动速度，伸出速度以不推倒工件为准。

3. 供料单元气路连接注意事项

（1）气路连接要完全按照自动生产线气路图进行。

（2）气路连接时，气管一定要在快速接头中插紧，不能够有漏气现象。

（3）气路中的气缸节流阀调整要适当，以活塞进出迅速、无冲击、无卡滞现象为宜，以不推倒工件为准。如果有气缸动作相反，将气缸两端进气管位置颠倒即可。

（4）气路气管在连接走向时，应该按序排布，均匀美观，不能交叉打折、顺序凌乱。

（5）所有外露气管必须用黑色尼龙扎带进行绑扎，松紧程度以不使气管变形为宜，外形美观。

（6）电磁阀组与气体汇流板的连接必须压在橡胶密封垫上固定，要求密封良好，无泄漏。

4. 供料单元气路连接与调试工作单

供料单元气路连接与调试工作单见表 2－1－4。

表 2－1－4 供料单元气路连接与调试工作单

调试内容	是	否	不正确原因
气路连接是否有漏气现象			
顶料气缸伸出是否顺畅			

续表

调试内容	是	否	不正确原因
顶料气缸缩回是否顺畅			
推料气缸伸出是否顺畅			
推料气缸缩回是否顺畅			
备注			

1.4.4 供料单元的电气设计及连接

本实训装置电气接线的布局特点是机械装置和电气控制部分相对分离。每一工作单元机械装置整体安装在底板上，而控制工作单元生产过程的 PLC 装置则安装在工作台两侧的抽屉板上。因此供料单元电气接线包括，在供料单元装置侧完成各传感器、电磁阀、电源端子等引线到装置侧接线端口之间的接线；在 PLC 侧进行电源连接、I/O 点接线等，如图 2-1-15 所示。

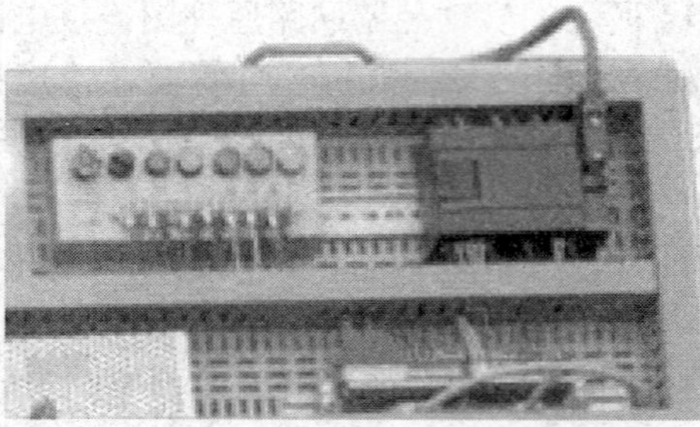

(a)

(b)

图 2-1-15 供料单元电气接线端口

(a) 供料单元 PLC 侧接线端口；(b) 供料单元装置侧接线端口

供料单元装置侧的接线端口信号端子的分配见表 2-1-5。接线时应注意，装置侧接线端口中，输入信号端子的上层端子（+24 V）只能作为传感器的正电源端，切勿用于电磁阀等执行元件的负载。电磁阀等执行元件的正电源端和 0 V 端应连接到输出信号端子下层端子的相应端子上。装置侧接线完成后，应用扎带绑扎，力求整齐美观。

供料单元 PLC 侧的接线，包括电源接线，PLC 的 I/O 点和 PLC 侧接线端口之间的连线，PLC 的 I/O 点与按钮指示灯模块的端子之间的连线。

根据工作单元装置的 I/O 信号分配和工作任务的要求，装置侧传感器信号占用 8 个输入点，PLC 侧启停和方式切换占 4 个输入点，输出 2 个电磁阀和 3 个指示灯，则所需的输入输出点数分别为 12 点输入和 5 点输出，供料单元 PLC 的 I/O 分配见表 2-1-6。供料单元 PLC 选用 S7-224 AC/DC/RLY 主单元，共 14 点输入和 10 点继电器输出。供料单元 PLC 的 I/O 接线原理如图 2-1-16 所示。

表 2-1-5 供料单元装置侧的接线端口信号端子的分配

输入端口中间层			输出端口中间层		
端子号	设备符号	信号线	端子号	设备符号	信号线
2	1B1	顶料到位	2	1Y	顶料电磁阀
3	1B2	顶料复位	3	2Y	推料电磁阀
4	2B1	推料到位			
5	2B2	推料复位			
6	SC1	出料台物料检测			
7	SC2	工件不足检测			
8	SC3	工件有无检测			
9	SC4	金属材料检测			
10#~17#端子没有连接			4#~14#端子没有连接		

表 2-1-6 供料单元 PLC 的 I/O 分配表

输入信号				输出信号			
序号	PLC 输入点	信号名称	信号来源	序号	PLC 输出点	信号名称	信号来源
1	I0.0	顶料气缸伸出到位	装置侧	1	Q0.0	顶料电磁阀	装置侧
2	I0.1	顶料气缸缩回到位		2	Q0.1	推料电磁阀	
3	I0.2	推料气缸伸出到位		3	Q0.2	—	—
4	I0.3	推料气缸缩回到位		4	Q0.3	—	—
5	I0.4	出料台物料检测		5	Q0.4	—	—
6	I0.5	供料不足检测		6	Q0.5	—	—
7	I0.6	缺料检测		7	Q0.6	—	—
8	I0.7	金属工件检测		8	Q0.7	黄色指示灯	按钮/指示灯模块
9	I1.0	—		9	Q1.0	绿色指示灯	
10	I1.1	—		10	Q1.1	红色指示灯	
11	I1.2	停止按钮	按钮/指示灯模块				
12	I1.3	启动按钮					
13	I1.4	急停按钮（未用）					
14	I1.5	工作方式选择					

电气接线的工艺应符合国家职业标准的规定，例如，导线连接到端子时，采用压紧端子压接方法；连接线须有符合规定的标号；每一端子连接的导线不超过2根等。

供料单元电气接线的注意事项：

（1）控制供料站生产过程的PLC装置安装在工作台两侧的抽屉板上。PLC侧接线端口

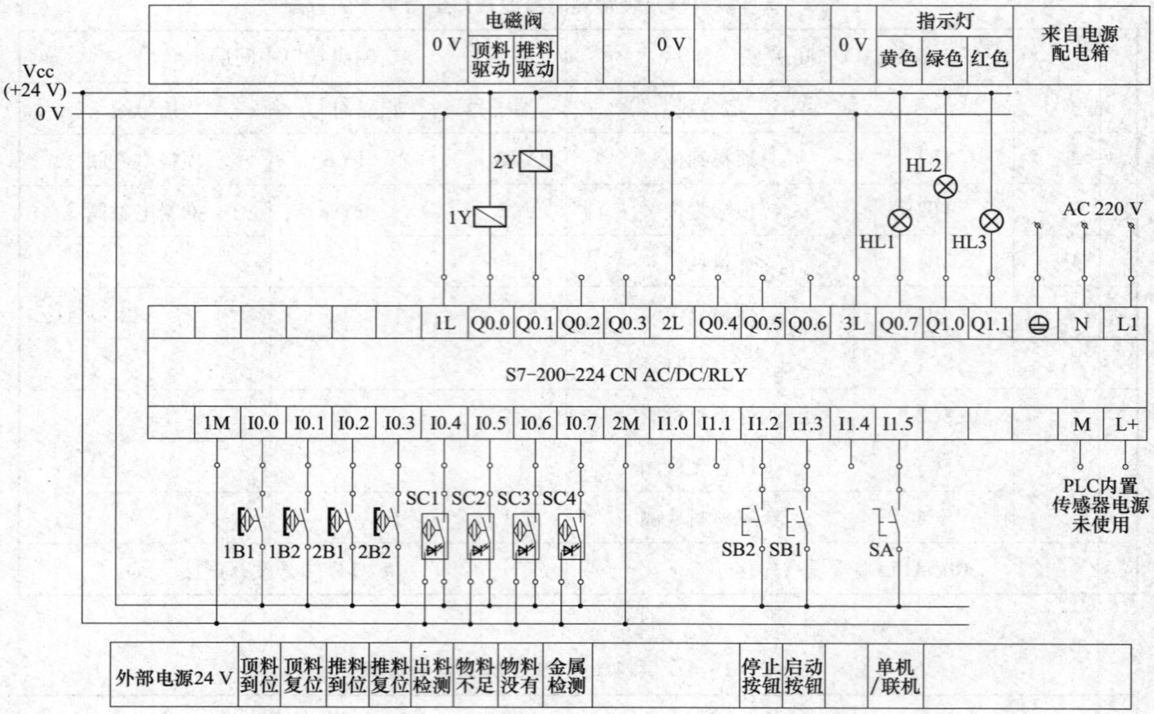

图 2-1-16 供料单元 PLC 的 I/O 接线原理

的接线端子采用两层端子结构，上层端子用以连接各信号线，其端子号与装置侧的接线端口的接线端子相对应。底层端子用以连接 DC 24 V 电源的 +24 V 端和 0 V 端。

（2）供料站装置侧的接线端口的接线端子采用三层端子结构，上层端子用以连接 DC 24 V 电源的 +24 V 端，底层端子用以连接 DC 24 V 电源的 0 V 端，中间层端子用以连接各信号线。

（3）供料站装置侧的接线端口和 PLC 侧的接线端口之间通过专用电缆连接，其中 25 针接头电缆连接 PLC 的输入信号，15 针接头电缆连接 PLC 的输出信号。

（4）供料站工作的 DC 24 V 直流电源，是通过专用电缆由 PLC 侧的接线端子提供，经接线端子排引到供料站上。接线时应注意，供料站侧接线端口中，输入信号端子的上层端子（+24 V）只能作为传感器的正电源端，切勿用于电磁阀等执行元件的负载。电磁阀等执行元件的正电源端和 0 V 端应连接到输出信号端子下层端子的相应端子上。每一端子连接的导线不超过 2 根。

（5）按照供料站 PLC 的 I/O 接线原理图和规定的 I/O 地址接线。为接线方便，一般应该先接下层端子，后接上层端子。要仔细辨明原理图中的端子功能标注。

注意：气缸磁性开关棕色和蓝色的两根线，漫射式光电开关的棕色、黑色、蓝色三根线，金属传感器的棕色、黑色、蓝色三根线的极性不能接反。

（6）导线线端应该处理干净，无线芯外露，裸露铜线不得超过 2 mm。一般应该做冷压插针处理，线端应该套规定的线号。

（7）导线在端子上的压接，以用手稍用力外拉不动为宜。

（8）导线走向应该平顺有序，不得重叠挤压折曲，顺序凌乱。线路应该用黑色尼龙扎带进行绑扎，以不使导线外皮变形为宜。装置侧接线完成后，应用扎带绑扎，力求整齐美观。

（9）供料站的按钮/指示灯模块，按照端子接口的规定连接。

供料单元电气设备线路安装及调试工作单见表2－1－7。

表2－1－7 供料单元电气设备线路安装及调试工作单

调试内容	正确	错误	原因
物料台信号检测			
料仓有无信号检测			
物料充足检测			
金属物料检测			
顶料气缸伸出到位检测			
顶料气缸缩回到位检测			
推料气缸伸出到位检测			
推料气缸缩回到位检测			

1.4.5 供料单元的程序设计及调试

1. 供料单元PLC控制的编程

（1）程序结构：有两个子程序，一个是系统状态显示，另一个是供料控制。主程序在每一扫描周期都调用系统状态显示子程序，仅当在运行状态已经建立才可能调用供料控制子程序。

（2）PLC上电后应首先进入初始状态检查阶段，确认系统已经准备就绪后，才允许投入运行，这样可及时发现存在问题，避免出现事故。例如，若两个气缸在上电和气源接入时不在初始位置，这是气路连接错误的缘故，显然在这种情况下不允许系统投入运行。通常的PLC控制系统往往有这种常规的要求。

（3）供料单元运行的主要过程是供料控制，它是一个步进顺序控制过程。

（4）如果没有停止要求，顺控过程将周而复始地不断循环。常见的顺序控制系统正常停止要求是，接收到停止指令后，系统在完成本工作周期任务即返回到初始步后才停止下来。

（5）当料仓中最后一个工件被推出后，将发生缺料报警。推料气缸复位到位，亦即完成本工作周期任务即返回到初始步后，也应停止下来。

按上述分析，可画出如图2－1－17所示的系统主程序梯形图。

供料单元子程序的步进顺序流程如图2－1－18所示。图2－1－18中，初始步S0.0在主程序中，当系统准备就绪且接收到启动脉冲时被置位。

2. 供料单元PLC程序的运行及调试

（1）在下载、运行程序前，必须认真检查程序。

在调试编程之前先要检查供料单元的初始状态是否满足要求，完成供料单元初态调试工作单（表2－1－8）。

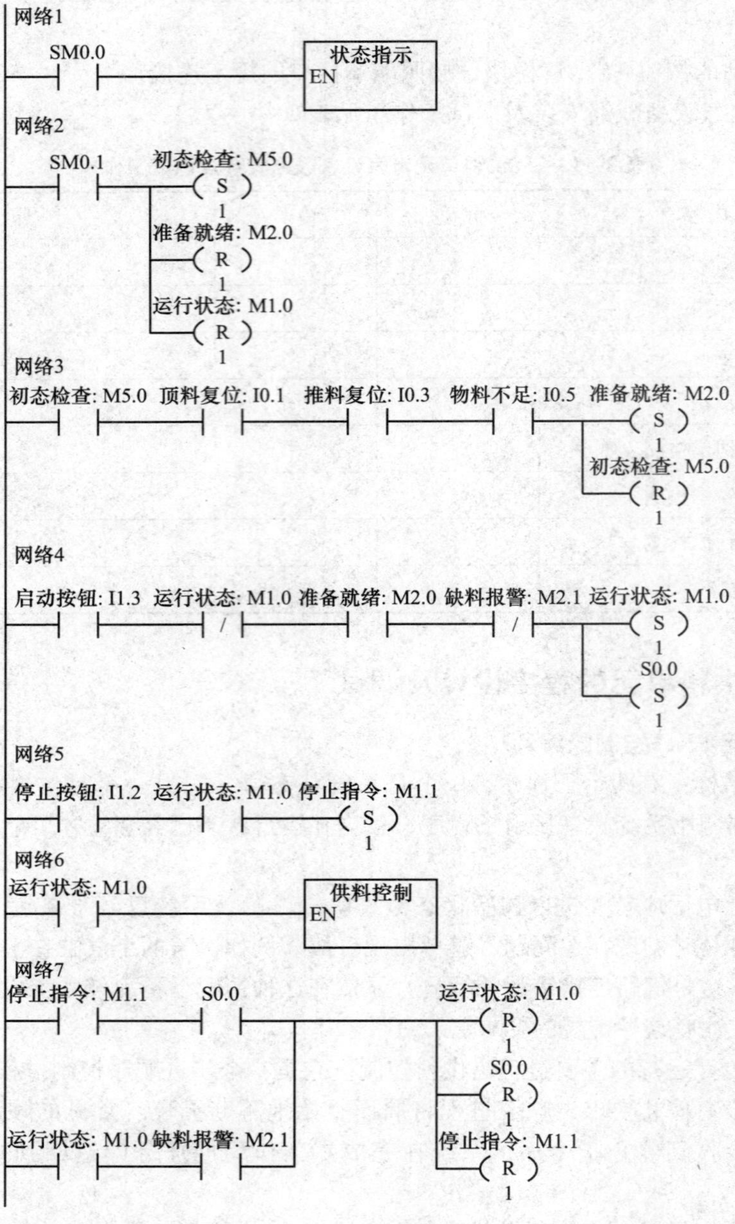

图 2-1-17 系统主程序梯形图

在检查程序时，重点检查：各个执行机构之间是否会发生冲突，采用了什么样措施避免冲突，同一执行机构在不同阶段所做的动作是否区分开了。避免误动作，造成设备损毁和人员伤害。在运行过程中，一旦发生执行机构相互冲突事件，应该及时采取措施，如急停、切断执行机构控制信号、切断气源和切断总电源等，以避免造成设备的损毁。

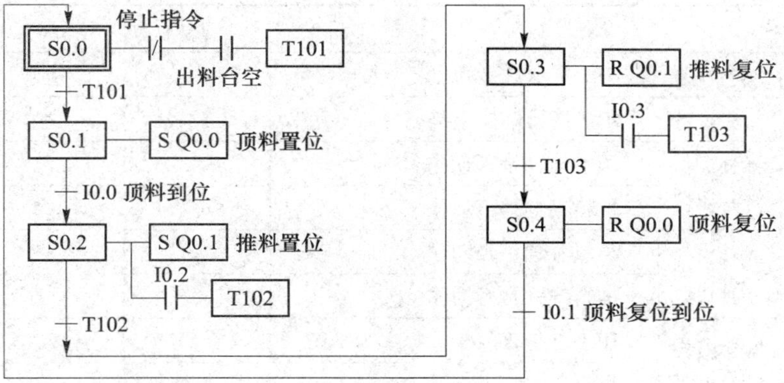

图2-1-18 供料控制子程序的步进顺序流程

表2-1-8 供料单元初态调试工作单

调试内容		是	否	原　因
1	顶料气缸是否处于缩回状态			
2	推料气缸是否处于缩回状态			
3	料仓内物料是否充足			
4	HL1 指示灯状态是否正常			
5	HL2 指示灯状态是否正常			

①调整气动部分，检查气路是否正确，气压是否合理，气缸的动作速度是否合理。

②检查磁性开关的安装位置是否到位，磁性开关工作是否正常。

③检查 I/O 接线是否正确。

④检查光电传感器安装是否合理，灵敏度是否合适，保证检测的可靠性。

（2）在调试过程中，仔细观察执行机构的动作，动作是否正确，运行是否合理，并做好实时记录，作为分析的依据来分析程序可能存在的问题。把调试过程中遇到的问题、解决的方法记录下来。如果程序能够实现预期的控制功能，则应该多运行几次，检查运行的可靠性以及进行程序优化。

①放入工件，运行程序看加工单元动作是否满足任务要求。

②调试各种可能出现的情况，比如在任何情况下都有可能加入工件，系统都能可靠工作。

③优化程序。

（3）优化程序再进行调试，并填供料单元运行状态调试工作单（表2-1-9）。

表 2-1-9　供料单元运行状态调试工作单

	调试内容			是	否	原因
启动按钮按下后	1	HL1 指示灯是否点亮				
	2	HL2 指示灯是否常亮				
	3	物料台有料时	顶料气缸是否动作			
			推料气缸是否动作			
	4	物料台无料时	顶料气缸是否动作			
			推料气缸是否动作			
	5	料仓内物料不足时	HL1 灯是否闪烁，频率为 1 Hz			
			指示灯 HL2 保持常亮			
	6	料仓内没有工件时	HL1 是否闪烁，频率为 2 Hz			
			HL1 是否闪烁，频率为 2 Hz			
	7	料仓没有工件时，供料动作是否继续				
停止按钮按下后	1	HL1 指示灯是否常亮				
	2	HL2 指示灯是否熄灭				
	3	工作状态是否正常				

1.5　项目总结与评价

通过本项目的学习，了解了供料单元的结构及组成，掌握了单杆双作用气缸及其他气动元件在供料单元中的应用，以及供料单元中的光电式接近开关、磁性开关、电感式接近开关的应用等相关知识。根据工艺要求，独立组装供料单元，亲身实践气动元件、传感器等的安装与调试，使用 PLC 编程软件实现供料单元的控制，对自动化生产线有了初步的认识。完成本项目自我评价（表 2-1-10）与项目考核（表 2-1-11）。

表 2-1-10　供料单元项目自我评价

评价内容	分值	得分	需提高部分
机械安装与调试	20 分		
气路连接与调试	20 分		
电气安装与调试	25 分		
程序设计与调试	25 分		
绑扎工艺及工位整理	10 分		
不足之处			
优点			

表2-1-11 供料单元项目考核评定

项目分类		考核内容	分值	工作要求	评分标准	老师评分
专业能力90分	电气接线	1. 正确连接装置侧、PLC侧的接线端子排	10	1. 装置侧三层接线端子电源、信号连接正确，PLC侧两层接线端子电源、信号连接正确； 2. 传感器供电使用输入端电源，电磁阀等执行机构使用输出端电源； 3. 按照I/O分配表正确连接供料单元的输入与输出	1. 电源与信号接反，每处扣2分； 2. 其他每错一处扣1分	
		2. 接线、布线规格平整	10	线头处理干净，无导线外漏，接线端子上最多压入两个线头，导线绑扎利落，线槽走线平整	若有违规操作，每处扣2分	
	机械安装	1. 正确、合理使用装配工具	10	能够正确使用各装配工具拆装供料单元，不出现多或少螺栓现象	不会用、错误使用不得分（教师提问、学生操作）多或少一个螺栓扣2分	
		2. 正确安装供料单元	10	安装供料单元后不多件、不少件	多件、少件、安装不牢每处扣2分	
	程序调试	1. 正确编制梯形图程序及调试	40	梯形图格式正确，各电磁阀控制顺序正确，梯形图整体结构合理，模拟量采集输出正确。运行动作正确（根据运行情况可修改和完善。）	根据任务要求，动作不正确，每处扣5分，模拟量采集、输出不正确扣1分	
		2. 运行结果及口试答辩	10	程序运行结果正确，表述清楚，口试答辩准确	对运行结果表述不清楚者扣10分	
职业素质能力10分		相互沟通、团结配合能力	5	善于沟通，积极参与，与组长、组员配合默契，不产生冲突	根据自评、互评、教师点评而定	
		清扫场地、整理工位	5	场地清扫干净，工具、桌椅摆放整齐	不合格，不得分	
合计						

1.6　问题与思考

1. 若运行时料仓工件充足，但物料不足传感器没有信号传回 PLC，分析可能产生这一现象的原因，说明检测过程及解决方法。

2. 推料气缸不动作，未能将工件推到工作台上。分析产生这一现象的原因、说明检测过程及解决方法。

3. 叙述调试过程中出现的其他故障及解决方法。

4. 总结检查气动连线、传感器接线、I/O 检测及故障排除方法。

5. 如果在加工过程中出现意外情况如何处理?

6. 思考网络控制如何实现。

7. 思考加工单元可能出现何种情况。

项目 2

加工单元技能训练

学习目标

（1）熟悉加工单元的结构及工作过程，并能够正确完成加工单元的组装。
（2）了解薄型气缸和气动手爪的工作原理及结构。
（3）掌握加工单元气动控制原理，能够绘制气动控制原理图，并正确安装气路。
（4）熟悉加工单元电气接线方法与规则，能够正确设计电气接线图，并正确接线。
（5）能够正确编写加工单元 PLC 控制程序，并下载调试。

项目导入

加工单元是工件处理单元之一，在整个系统中，起着对输送站送来的工件进行模拟冲孔处理或冲压等作用。加工单元的功能是完成把待加工工件从物料台移送到加工区域冲压气缸的正下方，完成对工件的冲压加工，然后把加工好的工件重新送回物料台的过程。加工单元的结构如图 2－2－1 所示。

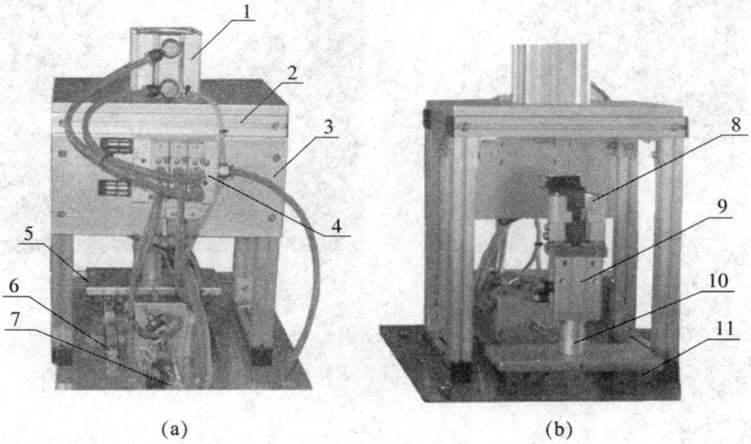

图 2－2－1　加工单元结构

（a）背视图；（b）前视图

1—气缸；2—气缸安装板；3—安装板；4—电磁阀组；5—滑动底板；
6—导轨；7—气缸；8—手爪；9—气动手爪；10—连接座；11—滑块

2.1　加工单元的控制要求

本单元按钮/指示灯模块上的工作方式选择开关置于“单站方式”位置。具体的控制要求为：

（1）初始状态设备上电和气源接通后，滑动加工台伸缩气缸处于伸出位置，加工台气动手爪处于松开的状态，冲压气缸处于缩回位置，急停按钮没有按下。

若设备在上述初始状态，则“正常工作”指示灯 HL1 常亮，表示设备准备好。否则，该指示灯以 1 Hz 频率闪烁。

（2）若设备准备好，按下启动按钮，设备启动，“设备运行”指示灯 HL2 常亮。当待加工工件送到加工台上并被检出后，设备执行将工件夹紧送往加工区域冲压，完成冲压动作后返回待料位置的加工工序。如果没有停止信号输入，当再有待加工工件送到加工台上时，加工单元又开始下一周期工作。

（3）在工作过程中，按下停止按钮，加工单元在完成本周期的动作后停止工作，HL2 指示灯熄灭。

2.2 项目资讯

1. 薄型气缸

薄型气缸属于省空间气缸类，即气缸的轴向或径向尺寸比标准气缸小的气缸，具有结构紧凑、重量轻、占用空间小等优点，如图 2－2－2 所示。薄型气缸的特点是：缸筒与无杆侧端盖压铸成一体，杆盖用弹性挡圈固定，缸体为方形。这种气缸通常用于固定夹具和搬运中固定工件等。薄型气缸用于冲压，这主要是考虑气缸行程短的特点。

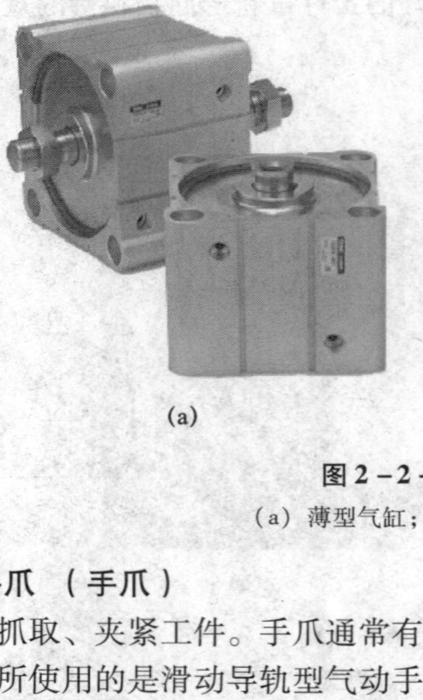

(a)

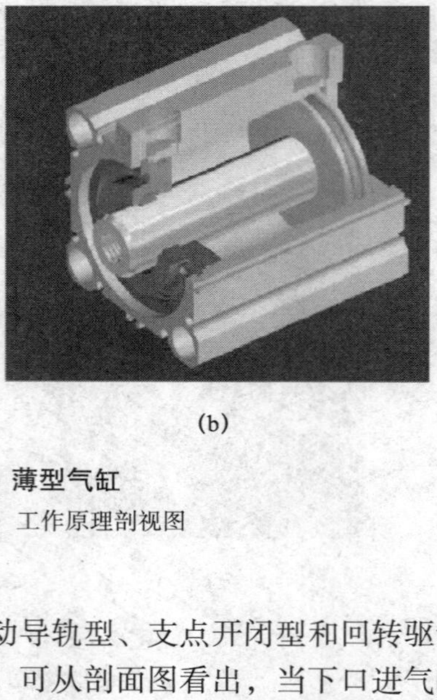

(b)

图 2－2－2 薄型气缸

（a）薄型气缸；（b）工作原理剖视图

2. 气动手爪（手爪）

手爪用于抓取、夹紧工件。手爪通常有滑动导轨型、支点开闭型和回转驱动型等工作方式。本加工站所使用的是滑动导轨型气动手爪。可从剖面图看出，当下口进气时，中间机构向上移动，手爪张开；当上口进气、下口排气时，中间机构向下移动，手爪夹紧。气动手爪实物和工作原理如图 2－2－3 所示。

3. 直线导轨

直线导轨又称线轨、滑轨、线性导轨、线性滑轨，用于直线往复运动场合，拥有比直线轴承更高的额定负载，同时也可以承担一定的扭矩，可在高负载的情况下实现高精度的直线运动。直线导轨分为方形滚珠直线导轨、双轴芯滚轮直线导轨、单轴芯直线导轨。

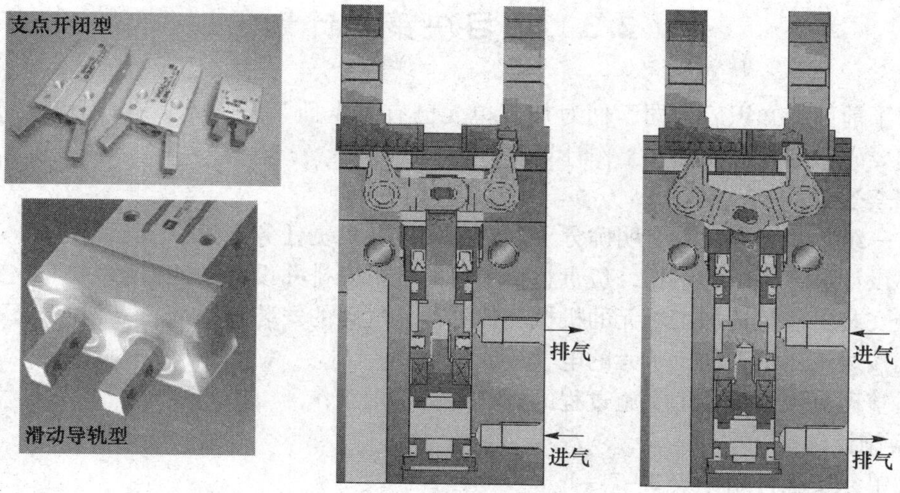

(a)　(b)　(c)

图 2－2－3　手爪实物和工作原理

(a) 手爪实物；(b) 手爪松开状态；(c) 手爪夹紧状态

直线导轨的作用是用来支撑和引导运动部件，按给定的方向做往复直线运动。按摩擦性质，直线运动导轨可以分为摩擦导轨、弹性摩擦导轨、流体摩擦导轨。直线导轨主要用在精度比较高的机械结构上。它有两个基本元件：一个是固定元件，起导向作用，另外一个是移动元件。两种元件之间不用中间介质，而用滚动钢珠。因为滚动钢珠适于高速运动，摩擦系数小、灵敏度高，满足运动部件的工作要求。

直线导轨是一种滚动导引，它由钢珠在滑块与导轨之间做无限滚动循环，使得负载平台能沿着导轨以高精度做线性运动，其摩擦系数可降至传统滑动导引的 1/50，使之能达到很高的定位精度。在直线传动领域中，直线导轨副一直是关键性的产品，目前已成为各种机床、数控加工中心、精密电子机械中不可缺少的重要功能部件。

直线导轨副通常按照滚珠在导轨和滑块之间的接触牙型进行分类，主要有两列式和四列式两种。本书中提到的设备选用普通级精度的两列式直线导轨副，其接触角在运动中能保持不变，刚性也比较稳定。图 2－2－4 所示为两列式直线导轨副。

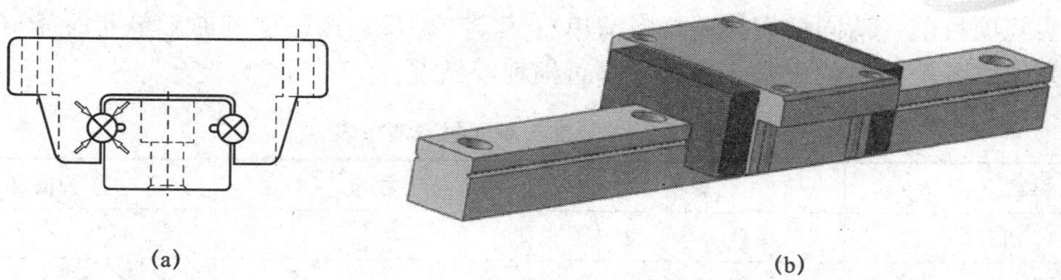

(a)　(b)

图 2－2－4　两列式直线导轨副

(a) 直线导轨副截面图；(b) 装配好的直线导轨副

2.3　项目决策与计划

学习了前面的知识后，同学们对加工单元已有了全面了解，为了有计划地完成本次项目，我们要先做好任务分工和工作计划表。

1. 任务分工

四人一组，每名成员要有明确分工，角色安排及负责任务如下：

程序设计员：小组的组长，负责整个项目的统筹安排并设计调试程序。

机械安装工：负责加工单元的机械、传感器、气路的安装及调试。

电气接线工：负责加工单元的电气接线。

资料整理员：负责整个实施过程的资料准备整理工作。

2. 实施计划表

加工单元实施计划见表2－2－1。

表2－2－1　加工单元实施计划

实施步骤	实施内容	计划完成时间	实际完成时间	备注说明
1	根据控制要求准备材料			
2	安装机械部分、传感器、电磁阀			
3	气动回路设计、安装、调试			
4	电气线路设计及连接			
5	程序编译及调试			
6	文件整理			
7	总结评价			

2.4　项目实施

2.4.1　加工单元的材料准备

在实施项目前，请同学们按照材料清单（表2－2－2）逐一检查加工单元所需材料是否齐全，并填好各种材料的规格、数量、是否损坏等情况。

表2－2－2　加工单元材料清单表

材料名称	规格	数量	是否损坏
PLC			
物料台			
滑动机构			
加工（冲压）机构			
电磁阀组			

续表

材料名称	规格	数量	是否损坏
接线端口			
光电传感器			
磁性开关			
按钮指示灯模块盒			
底板			

2.4.2　加工单元的机械组装

1. 加工单元的组成及功能

加工单元主要由控制系统和加工装置两部分组成。加工装置安装在工作台上，控制系统安装在工作台下方的抽屉中，装置侧的信号通过接线端子排与控制系统相连。加工单元的组成如图 2－2－5 所示。

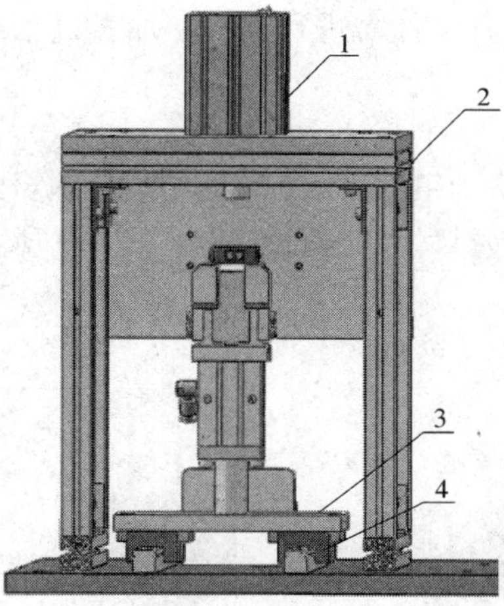

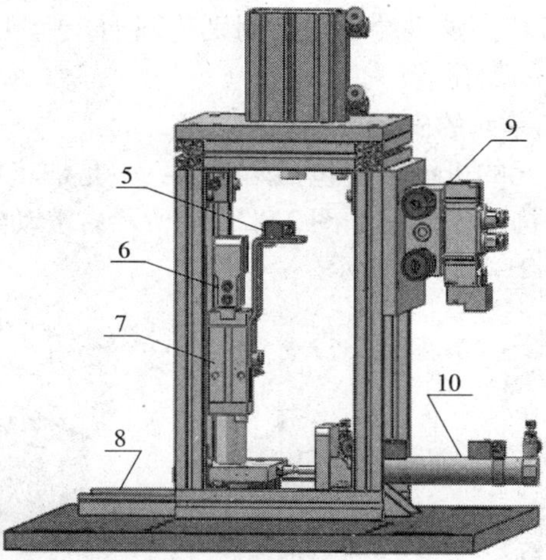

图 2－2－5　加工单元的组成

（a）前视图；（b）右视图

1—冲压气缸；2—冲压气缸支撑架；3—加工台支座；4—滑块；5—光电传感器；6—工件夹紧器；7—气动手爪；8—直线导轨；9—电磁阀组；10—加工台伸缩气缸

控制系统（同供料单元的控制系统一样）主要组成部分有：直流开关电源、PLC、按钮指示灯模块盒、线槽、端子排等。其中按钮指示灯模块盒上器件包括：红、绿、黄指示灯各一只，红、绿常开按钮各一只，选择开关一只，急停按钮一只，接线端子排等。

加工装置包括滑动物料台（图 2－2－6）和加工机构（图 2－2－7）。滑动物料台用于固定被加工工件，并把工件移动到加工（冲压）机构正下方进行冲压加工。它主要由气动手爪、伸缩气缸、直线导轨及滑块组成。

滑动物料台在系统正常工作后的初始状态为伸缩气缸伸出、物料台气动手爪张开的状态，当输送机构把物料送到物料台上后，物料检测传感器检测到工件后，PLC 控制程序驱动气动手爪将工件夹紧，然后物料台缩回到加工区域即冲压气缸下方，此时冲压气缸活塞杆向下伸出冲压工件，完成冲压动作之后向上缩回，物料台重新伸出，到位后气动手爪松开，完成工件加工工序，并向系统发出加工完成信号，为下一次工件加工做准备。

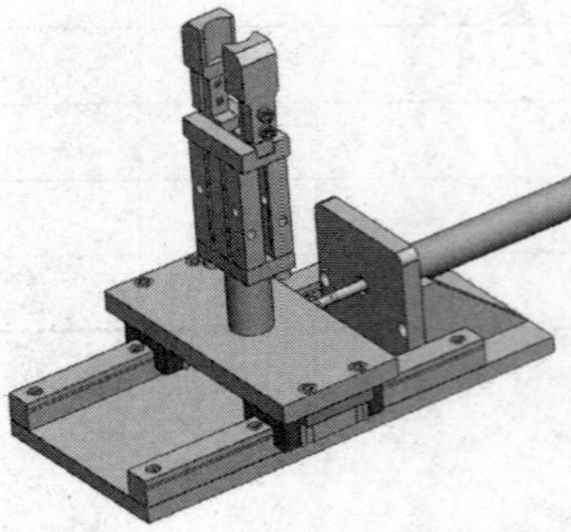

图 2-2-6 滑动物料台

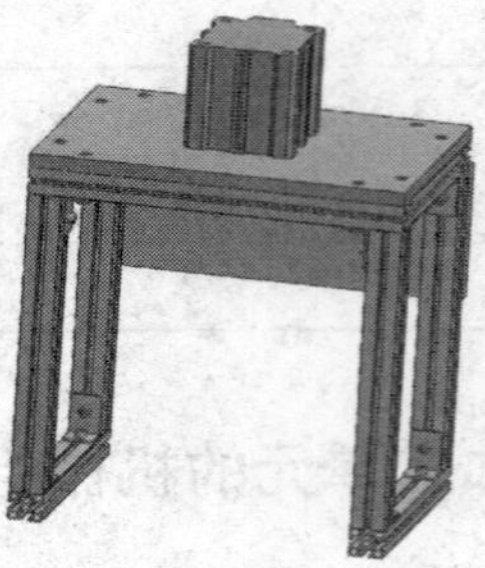

图 2-2-7 加工机构

在滑动物料台上安装一个漫反射式光电接近开关。若物料台没有工件，则漫射式光电接近开关处于常态；若物料台上有工件，则光电接近开关动作。该光电传感器的输出信号送到加工单元 PLC 的输入端，用以判别物料台上是否有工件需进行加工，加工过程结束后，物料台伸出到初始位置。

2. 加工单元的安装

加工单元的机械装配包括两部分：一是加工机构组件装配；二是滑动物料台组件装配。

加工机构组件装配如图 2-2-8 所示；滑动物料台组件装配如图 2-2-9 所示；加工单元组装如图 2-2-10 所示。

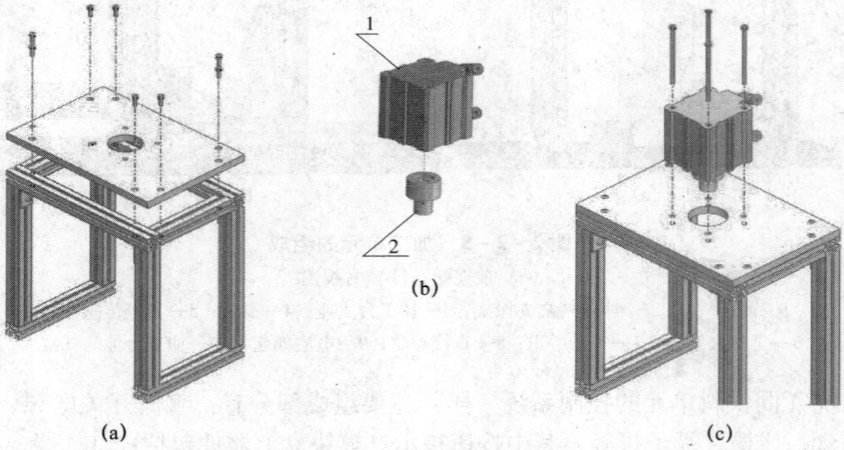

图 2-2-8 加工机构组件装配

(a) 加工机构支撑架装配；(b) 冲压气缸及冲压头装配；(c) 冲压气缸安装到支撑架上

1—冲压气缸；2—冲压头

在完成以上各组件的装配后，首先将物料夹紧及运动送料部分和整个安装底板连接固定，再将铝合金支撑架安装在大底板上，最后将加工组件部分固定在铝合金支撑架上，完成该单元的装配。

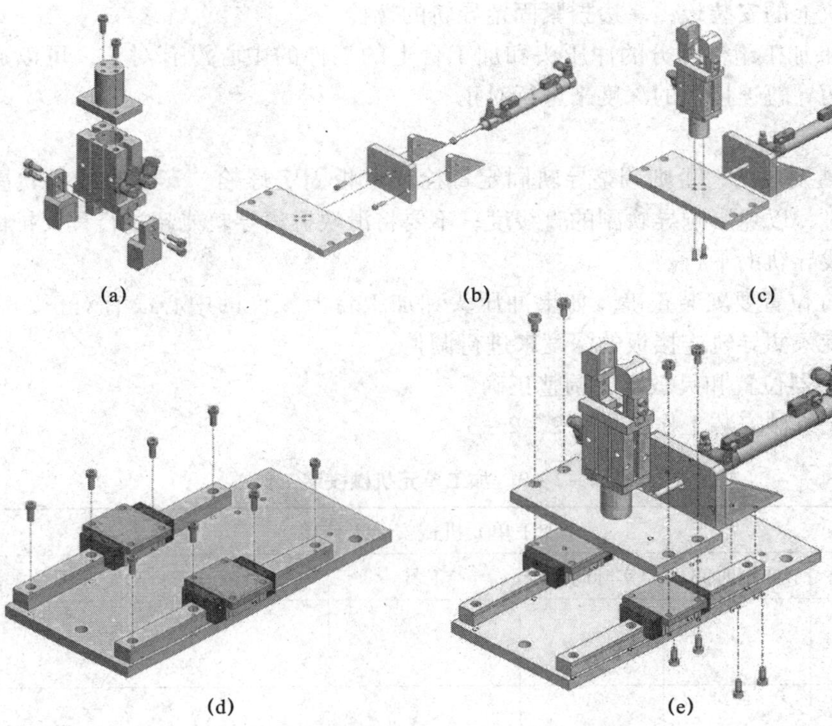

图2-2-9　滑动物料台组件装配

(a) 夹紧机构组装；(b) 伸缩台组装；(c) 夹紧机构安装到伸缩台上；(d) 直线导轨组装；(e) 加工机构安装到直线导轨上

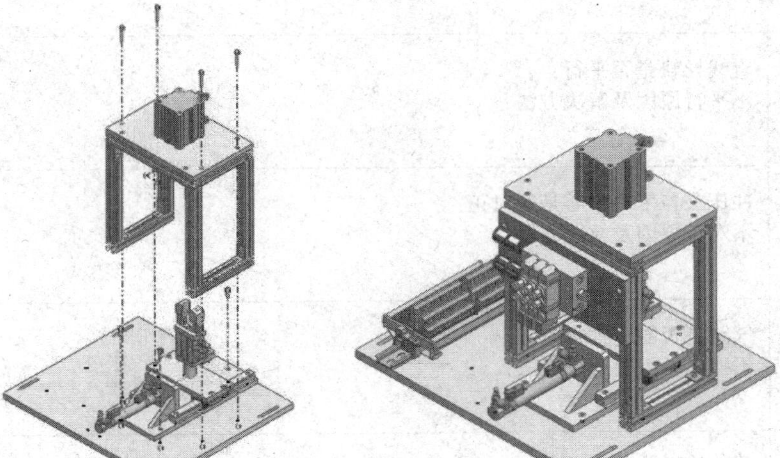

图2-2-10　加工单元组装

3. 安装时的注意事项

(1) 安装直线导轨副时应注意：

①要轻拿轻放，避免磕碰以影响导轨副的直线度。

②不要将滑块拆离导轨或超过行程又推回去。当调整两直线导轨的平行时，要一边移动

安装在两导轨上的安装板，一边拧紧固定导轨的螺栓。

（2）如果加工组件部分的冲压头和加工台上的工件的中心没有对正，可以通过调整推料气缸旋入两导轨连接板的深度来进行对正。

4. 调试

（1）导轨要灵活，否则调整导轨固定螺栓或滑板固定螺栓。安装直线导轨副要轻拿轻放，避免磕碰，以免影响导轨副的直线度；不要将滑块拆离导轨或超过行程又推回去；要注意调整两直线导轨的平行。

（2）气缸位置要安装正确。如果冲压头和加工台上工件的中心没有对正，可以通过调整推料气缸旋入两导轨连接板的深度来进行调整。

（3）传感器位置和灵敏度要调整正确。

加工单元机械安装工作单见表2－2－3。

表2－2－3　加工单元机械安装工作单

<table>
<tr><td colspan="5">加工单元机械安装工作单</td></tr>
<tr><td>安装步骤</td><td>计划时间</td><td>实际时间</td><td>工具</td><td>是否返工，返工原因及解决方法</td></tr>
<tr><td>物料台滑动机构的安装</td><td></td><td></td><td></td><td></td></tr>
<tr><td>冲压机构的安装</td><td></td><td></td><td></td><td></td></tr>
<tr><td>支撑架的安装</td><td></td><td></td><td></td><td></td></tr>
<tr><td>传感器的安装</td><td></td><td></td><td></td><td></td></tr>
<tr><td>电磁阀的安装</td><td></td><td></td><td></td><td></td></tr>
<tr><td>整体安装</td><td></td><td></td><td></td><td></td></tr>
<tr><td rowspan="4">调试过程</td><td colspan="4">直线导轨是否平行：
不平行原因及解决方法：</td></tr>
<tr><td colspan="4">冲压头与工件中心是否对正：
不对正原因及解决方法：</td></tr>
<tr><td colspan="4">气路是否能正常换向：
不换向原因及解决方法：</td></tr>
<tr><td colspan="4">其他故障及解决方法：</td></tr>
</table>

2.4.3　加工单元的气路连接与调试

加工单元的手爪气缸、物料台伸缩气缸和冲压气缸均分别用一个二位五通的带手控开关的单电控电磁阀控制，它们均安装在带有消声器的汇流板上，并分别对冲压气缸、物料台手爪气缸和物料台伸缩气缸的气路进行控制，以改变各自的动作状态。冲压气缸控制电磁阀所配的快速接头口径较大，这是由于冲压缸对气体的压力和流量要求比较高、冲压气缸的配套气管较粗的缘故。

电磁阀所带手控开关有锁定（LOCK）和开启（PUSH）2 种位置。在进行设备调试时，手控开关处于开启位置，可以使用手控开关对阀进行控制，从而实现对相应气路的控制，以及改变冲压缸等执行机构的控制，从而达到调试的目的。

加工单元气动控制回路工作原理如图 2－2－11 所示。

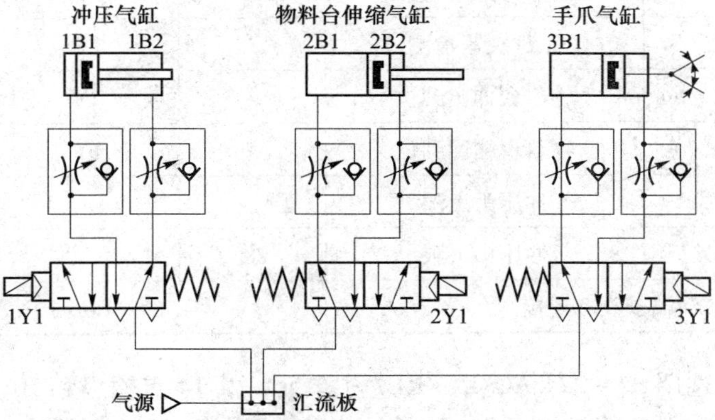

图 2－2－11　加工单元控制回路工作原理

1B1 和 1B2 为安装在冲压气缸的两个极限工作位置的磁感应接近开关，2B1 和 2B2 为安装在加工伸缩气缸的两个极限工作位置的磁感应接近开关，3B1 为安装在手爪工作位置的磁感应接近开关。1Y1、2Y1 和 3Y1 分别为控制冲压气缸、物料台伸缩气缸和手爪气缸的电磁阀的电磁控制端。

当气源接通时，物料台伸缩气缸的初始状态是在伸出位置。这一点，在进行气路安装时应特别注意。

加工单元气路连接工作单见表 2－2－4。

表 2－2－4　加工单元气路连接工作单

调试内容	是	否	不正确原因
气路连接是否有漏气现象			
物料夹紧气缸夹紧是否顺畅			
物料夹紧气缸松开是否顺畅			
物料台气缸伸出是否顺畅			
物料台气缸缩回是否顺畅			
冲压气缸下降是否顺畅			
冲压气缸提升是否顺畅			
备注			

2.4.4 加工单元的电气接线

（1）加工单元装置侧接线端口信号端子分配见表2-2-5。

表2-2-5　加工单元装置侧的接线端口信号端子分配

输入端口中间层			输出端口中间层		
端子号	设备符号	信号线	端子号	设备符号	信号线
2	SC	加工单元物料检测	2	3Y	夹紧电磁阀
3	3B2	工件夹紧检测	3	—	—
4	2B2	物料台伸出到位	4	2Y	伸缩电磁阀
5	2B1	物料台缩回到位	5	1Y	冲压电磁阀
6	1B1	冲压头上限			
7	1B2	冲压头下限			
8#～17#端子没有连接			6#～14#端子没有连接		

（2）加工单元选用S7-224 AC/DC/RLY主单元，共14点输入和10点继电器输出。加工单元PLC的I/O信号见表2-2-6，其接线如图2-2-12所示。

表2-2-6　加工单元PLC的I/O信号

输入信号				输出信号			
序号	PLC输入点	信号名称	信号来源	序号	PLC输出点	信号名称	信号来源
1	I0.0	加工单元物料检测	装置侧	1	Q0.0	夹料电磁阀	装置侧
2	I0.1	工件夹紧检测		2	Q0.1	—	
3	I0.2	加工台伸出到位		3	Q0.2	物料台伸缩电磁阀	
4	I0.3	加工台缩回到位		4	Q0.3	冲压头电磁阀	
5	I0.4	冲压头上限		5	Q0.4	—	—
6	I0.5	冲压头下限		6	Q0.5	—	—
7	I0.6	—		7	Q0.6	—	—
8	I0.7	—		8	Q0.7	黄色指示灯	按钮/指示灯模块
9	I1.0	—		9	Q1.0	绿色指示灯	
10	I1.1	—		10	Q1.1	红色指示灯	
11	I1.2	停止按钮	按钮/指示灯模块				
12	I1.3	启动按钮					
13	I1.4	急停按钮（未用）					
14	I1.5	工作方式选择					

加工单元电气线路安装及调试工作单见表2-2-7。

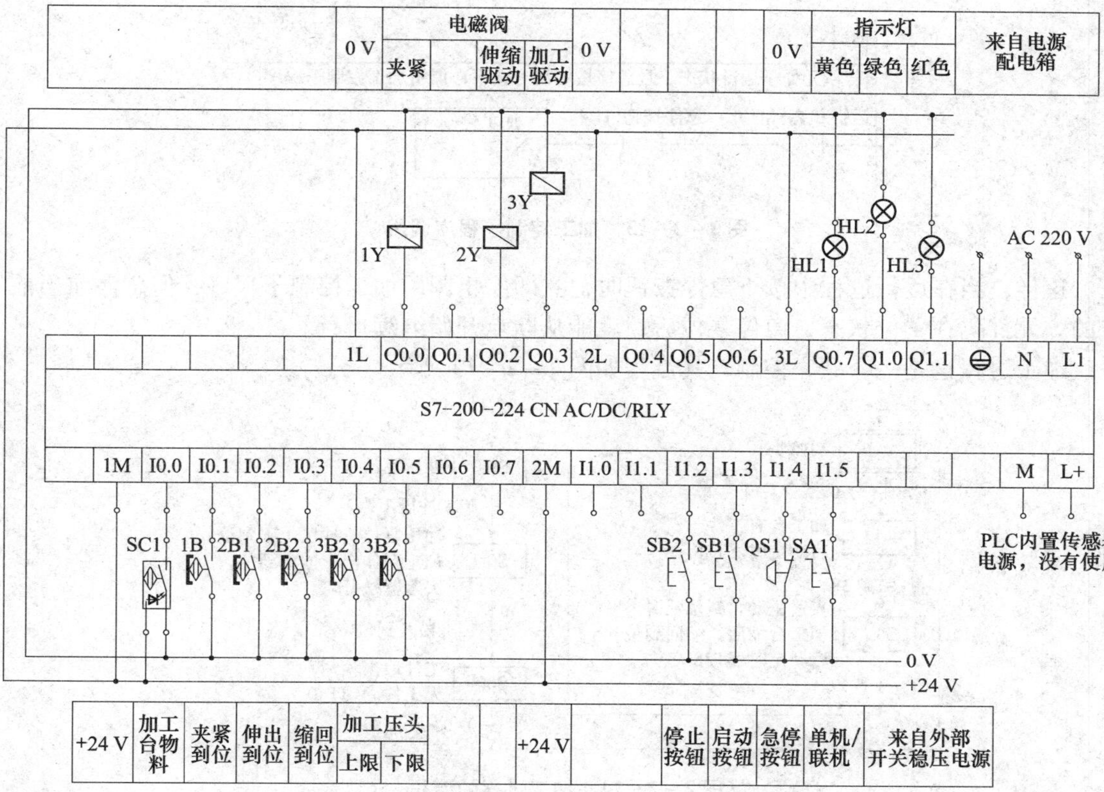

图 2－2－12　加工单元 PLC 的 I/O 接线

表 2－2－7　加工单元电气线路安装及调试工作单

调试内容	正确	错误	原因
物料台信号检测			
工件夹紧信号检测			
加工台伸出到位检测			
加工台缩回到位检测			
冲压头上限检测			
冲压头下限检测			

2.4.5　加工单元的程序设计及调试

1. 加工单元的工作过程

加工单元物料台的物料检测传感器检测到工件后，执行装置把待加工工件从物料台移送到加工区域冲压气缸的正下方。完成对工件的冲压加工，然后把加工好的工件重新送回物料台。

2. 编写程序的思路

加工单元主程序流程与供料单元类似，也是 PLC 上电后应首先进入初始状态检查阶段，确认系统已经准备就绪后，才允许接收启动信号投入运行。但加工单元工作任务中增加了急停功能。为此，调用加工控制子程序的条件应该是“单元在运行状态”和“急停按钮未按”两者同时成立，如图 2－2－13 所示。

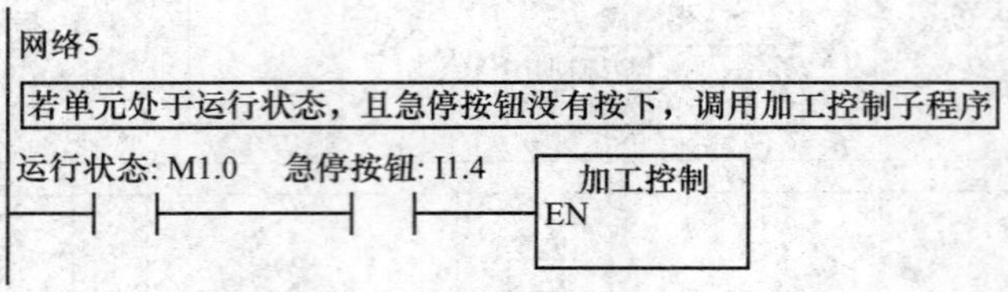

图 2-2-13　加工控制子程序调用

这样，当在运行过程中按下急停按钮时，立即停止调用加工控制子程序，但急停前当前步的 S 元件仍在置位状态，急停复位后，就能从断点开始继续运行。

加工过程也是一个顺序控制，其流程如图 2-2-14 所示。

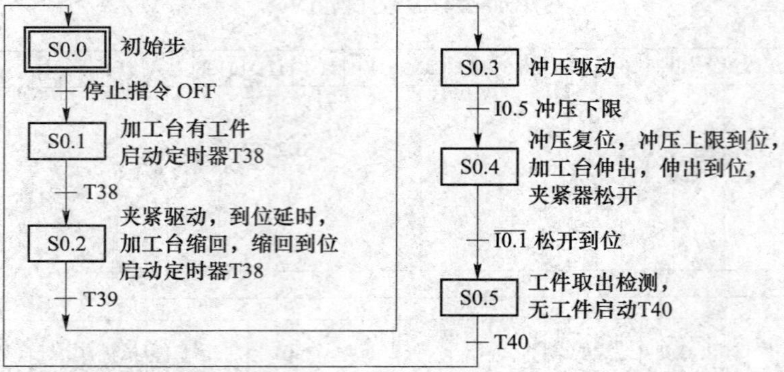

图 2-2-14　加工过程的流程

从流程图可以看到，当一个加工周期结束，只有加工好的工件被取走后，程序才能返回 S0.0 步，这就避免了重复加工的可能。

3. 调试与运行

（1）在下载、运行程序前，必须认真检查程序。

在调试编程之前先要检查供料单元的初始状态是否满足要求，完成加工单元初态调试工作单见表 2-2-8。

表 2-2-8　加工单元初态调试工作单

调试内容		是	否	原因
1	物料台是否处于工件状态			
2	物料夹紧气缸是否处于松开状态			
3	物料台气缸是否处于伸出状态			
4	冲压气缸是否处于上限状态			
5	HL1 指示灯状态是否正常			
6	HL2 指示灯状态是否正常			

（2）初态正确后，重点检查程序在运行过程中，各个执行机构之间是否会发生冲突，动作是否正确、合理，并做好实时记录，完成调试工作单见表 2-2-9。

①调整气动部分，检查气路是否正确，气压是否合理，气缸的动作速度是否合理。

②检查磁性开关的安装位置是否到位，磁性开关工作是否正常。

③检查 I/O 接线是否正确。

④检查光电传感器安装是否合理，灵敏度是否合适，保证检测的可靠性。

⑤放入工件，运行程序看加工单元动作是否满足任务要求。

⑥调试各种可能出现的情况，比如在任何情况下加入工件，系统都要能可靠工作。

⑦优化程序。

表 2-2-9 加工单元运行状态调试工作单

<table>
<tr><th></th><th colspan="3">调试内容</th><th>是</th><th>否</th><th>原因</th></tr>
<tr><td rowspan="9">启动按钮按下后</td><td>1</td><td colspan="2">HL1 指示灯是否点亮</td><td></td><td></td><td></td></tr>
<tr><td>2</td><td colspan="2">HL2 指示灯是否常亮</td><td></td><td></td><td></td></tr>
<tr><td rowspan="3">3</td><td rowspan="3">物料台无料时</td><td>夹紧气缸是否动作</td><td></td><td></td><td></td></tr>
<tr><td>物料台气缸是否动作</td><td></td><td></td><td></td></tr>
<tr><td>冲压气缸是否动作</td><td></td><td></td><td></td></tr>
<tr><td rowspan="3">4</td><td rowspan="3">物料台有料时</td><td>夹紧气缸是否动作</td><td></td><td></td><td></td></tr>
<tr><td>物料台气缸是否动作</td><td></td><td></td><td></td></tr>
<tr><td>冲压气缸是否动作</td><td></td><td></td><td></td></tr>
<tr><td>7</td><td colspan="2">单个周期工作完成后是否循环</td><td></td><td></td><td></td></tr>
<tr><td rowspan="3">停止按钮按下后</td><td>1</td><td colspan="2">HL1 指示灯是否常亮</td><td></td><td></td><td></td></tr>
<tr><td>2</td><td colspan="2">HL2 指示灯是否熄灭</td><td></td><td></td><td></td></tr>
<tr><td>3</td><td colspan="2">工作状态是否正常</td><td></td><td></td><td></td></tr>
</table>

2.5 项目总结与评价

本项目中，我们学习了薄膜气缸、气动手爪、直线导轨的结构及工作原理，了解了加工单元的工艺过程及结构组成，通过对加工单元的组装及控制的实现，学习了气动技术、传感技术、PLC 控制技术在自动生产线中的应用。完成本项目自我评价（表 2-2-10）与项目考核（表 2-2-11）。

表 2-2-10 加工单元项目自我评价

评价内容	分值	得分	需提高部分
机械安装与调试	20 分		
气路连接与调试	20 分		
电气安装与调试	25 分		
程序设计与调试	25 分		

续表

评价内容		分值	得分	需提高部分
绑扎工艺及工位整理		10 分		
不足之处				
优点				

表 2-2-11　项目评价表

项目分类		考核内容	分值	工作要求	评分标准	老师评分
专业能力 90 分	电气接线	1. 正确连接装置侧、PLC 侧的接线端子排	10	1. 装置侧三层接线端子电源、信号连接正确，PLC 侧两层接线端子电源、信号连接正确； 2. 传感器供电使用输入端电源，电磁阀等执行机构使用输出端电源； 3. 按照 I/O 分配表正确连接加工单元的输入与输出	1. 电源与信号接反，每处扣 2 分； 2. 其他每错一处扣 1 分	
		2. 接线、布线规格平整	10	线头处理干净，无导线外露，接线端子上最多压入两个线头，导线绑扎利落，线槽走线平整	若有违规操作，每处扣 2 分	
	机械安装	1. 正确、合理使用装配工具	10	能够正确使用各装配工具拆装加工单元，不出现多或少螺栓现象	不会用、错误使用不得分（教师提问、学生操作）多或少一个螺栓扣 2 分	
		2. 正确安装加工单元	10	安装加工单元后不多件、不少件	多件、少件、安装不牢每处扣 2 分	
	程序调试	1. 正确编制梯形图程序及调试	40	梯形图格式正确，各电磁阀控制顺序正确，梯形图整体结构合理，模拟量采集输出正确。运行动作正确（根据运行情况可修改和完善。）	根据任务要求，动作不正确，每处扣 5 分，模拟量采集、输出不正确扣 1 分	
		2. 运行结果及口试答辩	10	程序运行结果正确，表述清楚，口试答辩准确	对运行结果表述不清楚者扣 10 分	
职业素质能力 10 分		相互沟通、团结配合能力	5	善于沟通，积极参与，与组长、组员配合默契，不产生冲突	根据自评、互评、教师点评而定	
		清扫场地、整理工位	5	场地清扫干净，工具、桌椅摆放整齐	不合格，不得分	
合计						

2.6　问题与思考

1. 放入黑色加工工件，系统检测不到工件。分析可能产生这一现象的原因，并叙述检测过程以及解决方法。

2. 运行过程中出现物料台气缸伸出时动作不平稳。分析可能产生这一现象的原因，并叙述检测过程及解决方法。

3. 叙述调试过程中出现的其他故障及解决方法。

4. 总结检查气动连线、传感器接线、I/O 检测及故障排除方法。

5. 如果在加工过程中出现意外情况如何处理?

6. 思考网络控制如何实现。

7. 思考加工单元可能出现何种意外情况。

项目 3 装配单元技能训练

学习目标

（1）熟悉装配单元的结构及工作过程，并能够独立完成装配单元的加工机械组装和调试。

（2）了解摆动气缸的工作原理及结构。

（3）掌握装配单元气动控制原理，能够绘制气动控制原理图，并正确安装气路。

（4）熟悉装配单元电气接线方法与规则，能够正确设计电气接线图，并正确接线。

（5）能够正确编写装配单元 PLC 控制程序，并下载调试。

项目导入

装配单元是自动化生产线中对工件处理的另一单元，在整个系统中，起着对输送站送来的工件进行装配及小工件供料的作用，其结构组成如图 2－3－1 所示。

装配单元的功能是完成将该单元料仓内的黑色或白色小圆柱工件嵌入到放置在装配料斗的待装配工件中的装配过程。

(a)

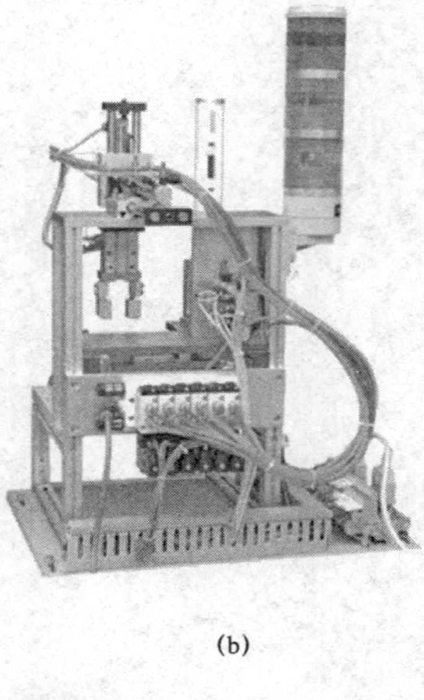

(b)

图 2－3－1 装配单元结构组成

（a）前视图；（b）背视图

3.1　装配单元的控制要求

（1）装配单元各气缸的初始位置为：挡料气缸处于伸出状态，顶料气缸处于缩回状态，料仓上已经有足够的小圆柱零件；装配机械手的升降气缸处于提升状态，伸缩气缸处于缩回状态，手爪处于松开状态。

设备上电和气源接通后，若各气缸满足初始位置要求，且料仓上已经有足够的小圆柱零件，工件装配台上没有待装配工件，则"正常工作"指示灯 HL1 常亮，表示设备准备好。否则，该指示灯以 1 Hz 频率闪烁。

（2）若设备准备好，按下启动按钮，装配单元启动，"设备运行"指示灯 HL2 常亮。如果回转台上的左料盘内没有小圆柱零件，就执行下料操作；如果左料盘内有零件，而右料盘内没有零件，执行回转台回转操作。

（3）如果回转台上的右料盘内有小圆柱零件且装配台上有待装配工件，执行装配机械手抓取小圆柱零件，放入待装配工件中的操作。

（4）完成装配任务后，装配机械手应返回初始位置，等待下一次装配。

（5）若在运行过程中按下停止按钮，则供料机构应立即停止供料，在装配条件满足的情况下，装配单元在完成本次装配后停止工作。

（6）在运行中发生"零件不足"报警时，指示灯 HL3 以 1 Hz 的频率闪烁，HL1 和 HL2 灯常亮；在运行中发生"零件没有"报警时，指示灯 HL3 以亮 1 s，灭 0.5 s 的方式闪烁，HL2 熄灭，HL1 常亮。

3.2　项目资讯

1. 装配单元机械元件

装配单元的结构组成包括：管形料仓、落料机构、回转物料台、装配机械手、待装配工件的定位机构、气动系统及其阀组、信号采集及其自动控制系统，以及用于电气连接的端子排组件、整条生产线状态指示的信号灯和用于其他机构安装的铝型材支架及底板、传感器安装支架等。

1）管形料仓

管形料仓用来存储装配用的金属、黑色和白色小圆柱零件。它由塑料圆管和中空底座构成。塑料圆管顶端放置加强金属环，以防止破损。工件竖直放入料仓的空心圆管内，由于二者之间有一定的间隙，使其能在重力作用下自由下落。

为了能对料仓供料不足和缺料报警，在塑料圆管底部和底座处分别安装了两个漫反射光电传感器（E3Z－L 型），并在料仓塑料圆柱上纵向铣槽，以使光电传感器的红外光斑能可靠照射到被检测的物料上。光电传感器的灵敏度调整应以能检测到黑色物料为准。

2）落料机构

图 2－3－2 所示为落料机构。图 2－3－2 中，料仓底座的背面安装了两个直线气缸。上面的气缸称为顶料气缸，下面的气缸称为挡料气缸。

系统气源接通后，顶料气缸的初始位置在缩回状态，挡料气缸的初始位置在伸出状态。

这样，当从料仓上面放下工件时，工件将被挡料气缸活塞杆终端的挡块阻挡而不能落下。

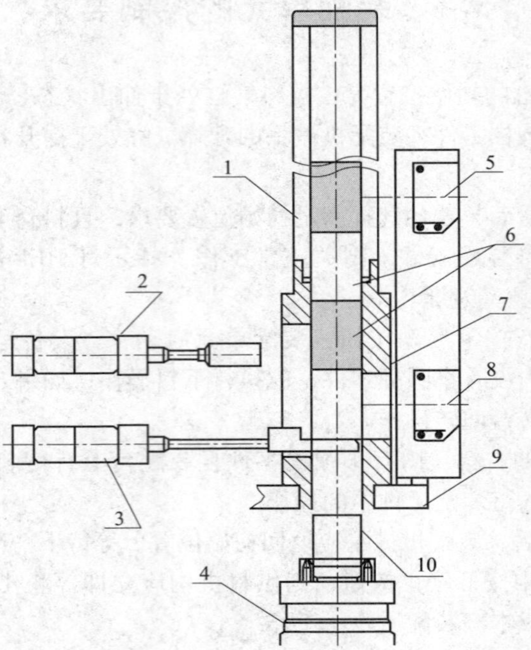

图 2－3－2　落料机构

1—料仓；2—顶料气缸；3—挡料气缸；4—物料回转台；5—光电传感器Ⅰ；6—小圆柱工件；7—料仓底座；8—光电传感器Ⅱ；9—料仓固定底板；10—已供出的工件

需要进行落料操作时，首先使顶料气缸伸出，把次下层的工件夹紧，然后挡料气缸缩回，工件掉入回转物料台的料盘中。之后挡料气缸复位伸出，顶料气缸缩回，次下层工件跌落到挡料气缸终端挡块上，为再一次供料做准备。

3）回转物料台

该机构由气动摆台和两个料盘组成，气动摆台能驱动料盘旋转 180°，从而实现把从供料机构落下到料盘的工件移动到装配机械手正下方的功能，如图 2－3－3 所示。图中 2－3－3 的光电传感器 1 和光电传感器 2 分别用来检测左面和右面料盘是否有零件。两个光电传感器均选用 CX－441 型。

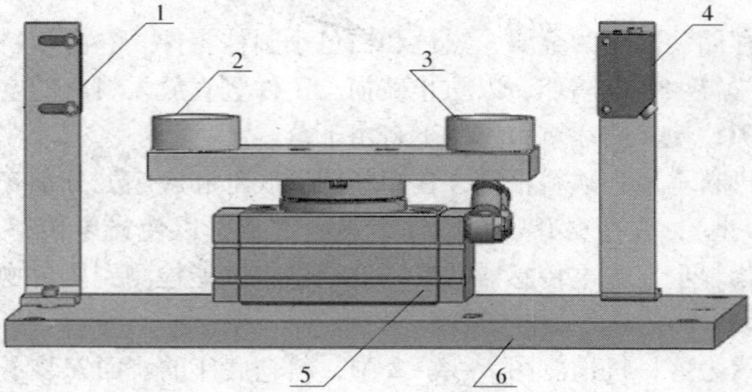

图 2－3－3　回转物料台的结构

1—光电传感器 1；2—料盘 1；3—料盘 2；4—光电传感器 2；5—摆动气缸；6—装配台底板

4）装配机械手

装配机械手是整个装配单元的核心。当装配机械手正下方的回转物料台料盘上有小圆柱零件，且装配台侧面的光纤传感器检测到装配台上有待装配工件的情况时，机械手从初始状态开始执行装配操作过程。装配机械手如图2－3－4所示。

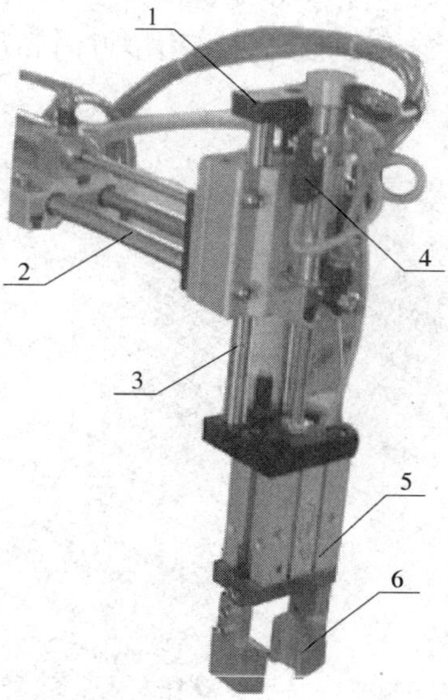

图2－3－4 装配机械手

1—行程调整板；2，3—导杆气缸；4—磁性开关；5—气动手指；6—手爪

装配机械手装置是一个三维运动的机构，它由水平方向移动和竖直方向移动的2个导杆气缸和气动手爪组成。

装配机械手的运行过程如下：

PLC驱动与竖直移动气缸相连的电磁换向阀动作，由竖直移动带导杆气缸驱动气动手爪向下移动，到位后，气动手爪驱动手爪夹紧物料，并将夹紧信号通过磁性开关传送给PLC，在PLC控制下，竖直移动气缸复位，被夹紧的物料随气动手爪一并提起，离开回转物料台的料盘，提升到最高位后，水平移动气缸在与之对应的换向阀的驱动下，活塞杆伸出，移动到气缸前端位置后，竖直移动气缸再次被驱动下移，移动到最下端位置，气动手爪松开，经短暂延时，竖直移动气缸和水平移动气缸缩回，机械手恢复初始状态。

在整个机械手动作过程中，除气动手爪松开到位无传感器检测外，其余动作的到位信号检测均采用与气缸配套的磁性开关，将采集到的信号输入PLC，由PLC输出信号驱动电磁阀换向，使由气缸及气动手爪组成的机械手按程序自动运行。

5）装配台料斗

输送单元运送来的待装配工件直接放置在该机构的料斗定位孔中，由定位孔与工件之间的较小间隙配合实现定位，从而完成准确的装配动作和定位精度。

为了确定装配台料斗内是否放置了待装配工件，使用光纤传感器进行检测。料斗的侧面开了一个M6的螺孔，光纤传感器的光纤探头就固定在螺孔内。

6）警示灯

本工作单元上安装有红、橙、绿三色警示灯，它是作为整个系统警示用的。警示灯有五根引出线，其中黄绿交叉线为“地线”；红色线：红色灯控制线；黄色线：橙色灯控制线；绿色线：绿色灯控制线；黑色线：信号灯公共控制线。警示灯接线如图2－3－5所示。

注意：警示灯用来指示自动生产线整体运行时的工作状态，装配单元单独运行时，可以不使用警示灯。

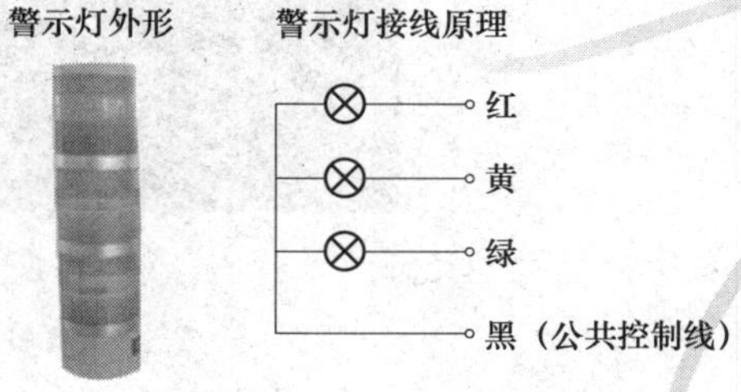

图2－3－5 警示灯接线

2. 装配单元的气动元件

装配单元所使用的气动执行元件包括标准直线气缸、气动手爪、气动摆台和导向气缸，前两种气缸在前面的项目实训中已叙述，下面只介绍气动摆台和导向气缸。

1）气动摆台

回转物料台的主要器件是气动摆台，它是由直线气缸驱动齿轮齿条实现回转运动，回转角度在0～180°任意可调，而且可以安装磁性开关，检测旋转到位信号，多用于方向和位置需要变换的机构，如图2－3－6所示。

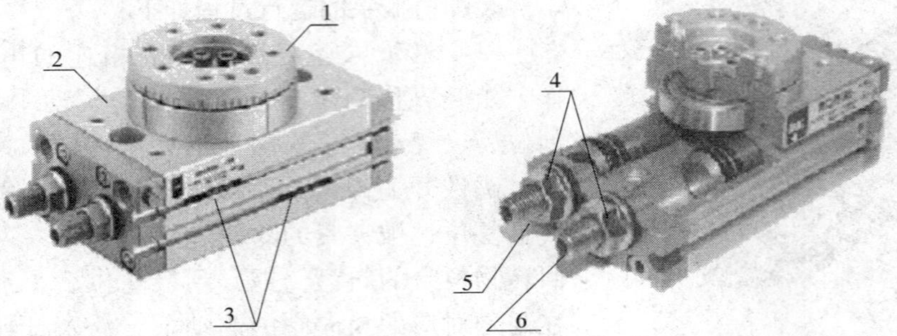

(a)　(b)

图2－3－6　气动摆台

(a) 实物图；(b) 剖视图

1—回转凸台；2—基体；3—磁性开关；4—反扣螺母；5—调节螺杆1；6—调节螺杆2

气动摆台的摆动回转角度在0～180°范围任意可调。当需要调节回转角度或调整摆动位置精度时，应首先松开调节螺杆上的反扣螺母，通过旋入和旋出调节螺杆，从而改变回转凸台的回转角度，调节螺杆1和调节螺杆2分别用于左旋和右旋角度的调整。当调整好摆动角度后，应将反扣螺母与基体反扣锁紧，防止调节螺杆松动，造成回转精度降低。

回转到位的信号是通过调整气动摆台滑轨内的2个磁性开关的位置实现的，图2－3－7所示为磁性开关位置调整。磁性开关安装在气缸体的滑轨内，松开磁性开关的紧定螺钉，磁性开关就可以沿着滑轨左右移动。确定开关位置后，旋紧紧定螺钉，即可完成位置的调整。

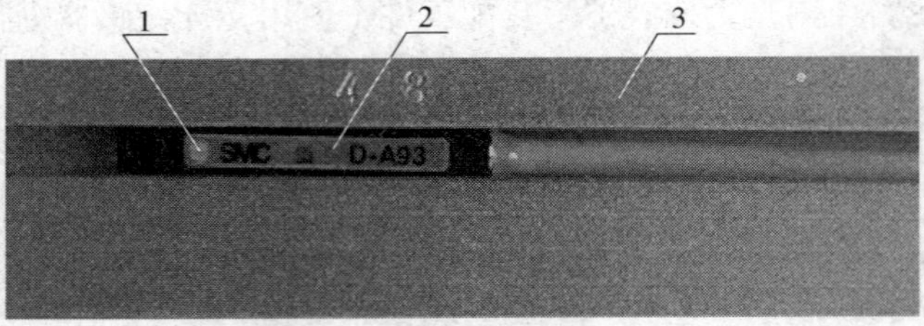

图2－3－7　磁性开关位置调整

1—紧定螺钉；2—磁性开关；3—气缸体

2）导向气缸

导向气缸是指具有导向功能的气缸，一般为标准气缸和导向装置的集合体。导向气缸具有导向精度高、抗扭转力矩、承载能力强、工作平稳等特点。

装配单元用于驱动装配机械手水平方向移动的导向气缸，该气缸由直线运动气缸和其他附件组成，如图2－3－8所示。

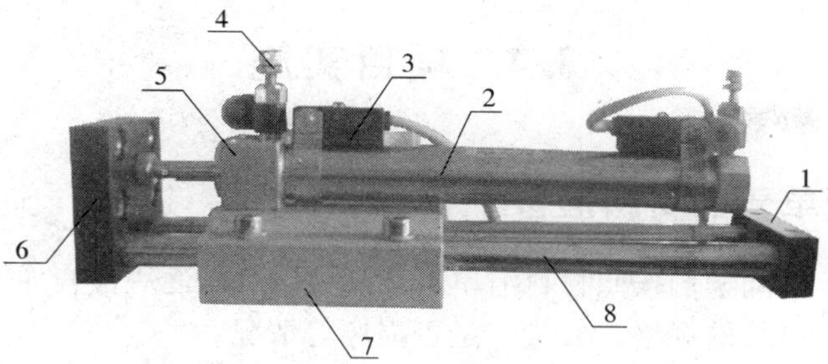

图2-3-8 导向气缸

1—行程调整板；2—直线气缸；3—磁性开关；4—截流阀；
5—直线气缸安装板；6—连接件安装板；7—安装支架；8—导杆

安装支架用于导杆导向件的安装和导向气缸整体的固定，连接件安装板用于固定其他需要连接到该导向气缸上的物件，并将两导杆和直线气缸活塞杆的相对位置固定，当直线气缸的一端接通压缩空气后，活塞被驱动做直线运动，活塞杆也一起移动，被连接件安装板固定到一起的两导杆也随活塞杆伸出或缩回，从而实现导向气缸的整体功能。安装在导杆末端的行程调整板用于调整该导杆气缸的伸出行程。具体调整方法是松开行程调整板上的紧定螺钉，让行程调整板在导杆上移动，当达到理想的伸出距离以后，再完全锁紧紧定螺钉，完成行程的调节。

3.3 项目决策与计划

学习了前面的知识后，同学们对装配单元已有了全面了解，为了有计划地完成本次项目，我们要先做好任务分工和实施计划表。

1. 任务分工

四人一组，每名成员要有明确分工，角色安排及负责任务如下：

程序设计员：小组的组长，负责整个项目的统筹安排并设计调试程序。

机械安装工：负责加工元的机械、传感器、气路的安装及调试。

电气接线工：负责加工单元的电气接线。

资料整理员：负责整个实施过程的资料准备及整理工作。

2. 实施计划表

装配单元实时计划见表2-3-1。

表2-3-1 装配单元实时计划

实施步骤	实施内容	计划完成时间	实际完成时间	备注说明
1	根据控制要求准备材料			
2	安装机械部分、传感器、电磁阀			
3	气动回路设计、安装、调试			
4	电气线路设计及连接			
5	程序编译及调试			
6	文件整理			
7	总结评价			

3.4 项目实施

3.4.1 装配单元的材料准备

在实施项目前，请同学们按照材料清单（表2－3－2）逐一检查加工单元的所需材料是否齐全，并填好各种材料的规格、数量、是否损坏等情况。

表2－3－2 装配单元材料清单

材料名称	规格	数量	是否损坏
半成品工件物料台			
管形料仓			
挡料气缸			
推料气缸			
气动摆台			
料盘			
气动手爪			
导杆气缸			
装配台料斗			
警示灯			
电磁阀组			
光电传感器			
磁性开关			
按钮指示灯模块盒			
PLC			
底板			
走线槽			

3.4.2 装配单元的机械组装

1. 安装步骤和方法

装配单元是整个设备中所包含气动元器件较多，结构较为复杂的单元，为了减小安装的难度和提高安装效率，在装配前，应认真分析该结构组成，认真观看录像，参考别人的装配工艺，认真思考，做好记录。遵循先前的思路，先装成组件，再进行总装。装配成的组件如图2－3－9所示。

在完成以上组件的装配后，将与底板接触的型材放置在底板的连接螺纹之上，使用L形连接件和连接螺栓，固定装配站的型材支撑架，然后把图2－3－9中的组件逐个安装上去，顺序为：装配回转台组件→装配小工件料仓组件→装配小工件供料组件→装配机械手组件及装料管→装配阀组安装板，如图2－3－10所示。

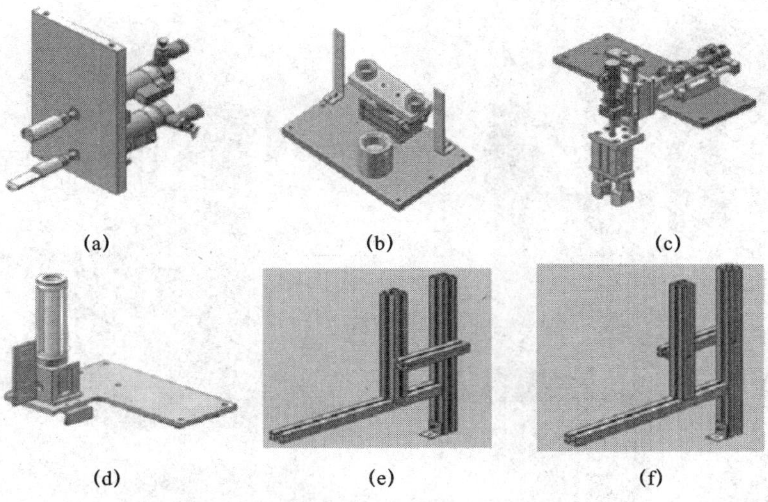

图2-3-9 装配成的组件

(a) 小工件供料组件；(b) 装配回转台组件；(c) 装配机械手组件；
(d) 小工件料仓组件；(e) 左支撑架组件；(f) 右支撑架组件

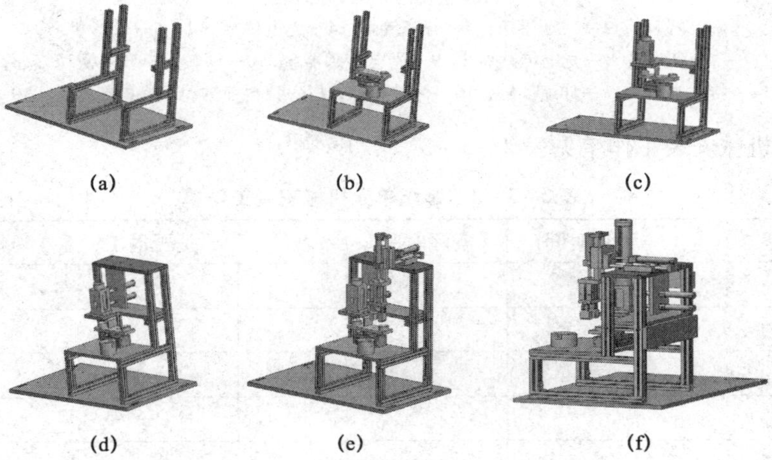

图2-3-10 整体组装

(a) 固定型材支撑架；(b) 装配回转台；(c) 装配小工件料仓组件；
(d) 装配小工件供料组件；(e) 装配机械手组件及装料管；(f) 装配阀组安装板

最后安装警示灯及各传感器，从而完成机械部分装配，如图2-3-11所示。

装配注意事项：

(1) 装配时要注意摆台的初始位置，以免装配完后摆动角度不到位，气缸摆台要调整到180°，并且与回转物料台平行。

(2) 安装时，铝型材要对齐。

(3) 导杆气缸行程要调整恰当。

(4) 预留螺栓的放置一定要足够，以免造成组件之间不能完成安装。

(5) 建议先进行装配，但不要一次拧紧所有固定螺栓，待相互位置基本确定后，再依次进行调整固定。

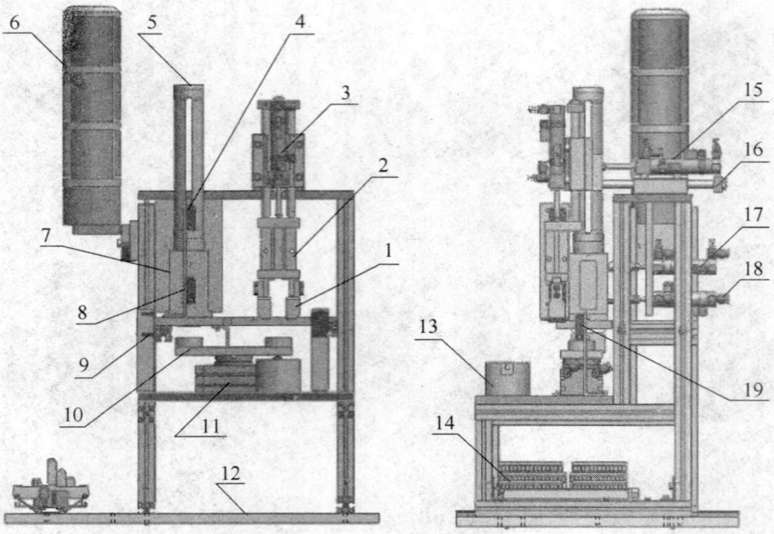

(a)　　　　　　　　　　　　(b)

图 2-3-11　装配单元机械装配

(a) 正视图；(b) 侧视图

1—夹紧器；2—气动手爪；3—升降气缸；4—光电传感器 1；5—管形料仓；
6—警示灯；7—料仓底座；8—光电传感器 2；9—光电传感器 3；10—回转台；11—摆动气缸；12—底板；
13—装配台；14—接线端口；15—伸缩气缸；16—伸缩导杆；17—顶料气缸；18—挡料气缸；19—光电传感器 4

装配单元机械安装工作单见表 2-3-3。

表 2-3-3　装配单元机械安装工作单

安装步骤	计划时间	实际时间	工具	是否返工，返工原因及解决方法
落料支撑架的安装				
回转物料台的安装				
装配机械手的安装				
装配台的安装				
警示灯的安装				
传感器的安装				
电磁阀的安装				
整体安装				
调试过程	工件落料是否准确： 不准确原因及解决方法：			
	回转台回转位置是否到位： 不到位原因及解决方法：			
	机械手夹取工件是否准确： 不准确原因及解决方法：			

续表

调试过程	零件嵌入工件位置是否有偏差： 有偏差原因及解决方法：
	传感器是否能正常检测： 不能正常检测原因及解决方法：
	气路是否能正常换向： 不正常换向原因及解决方法：
	其他故障及解决方法：

3.4.3　装配单元的气路连接与调试

装配单元的阀组由6个二位五通单电控电磁换向阀组成，如图2－3－12所示。这些阀分别对供料、位置变换和装配动作气路进行控制，以改变各自的动作状态。

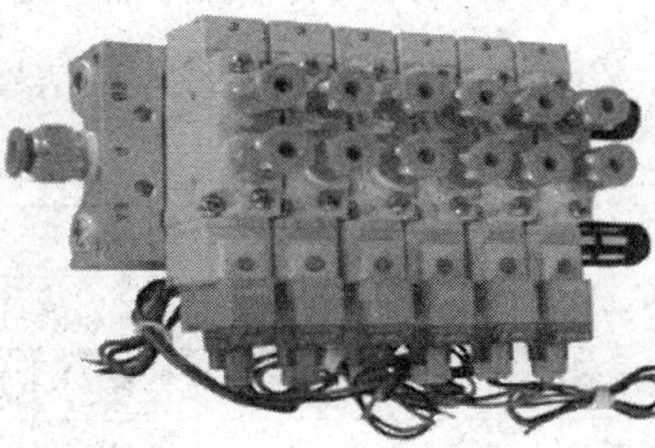

图2－3－12　装配单元的阀组

在进行气路连接时，请注意各气缸的初始位置，其中，挡料气缸在伸出位置，手爪提升气缸在提起位置。

装配单元的气动控制回路如图2－3－13所示。

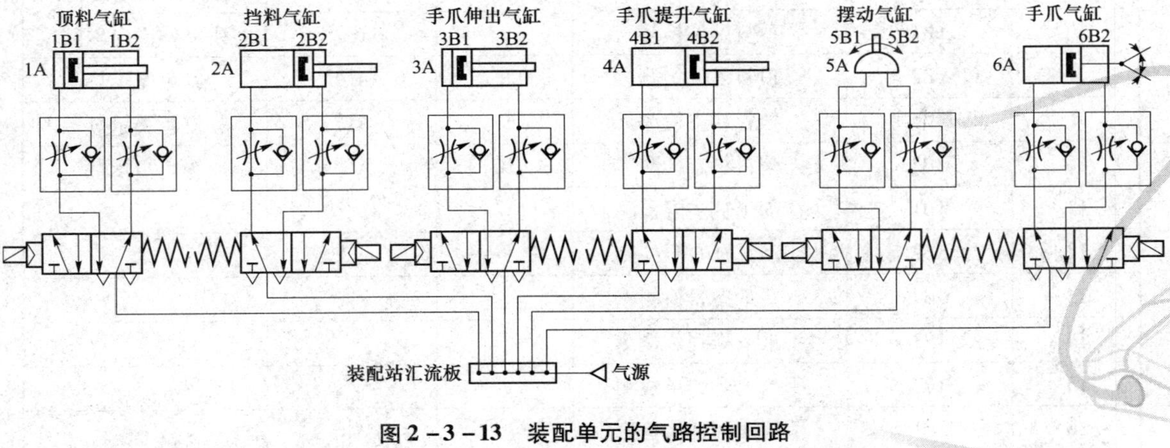

图2－3－13　装配单元的气路控制回路

安装气路并填写装配单元气路连接工作单表（2－3－4）。

表 2-3-4 装配单元气路连接工作单

调试内容	是	否	不正确原因
气路连接是否有漏气现象			
顶料气缸伸出是否顺畅			
顶料气缸缩回是否顺畅			
挡料气缸伸出是否顺畅			
挡料气缸缩回是否顺畅			
手臂导向气缸伸出是否顺畅			
手臂导向气缸缩回是否顺畅			
手爪导向气缸提升是否顺畅			
手爪导向气缸下降是否顺畅			
手爪气缸夹紧是否顺畅			
手爪气缸松开是否顺畅			

3.4.4 装配单元的电气接线

装配单元装置侧的接线端口信号端子的分配见表 2-3-5。

表 2-3-5 装配单元装置侧的接线端口信号端子的分配

输入端口中间层			输出端口中间层		
端子号	设备符号	信号线	端子号	设备符号	信号线
2	SC1	零件不足检测	2	1Y	挡料电磁阀
3	SC2	零件有无检测	3	2Y	顶料电磁阀
4	SC3	左料盘零件检测	4	3Y	回转电磁阀
5	SC4	右料盘零件检测	5	4Y	手爪夹紧电磁阀
6	SC5	装配台工件检测	6	5Y	手爪下降电磁阀
7	1B1	顶料到位检测	7	6Y	手臂伸出电磁阀
8	1B2	顶料复位检测	8	AL1	红色警示灯
9	2B1	挡料状态检测	9	AL2	橙色警示灯
10	2B2	落料状态检测	10	AL3	绿色指示灯
11	5B1	摆动气缸左限检测			
12	5B2	摆动气缸右限检测			
13	6B2	手爪夹紧检测			
14	4B1	手爪下降到位检测			
15	4B2	手爪上升到位检测			
16	3B1	手臂缩回到位检测			
17	3B2	手臂伸出到位检测			

注：警示灯用来指示设备整体运行时的工作状态，工作任务是装配单元单独运行，没有要求使用警示灯，可以不连接到 PLC 上。

装配单元的 I/O 点较多，选用 S7 - 226 AC/DC/RLY 主单元，共 24 点输入，16 点继电器输出。装配单元 PLC 的 I/O 分配如表 2 - 3 - 6 所示。

表 2 - 3 - 6　装配单元 PLC 的 I/O 分配

输入信号				输出信号			
序号	PLC 输入点	信号名称	信号来源	序号	PLC 输出点	信号名称	信号来源
1	I0.0	零件不足检测	装置侧	1	Q0.0	挡料电磁阀	装置侧
2	I0.1	零件有无检测		2	Q0.1	顶料电磁阀	
3	I0.2	左料盘零件检测		3	Q0.2	回转电磁阀	
4	I0.3	右料盘零件检测		4	Q0.3	手爪夹紧电磁阀	
5	I0.4	装配台工件检测		5	Q0.4	手爪下降电磁阀	
6	I0.5	顶料到位检测		6	Q0.5	手臂伸出电磁阀	
7	I0.6	顶料复位检测		7	Q0.6	红色警示灯	
8	I0.7	挡料状态检测		8	Q0.7	橙色警示灯	
9	I1.0	落料状态检测		9	Q1.0	绿色指示灯	
10	1.1	摆动气缸左限检测		10	Q1.1		
11	I1.2	摆动气缸右限检测		11	Q1.2		
12	I1.3	手爪夹紧检测		12	Q1.3		
13	I1.4	手爪下降到位检测		13	Q1.4		
14	I1.5	手爪上升到位检测		14	Q1.5	红色 HL1 指示灯	按钮/指示灯模块
15	I1.6	手臂缩回到位检测		15	Q1.6	绿色 HL2 指示灯	
16	I1.7	手臂伸出到位检测		16	Q1.7	黄色 HL3 指示灯	
17	I2.0		按钮/指示灯模块				
18	I2.1						
19	I2.2						
20	I2.3						
21	I2.4	停止按钮					
22	I2.5	启动按钮					
23	I2.6	急停按钮					
24	I2.7	单机/联机					

注：警示灯用来指示 YL - 335B 整体运行时的工作状态，工作任务是装配单元单独运行，没有要求使用警示灯，可以不连接到 PLC 上。

装配单元的接线原理如图 2 - 3 - 14 所示。

在完成上述接线的同时，填写装配单元电气线路安装与调试工作单（表 2 - 3 - 7）。

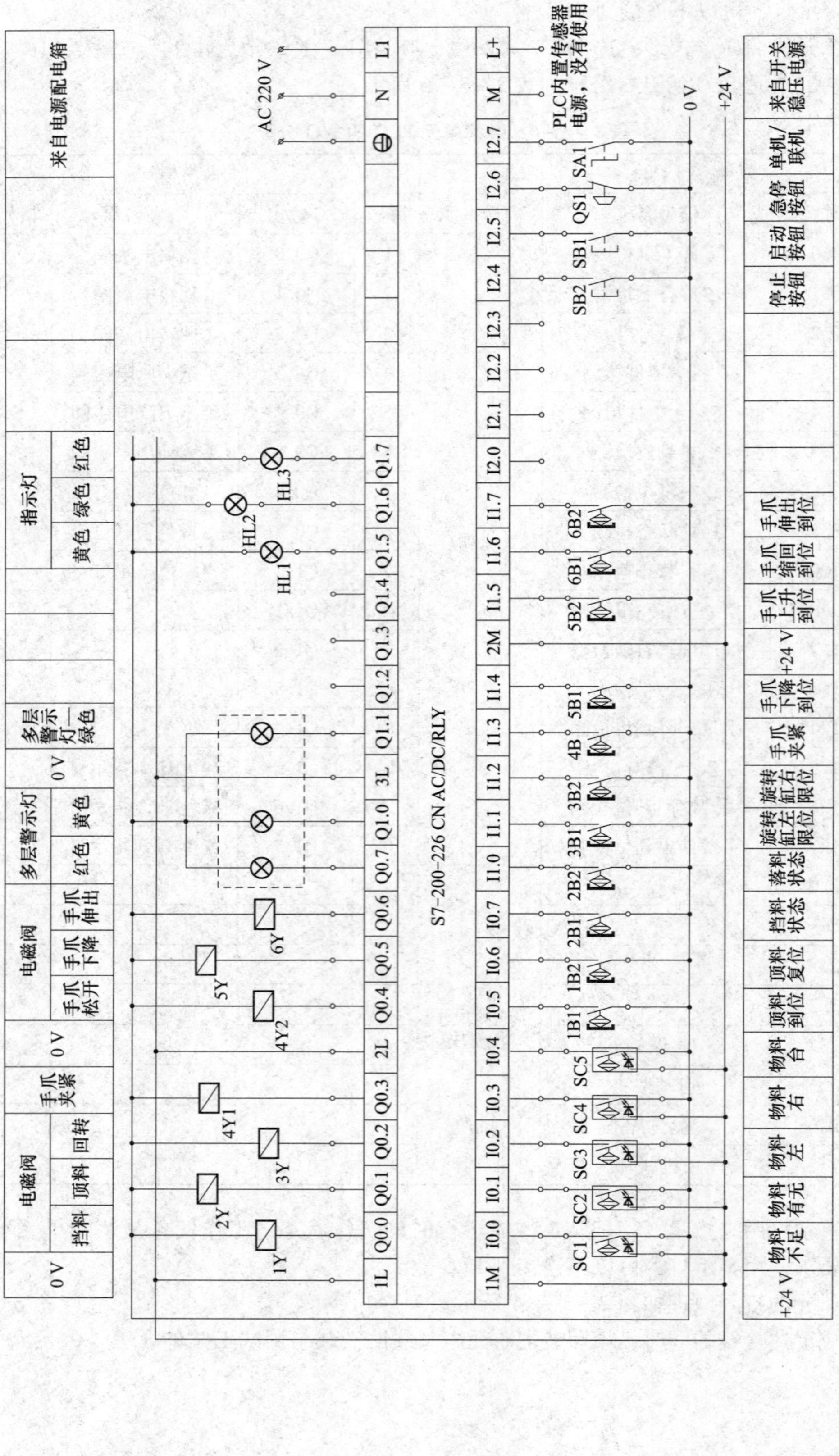

图 2－3－14 装配单元接线原理

表 2-3-7　装配单元电气线路安装及调试工作单

调试内容	正确	错误	原因
零件不足信号检测			
零件有无信号检测			
左转盘零件检测			
右转盘零件检测			
装配台工件检测			
顶料到位检测			
顶料复位检测			
挡料状态检测			
落料状态检测			
回转气缸左限位检测			
回转气缸右限位检测			
手爪夹紧检测			
手爪下降到位检测			
手爪提升到位检测			
手臂缩回到位检测			
手臂伸出到位检测			

3.4.5　装配单元的程序设计及调试

1. 编写程序的思路

（1）进入运行状态后，装配单元的工作过程包括两个相互独立的子过程，一个是供料过程，另一个是装配过程。

供料过程就是通过供料机构的操作，使料仓中的小圆柱零件落到摆台左边料盘上；然后摆台转动，使装有零件的料盘转移到右边，以便装配机械手抓取零件。

装配过程是当装配台上有待装配工件，且装配机械手下方有小圆柱零件时，进行装配操作。

在主程序中，当初始状态检查结束，确认单元准备就绪时，按下启动按钮进入运行状态后，应同时调用供料控制和装配控制两个子程序，如图 2-3-15 所示。

（2）供料控制过程包含两个互相联锁的过程，即落料过程和摆台转动、料盘转移的过程。在小圆柱零件从料仓落到左料盘的过程中，禁止摆台转动；反之，在摆台转动过程中，禁止打开料仓（挡料气缸缩回）落料。

实现联锁的方法是：

①当摆台的左限位或右限位磁性开关动作并且左料盘没有料时，定时器时间到后，开始落料过程。

②当挡料气缸伸出到位使料仓关闭、左料盘有物料而右料盘为空时，定时器时间到后，开始摆台转动，直到达到限位位置。图 2-3-16 所示为摆动气缸转动操作的梯形图。

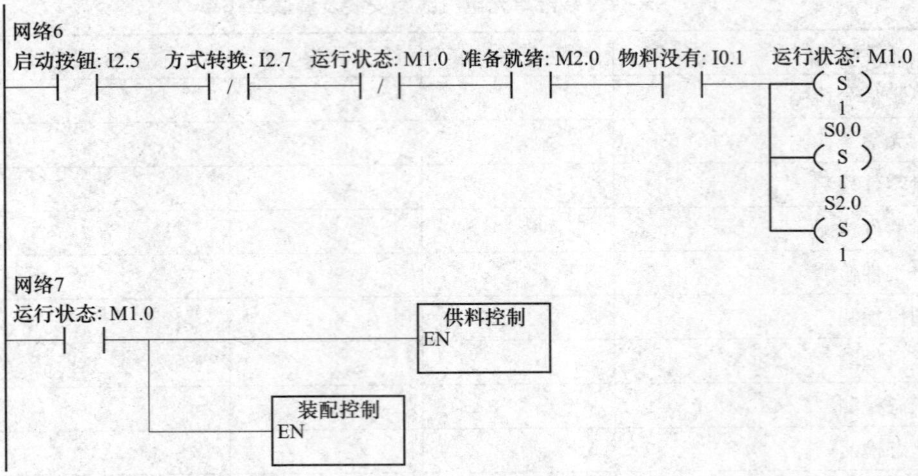

图 2-3-15　主程序调用两个子程序

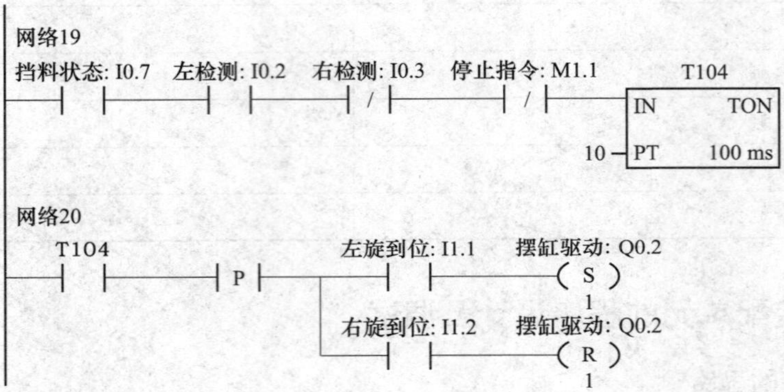

图 2-3-16　摆动气缸转动操作梯形图

（3）供料过程的落料控制和装配控制过程都是单序列步进顺序控制，这里只以装配过程的控制梯形图做参考，如图 2-3-17 所示。

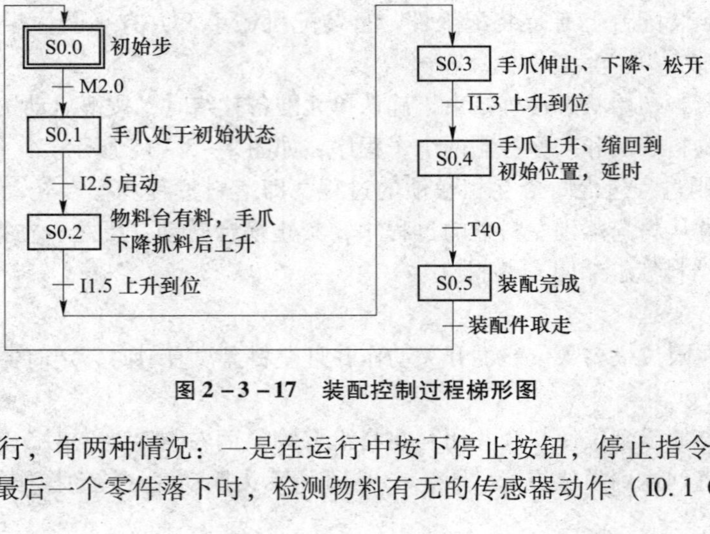

图 2-3-17　装配控制过程梯形图

（4）停止运行，有两种情况：一是在运行中按下停止按钮，停止指令被置位；另一种情况是当料仓中最后一个零件落下时，检测物料有无的传感器动作（I0.1 OFF），将发出缺料报警。对于供料过程的落料控制，上述两种情况均应在料仓关闭，顶料气缸复位到位即返回到初始步后停止下次落料，并复位落料初始步。但对于摆台转动控制，一旦停止指令发出，则应立即停止摆台转动。

对于装配控制，上述两种情况也应一次装配完成，装配机械手返回到初始位置后停止。仅当落料机构和装配机械手均返回到初始位置，才能复位运行状态标志和停止指令。停止运行的操作应在主程序中编制，其梯形图如图2－3－18所示。

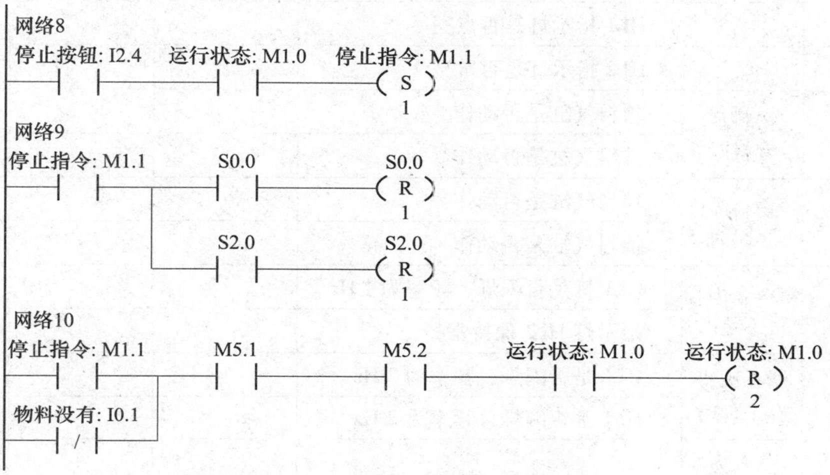

图2－3－18　停止运行的操作的梯形图

2. 调试与运行

（1）在下载程序之前，先检查装配单元的初态是否满足要求，完成装配单元初态调试工作单（表2－3－8）。

表2－3－8　装配单元初态调试工作单

调试内容		是	否	原因
1	顶料气缸是否处于缩回状态			
2	挡料气缸是否处于伸出状态			
3	物料仓内物料是否充足			
4	回转台位置是否正确			
5	手臂导向气缸是否处于缩回状态			
6	手爪导向气缸是否处于提升状态			
7	手爪气缸是否处于松开状态			
8	物料台是否处于无工件状态			
9	HL1 指示灯状态是否正常			
10	HL2 指示灯状态是否正常			

（2）下载程序后，主要检查设备动作状态是否满足要求，是否合理，并填写装配单元动作状态调试工作单，见表2－3－9。

①调整气动部分，检查气路是否正确，气压是否合理，气缸的动作速度是否合理。

②检查磁性开关的安装位置是否到位，磁性开关工作是否正常。

③检查 I/O 接线是否正确。

④检查传感器安装是否合理，灵敏度是否合适，保证检测的可靠性。

⑤放入工件，运行程序看装配单元动作是否满足任务要求。

表 2-3-9　装配单元动作状态调试工作单

<table>
<tr><th></th><th colspan="3">调试内容</th><th>是</th><th>否</th><th>原因</th></tr>
<tr><td rowspan="18">启动按钮按下后</td><td>1</td><td colspan="2">HL1 指示灯是否点亮</td><td></td><td></td><td></td></tr>
<tr><td>2</td><td colspan="2">HL2 指示灯是否常亮</td><td></td><td></td><td></td></tr>
<tr><td rowspan="2">3</td><td rowspan="2">物料盘有料时</td><td>顶料气缸是否动作</td><td></td><td></td><td></td></tr>
<tr><td>推料气缸是否动作</td><td></td><td></td><td></td></tr>
<tr><td rowspan="2">4</td><td rowspan="2">物料盘无料时</td><td>顶料气缸是否动作</td><td></td><td></td><td></td></tr>
<tr><td>推料气缸是否动作</td><td></td><td></td><td></td></tr>
<tr><td rowspan="2">5</td><td rowspan="2">物料仓内物料不足时</td><td>HL1 灯是否闪烁，频率为 1 Hz</td><td></td><td></td><td></td></tr>
<tr><td>指示灯 HL2 保持常亮</td><td></td><td></td><td></td></tr>
<tr><td rowspan="2">6</td><td rowspan="2">料仓内没有工件时</td><td>HL1 是否闪烁，频率为 2 Hz</td><td></td><td></td><td></td></tr>
<tr><td>HL1 是否闪烁，频率为 2 Hz</td><td></td><td></td><td></td></tr>
<tr><td>7</td><td>右料盘无料时</td><td>回转气缸是否动作</td><td></td><td></td><td></td></tr>
<tr><td rowspan="3">8</td><td rowspan="3">物料台有工件时</td><td>手臂导向气缸是否动作</td><td></td><td></td><td></td></tr>
<tr><td>手爪导向气缸是否动作</td><td></td><td></td><td></td></tr>
<tr><td>手爪气缸是否动作</td><td></td><td></td><td></td></tr>
<tr><td rowspan="3">9</td><td rowspan="3">物料台无工件时</td><td>手臂导向气缸是否动作</td><td></td><td></td><td></td></tr>
<tr><td>手爪导向气缸是否动作</td><td></td><td></td><td></td></tr>
<tr><td>手爪气缸是否动作</td><td></td><td></td><td></td></tr>
<tr><td>10</td><td colspan="2">料仓没有工件时，供料动作是否继续</td><td></td><td></td><td></td></tr>
<tr><td rowspan="3">停止按钮按下后</td><td>1</td><td colspan="2">HL1 指示灯是否常亮</td><td></td><td></td><td></td></tr>
<tr><td>2</td><td colspan="2">HL2 指示灯是否熄灭</td><td></td><td></td><td></td></tr>
<tr><td>3</td><td colspan="2">工作状态是否正常</td><td></td><td></td><td></td></tr>
</table>

3.5　项目总结与评价

本项目我们学习了回转气缸、气动摆台、导向气缸、光纤传感器等原件的工作原理及结构，了解了装配单元的结构组成及工艺流程，在前面两个项目的基础上，将工艺流程复杂化，加深对机械组装及控制过程相关知识的理解及实操的锻炼。完成本项目自我评价（表 2-3-10）与项目考核（表 2-3-11）。

表 2-3-10　装配单元项目自我评价

评价内容		分值	得分	需提高部分
机械安装与调试		20 分		
气路连接与调试		20 分		
电气安装与调试		25 分		
程序设计与调试		25 分		
绑扎工艺及工位整理		10 分		
不足之处				
优点				

表 2-3-11　项目考核评价

项目分类		考核内容	分值	工作要求	评分标准	老师评分
专业能力 90 分	电气接线	1. 正确连接装置侧、PLC 侧的接线端子排	10	1. 装置侧三层接线端子电源、信号连接正确，PLC 侧两层接线端子电源、信号连接正确； 2. 传感器供电使用输入端电源，电磁阀等执行机构使用输出端电源； 3. 按照 I/O 分配表正确连接装配站的输入与输出	电源与信号接反，每处扣 2 分； 其他每错一处扣 1 分	
		2. 接线、布线规格平整	10	线头处理干净，无导线外露，接线端子上最多压入两个线头，导线绑扎利落，线槽走线平整	若有违规操作，每处扣 2 分	
	机械安装	1. 正确、合理使用装配工具	10	能够正确使用各装配工具拆装装配站，不出现多或少螺栓现象	不会用、错误使用不得分（教师提问、学生操作）多或少一个螺栓扣 2 分	
		2. 正确安装装配站	10	安装装配站后不多件、不少件	多件、少件、安装不牢每处扣 2 分	
	程序调试	1. 正确编制及调试梯形图程序	40	梯形图格式正确，各电磁阀控制顺序正确，梯形图整体结构合理，模拟量采集输出正确。运行动作正确（根据运行情况可修改和完善。）	根据任务要求，动作不正确，每处扣 5 分，模拟量采集、输出不正确扣 1 分	
		2. 运行结果及口试答辩	10	程序运行结果正确，表述清楚，口试答辩准确	对运行结果表述不清楚者扣 10 分	
职业素质能力 10 分		相互沟通、团结配合能力	5	善于沟通，积极参与，与组长、组员配合默契，不产生冲突	根据自评、互评、教师点评而定	
		清扫场地、整理工位	5	场地清扫干净，工具、桌椅摆放整齐	不合格，不得分	
合计						

3.6　问题与思考

1. 若运行时料仓工件充足，但物料不足传感器没有信号传回 PLC，分析可能产生这一现象的原因，并叙述检测过程及解决方法。

2. 机械手夹取零件装配过程中发生零件脱落，分析可能产生这一现象的原因，并叙述检测过程及解决方法。

3. 调试过程中出现的其他故障及解决方法。

4. 总结检查气动连线、传感器接线、I/O 检测及故障排除方法。

5. 如果在装配过程中出现意外情况如何处理?

6. 思考网络控制如何实现?

7. 思考装配单元可能出现哪些意外情况?

8. 如果出现装配机械手反复执行装配动作不停止，可能的原因是什么?

9. 料仓物料报警，如果使用警示灯显示报警信息，该如何操作呢? 例如：零件不足时，红灯以 1 Hz 频率闪烁，绿灯和黄灯常亮；零件没有时，警示灯中红色灯以亮 1 s，灭 0.5 s 的方式闪烁，黄灯熄灭，绿灯常亮。

项目 4

分拣单元技能训练

学习目标

（1）熟悉分拣单元的结构及工作过程，并能够独立完成分拣单元的加工机械组装和调试。

（2）掌握分拣单元气动控制原理，能够绘制气动控制原理图，并正确安装气路。

（3）熟练分拣单元电气接线方法与规则，能够正确设计电气接线图，并正确接线。

（4）能够正确编写分拣单元 PLC 控制程序，并下载调试。

（5）掌握步进电动机及驱动方法。

（6）了解编码器的功能及工作原理，会使用编码器。

项目导入

将上一单元送来的已加工、装配的工件进行分拣，使不同颜色和材质的工件从不同的料槽分流、分别进行组合。

分拣单元是 YL－335B 中的最末单元，完成对上一单元送来的已加工、装配的工件进行分拣，使不同颜色的工件从不同的料槽分流的功能。当输送站送来工件放到传送带上并被入料口光电传感器检测到时，即启动变频器，工件开始送入分拣区进行分拣。图 2－4－1 所示为分拣单元的机械结构总成。

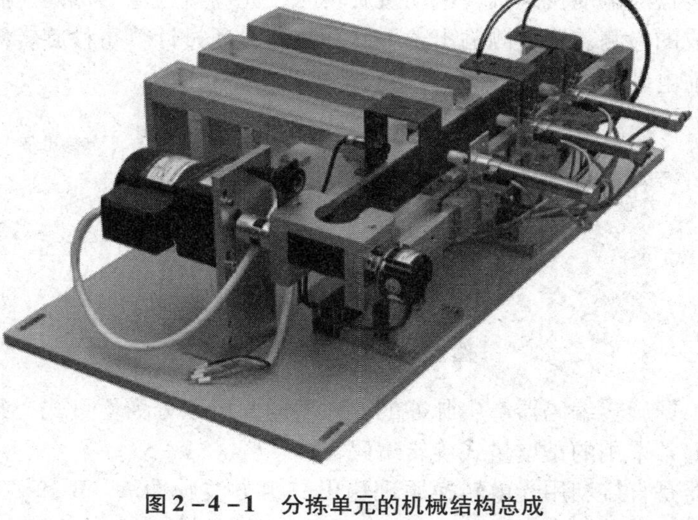

图 2－4－1　分拣单元的机械结构总成

4.1 分拣单元的控制要求

(1) 设备的工作目标是完成对白色芯金属工件、白色芯塑料工件和黑色芯金属或塑料工件的分拣。为了在分拣时准确推出工件，要求使用旋转编码器作定位检测，并且工件材料和芯体颜色属性应在推料气缸前的适当位置被检测出来。

(2) 设备上电和气源接通后，若工作单元的三个气缸均处于缩回位置，则“正常工作”指示灯 HL1 常亮，表示设备准备好了；否则，该指示灯以 1 Hz 频率闪烁。

(3) 若设备准备好，按下启动按钮，系统启动，“设备运行”指示灯 HL2 常亮。当传送带入料口人工放下已装配的工件时，变频器即启动，驱动传动电动机以频率 30 Hz 的速度，把工件带往分拣区。

如果工件为白色芯金属件，则该工件对到达 1 号滑槽中间，传送带停止，工件对被推到 1 号槽中；如果工件为白色芯塑料，则该工件对到达 2 号滑槽中间，传送带停止，工件对被推到 2 号槽中；如果工件为黑色芯，则该工件对到达 3 号滑槽中间，传送带停止，工件对被推到 3 号槽中。工件被推出滑槽后，该工作单元的一个工作周期结束。仅当工件被推出滑槽后，才能再次向传送带下料。如果在运行期间按下停止按钮，该工作单元在本工作周期结束后停止运行。

4.2 项目资讯

1. 旋转编码器概述

分拣单元的控制中，传送带定位控制是由光电编码器来完成的，同时，光电编码器还要完成电动机转速的测量。

旋转编码器是通过光电转换，将输出至轴上的机械、几何位移量转换成脉冲或数字信号的传感器，主要用于速度或位置（角度）的检测，如图 2-4-2 所示。典型的旋转编码器是由光栅盘和光电检测装置组成的。光栅盘是在一定直径的圆板上等分地开通若干个长方形狭缝。由于光电码盘与电动机同轴，电动机旋转时，光栅盘与电动机同速旋转，经发光二极管等电子元件组成的检测装置检测输出若干脉冲信号；通过计算每秒旋转编码器输出脉冲的个数就能反映当前电动机的转速。

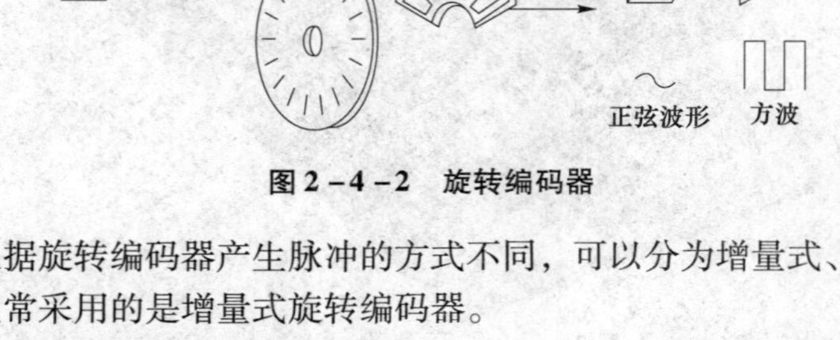

图 2-4-2 旋转编码器

一般来说，根据旋转编码器产生脉冲的方式不同，可以分为增量式、绝对式以及复合式三大类。自动线上常采用的是增量式旋转编码器。

增量式编码器是直接利用光电转换原理输出三组方波脉冲 A、B 和 Z 相；A、B 两组脉冲相位差 90°，用于辨向，如图 2-4-3 所示。当 A 相脉冲超前 B 相时为正转方向，而当 B

相脉冲超前 A 相时则为反转方向。Z 相为每转一个脉冲，用于基准点定位。

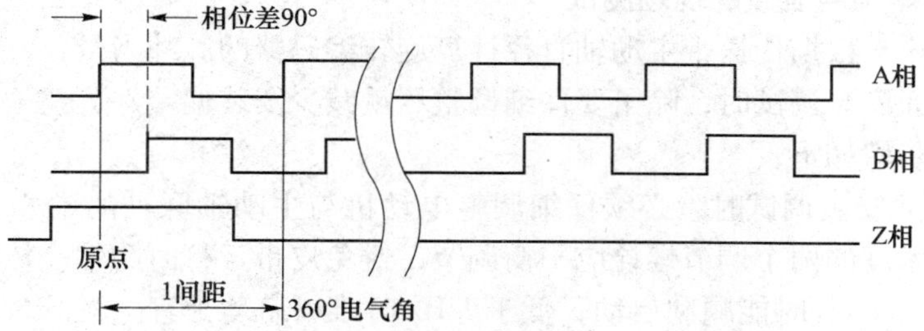

图 2-4-3　增量式旋转编码器脉冲发生原理

本分拣单元使用了这种具有 A、B 两相 90°相位差的通用型旋转编码器，用于计算工件在传送带上的位置。编码器直接连接到传送带主动轴上。该旋转编码器的三相脉冲采用 NPN 型集电极开路输出，分辨率 500 线，工作电源 DC 12 ~ 24 V。本工作单元没有使用 Z 相脉冲，A、B 两相输出端直接连接到 PLC 的高速计数器输入端。

计算工件在传送带上的位置时，需确定每两个脉冲之间的距离即脉冲当量。分拣单元主动轴的直径为 $d = 43$ mm，则减速电动机每旋转一周，皮带上工件移动距离 $L = \pi \cdot d = 3.14 \times 43 = 136.35$（mm）。故脉冲当量为 $\mu = L/500 \approx 0.273$ mm。当工件从下料口中心线移至传感器中心时，旋转编码器约发出 430 个脉冲；移至第一个推料杆中心点时，约发出 614 个脉冲；移至第二个推料杆中心点时，约发出 963 个脉冲；移至第三个推料杆中心点时，约发出 1 284 个脉冲。图 2-4-4 所示为分拣单元组件安装位置尺寸。

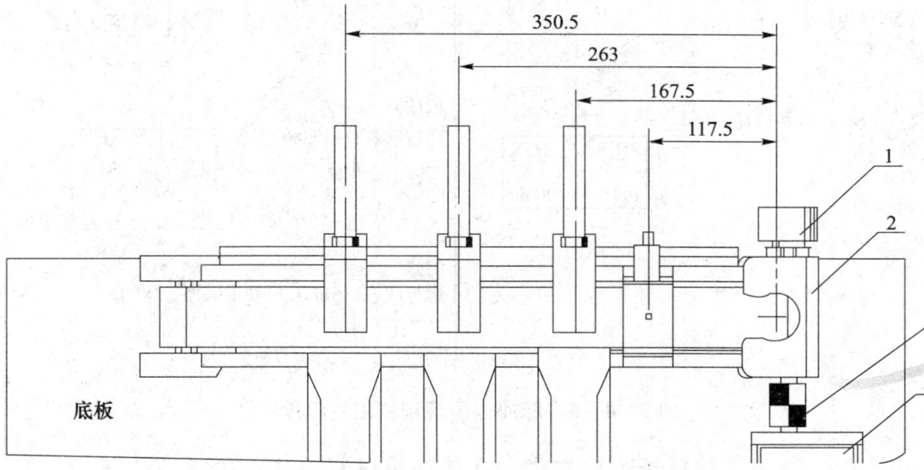

图 2-4-4　分拣单元组件安装位置尺寸

1—旋转编码器；2—进料导向器；3—连轴器；4—减速电动机

应该指出的是，上述脉冲当量的计算只是理论上的。实际上各种误差因素不可避免，例如传送带主动轴直径（包括皮带厚度）的测量误差，传送带的安装偏差、张紧度，分拣单元整体在工作台面上的定位偏差等，都将影响理论计算值。因此理论计算值只能作为估算值。脉冲当量的误差所引起的累积误差会随着工件在传送带上运动距离的增大而迅速增加，甚至达到不可容忍的地步。因而在分拣单元安装调试时，除了要仔细调整尽量减少安装偏差外，还须现场测试脉冲当量值。

2. 旋转编码器脉冲当量的现场测试

前面已经指出，根据传送带主动轴直径计算旋转编码器的脉冲当量，其结果只是一个估算值。在分拣单元安装调试时，除了要仔细调整尽量减少安装偏差外，还须现场测试脉冲当量值。现场测试步骤如下：

（1）分拣单元安装调试时，必须仔细调整电动机与主动轴联轴的同心度和传送皮带的张紧度。调节张紧度的两个调节螺栓应平衡调节，避免皮带运行时跑偏。传送带张紧度以电动机在输入频率为 1 Hz 时能顺利启动，低于 1 Hz 时难以启动为宜。测试时可把变频器设置为在 BOP 上进行操作（启动/停止和频率调节）的运行模式，即设定参数 P0700 = 1（使能 BOP 上的启动/停止按钮），P1000 = 1（使能电动电位计的设定值）。

（2）安装调整结束后，变频器参数设置为：

P0700 = 2（指定命令源为“由端子排输入”）；

P0701 = 16（确定数字输入 DIN1 为“直接选择 + ON”命令）；

P1000 = 3（频率设定值的选择为固定频率）；

P1001 = 25 Hz（DIN1 的频率设定值）。

（3）在 PC 上用 STEP7 – Micro/WIN 编程软件编写 PLC 程序，脉冲当量现场测试主程序如图 2 – 4 – 5 所示，编译后传送到 PLC。

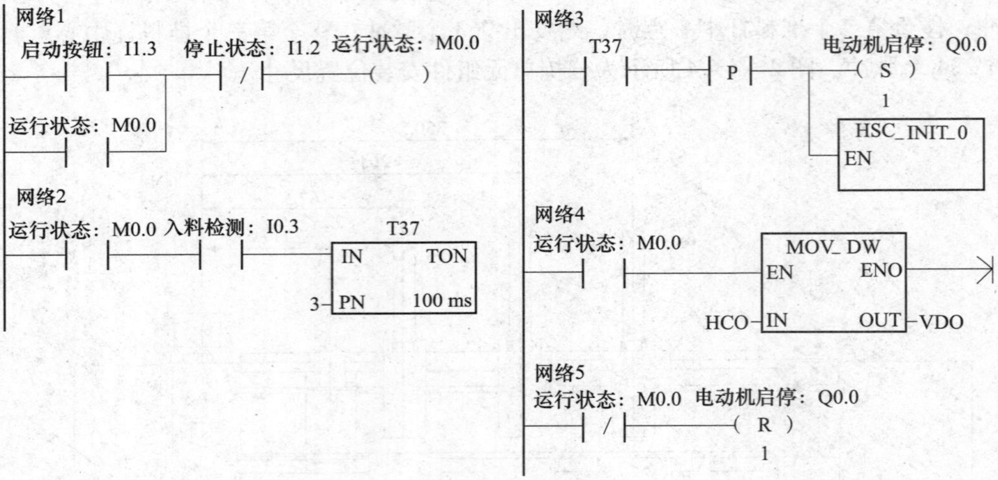

图 2 – 4 – 5 脉冲当量现场测试主程序

（4）运行 PLC 程序，并置于监控方式。在传送带进料口中心处放下工件后，按启动按钮启动运行。工件被传送到一段较长的距离后，按下停止按钮停止运行。观察 STEP7 – Micro/WIN 软件监控界面上 VD0 的读数，将此值填写到表 2 – 4 – 1 的“高速计数脉冲数”一栏中。然后在传送带上测量工件移动的距离，把测量值填写到表中“工件移动距离”一栏中；计算高速计数脉冲数/4 的值，填写到“编码器脉冲数”一栏中，则脉冲当量 μ 计算值 = 工件移动距离/编码器脉冲数，填写到相应栏目中。

（5）重新把工件放到进料口中心处，按下启动按钮即进行第二次测试。进行三次测试后，求出脉冲当量 μ 平均值：$\mu = (\mu_1 + \mu_2 + \mu_3)/3 = 0.2576$。

表 2-4-1　脉冲当量现场测试数据

序号＼内容	工件移动距离（测量值）	高速计数脉冲数（测试值）	编码器脉冲数（计算值）	脉冲当量 μ（计算值）
第一次	357.8	5 565	1 391	0.257 1
第二次	358.0	5 568	1 392	0.257 1
第三次	360.5	5 577	1 394	0.258 6

4.3　项目决策与计划

学习了前面的知识后，同学们对分拣单元已有了全面了解，为了有计划地完成本次项目，我们要先做好任务分工和实施计划。

1. 任务分工

四人一组，每名成员要有明确分工，角色安排及负责任务如下：

程序设计员：小组的组长，负责整个项目的统筹安排并设计调试程序。

机械安装工：负责分拣单元的机械、传感器、气路的安装及调试。

电气接线工：负责分拣单元的电气接线。

资料整理员：负责整个实施过程的资料准备并整理工作。

2. 实施计划表

分拣单元项目实施计划见表 2-4-2。

表 2-4-2　分拣单元项目实施计划

实施步骤	实施内容	计划完成时间	实际完成时间	备注说明
1	根据控制要求准备材料			
2	安装机械部分、传感器、电磁阀			
3	气动回路设计、安装、调试			
4	电气线路设计及连接			
5	程序编译及调试			
6	文件整理			
7	总结评价			

4.4　项目实施

4.4.1　分拣单元的材料准备

在实施项目前，请同学们按照材料清单（表 2-4-3）逐一检查分拣单元所需材料是否齐全，并填好各种材料的规格、数量、是否损坏等情况。

表 2-4-3 分拣单元材料清单表

材料名称	规格	数量	是否损坏
变频器模块			
传送带			
工作导向件			
主动轴组件			
从动轴组件			
分拣机构			
电感传感器			
直线气缸			
物料槽			
旋转编码器			
驱动电动机			
光纤传感器			
光纤安装架			
电磁阀组			
光电传感器			
磁性开关			
按钮指示灯模块盒			
PLC			
底板			
走线槽			

4.4.2 分拣单元的机械组装

1. 分拣单元的结构组成

分拣单元主要结构组成为：传送和分拣机构、传动带驱动机构、变频器模块、电磁阀组、接线端口、PLC 模块、按钮/指示灯模块及底板等。分拣单元结构如图 2-4-6 所示。

1）传送和分拣机构

传送和分拣机构主要由传送带、出料滑槽、推料（分拣）气缸、漫射式光电传感器、光纤传感器、磁感应接近式传感器组成。传送已经加工、装配好的工件，被光纤传感器检测到并进行分拣。

传送带负责将机械手输送过来加工好的工件输送至分拣区，导向器用于纠正机械手输送过来的工件位置，物料槽用于存放加工好的黑色、白色和金属的工件。

传送和分拣的工作原理：当输送单元送来工件放到传送带上并被入料口漫射式光电传感器检测到时，将信号传输给 PLC，通过 PLC 的程序启动变频器，电动机运转驱动传送带工作，把工件带进分拣区，如果进入分拣区工件为白色，则检测白色物料的光纤传感器动作，作为 1 号槽推料气缸启动信号，将白色料推到 1 号槽里；如果进入分拣区工件为黑色，检测黑色的光纤传感器作为 2 号槽推料气缸启动信号，将黑色料推到 2 号槽里。

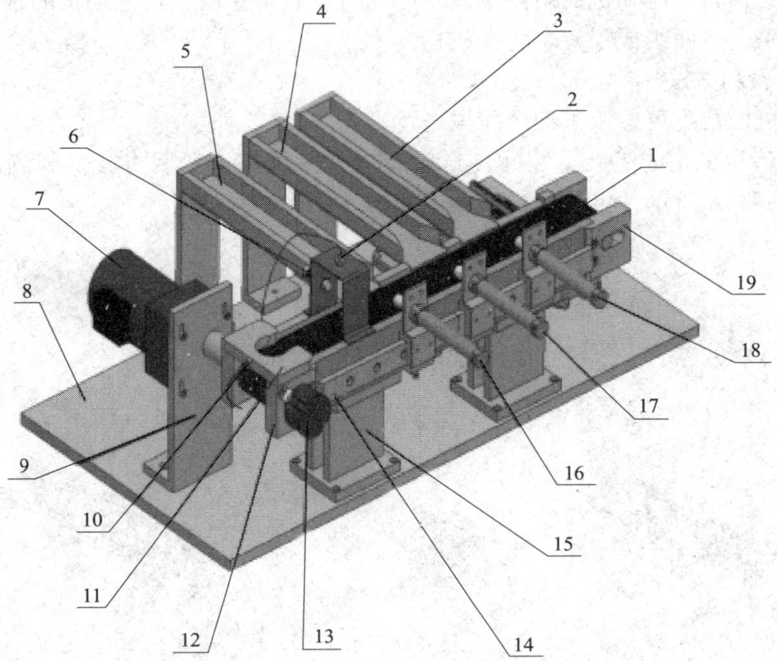

图 2-4-6　分拣单元结构

1—传送皮带；2—光纤传感器探头；3—3 号分拣料槽；4—2 号分拣料槽；5—1 号分拣料槽；6—电感式接近传感器；7—驱动电动机；8—底板；9—电动机支撑板；10—光纤传感器探头；11—定位器；12—主动轴组件；13—旋转编码器；14—滑移式安装导轨；15—传送带支撑件；16—1 号分拣气缸；17—2 号分拣气缸；18—3 号分拣气缸；19—从动轴组件

2）传动带驱动机构

传动带驱动机构如图 2-4-7 所示，采用的三相减速电动机，用于拖动传送带从而输送物料。它主要由电动机支架、电动机、联轴器等组成。

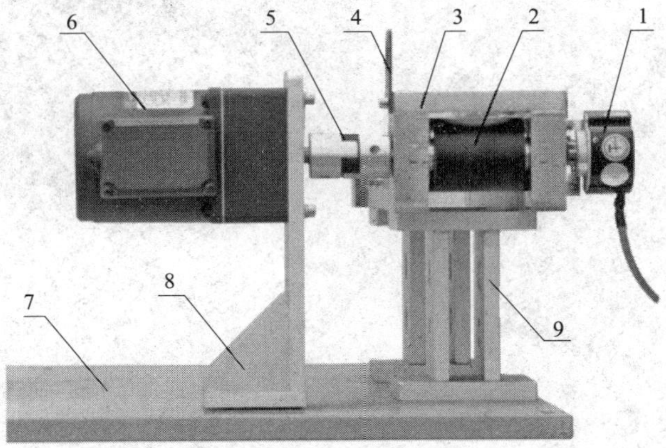

图 2-4-7　传动带驱动机构

1—旋转编码器；2—传送带；3—定位器；4—传感器支架；5—联轴器；6—减速电动机；7—底板；8—电动机安装支架；9—传送带支座

三相电动机是传动机构的主要部分，电动机转速的快慢由变频器来控制，其作用是驱动传送带从而输送物料。电动机支架用于固定电动机。联轴器由于把电动机的轴和输送带主动轮的轴连接起来，从而组成了一个传动机构。

2. 安装步骤和方法

分拣单元机械装配可按以下四个阶段进行：

（1）完成传送机构的组装，装配传送带装置及其支座，然后将其安装到底板上，其安装过程如图 2 –4 –8 所示，传送机构组装组如图 2 –4 –9 所示。

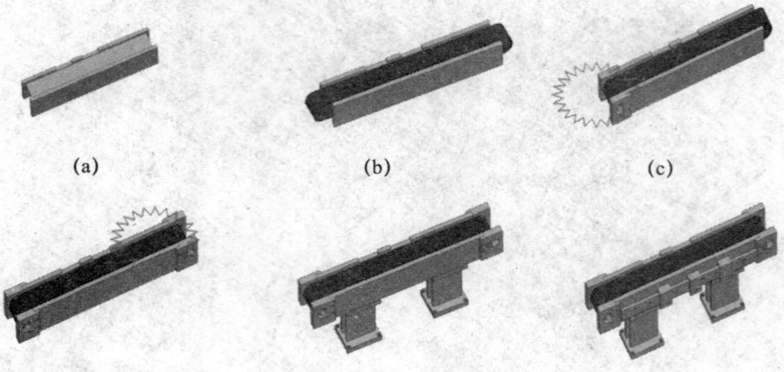

图 2 –4 –8　传送机构组件安装

（a）固定不锈钢铝板和连接支撑；（b）套入平皮带；（c）套入主动皮带轮及端板；
（d）安装平皮带和端板；（e）安装支撑件；（f）安装导轨及滑块

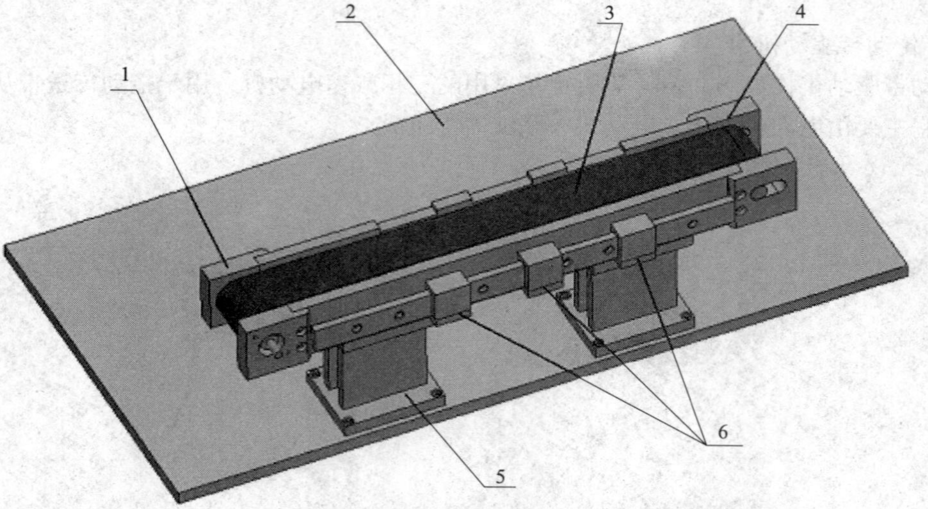

图 2 –4 –9　传送机构组装组

1—主动轴组件；2—底板；3—皮带；
4—从动轴组件；5—传送带支座；6—可滑动气缸支座

（2）完成驱动电动机组件装配，进一步装配联轴器，把驱动电动机组件与传送机构相连接并固定在底板上，如图 2 –4 –10 所示。

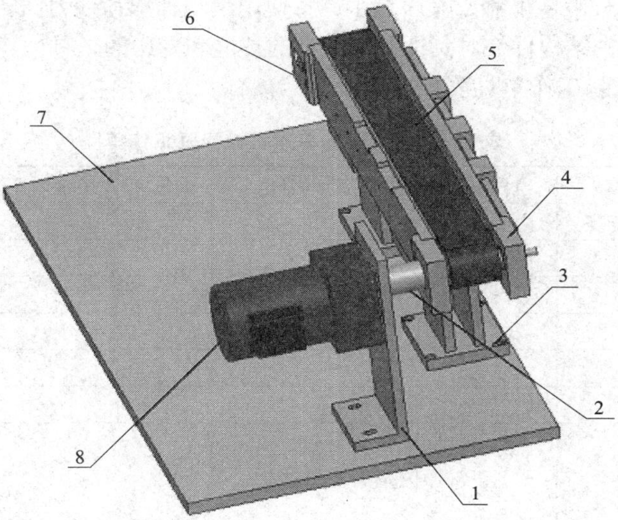

图2-4-10　驱动电动机组件安装

1—电动机支撑板；2—联轴器；3—传送带支座；4—主动轴组件；
5—传送带；6—从动轴件；7—底板；8—驱动电动机

(3) 继续完成推料气缸支架、推料气缸、传感器支架、出料槽及支撑板等装配，完成机械部件安装，如图2-4-11所示。上述三个阶段的详细安装过程，请参阅分拣单元装配幻灯片。

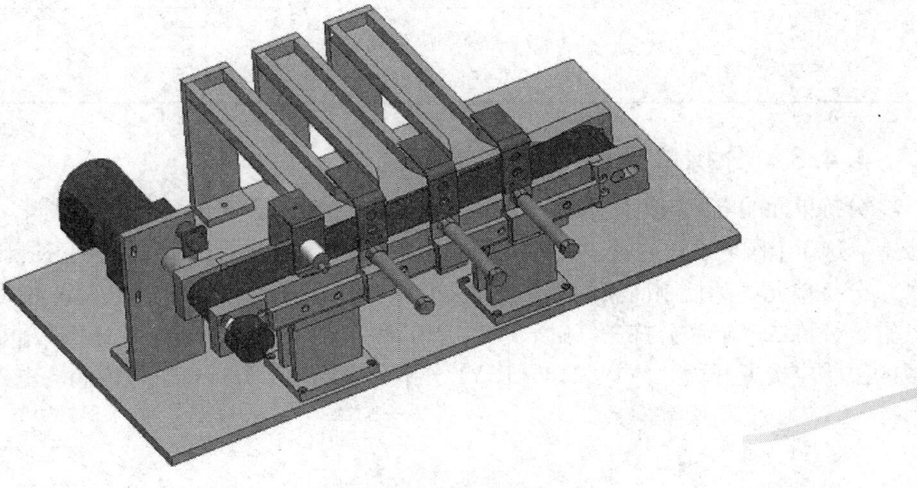

图2-4-11　完成机械部件安装

(4) 最后完成各传感器、电磁阀组件、装置侧接线端口等装配。

(5) 安装注意事项。

传送带的安装应注意：

①皮带托板与传送带两侧板的固定位置应调整好，以免皮带安装后凹入侧板表面，造成推料被卡住的现象。

②主动轴和从动轴的安装位置不能错，主动轴和从动轴的安装板位置不能相互调换。

③皮带的张紧度应调整适中。

④要保证主动轴和从动轴的平行。

⑤为了使传动部分平稳可靠，噪声减小，特使用滚动轴承为动力回转件，但滚动轴承及其安装配合零件均为精密结构件，对其拆装需一定的技能和专用的工具，建议不要自行拆卸。

分拣单元机械安装工作单见表2－4－4。

表2－4－4　分拣单元机械安装工作单

安装步骤	计划时间	实际时间	工具	是否返工，返工原因及解决方法
传送机构支撑架的安装				
电动机的安装				
推料机构的安装				
传感器的安装				
电磁阀的安装				
整体安装				
调试过程	传送带转动是否正常： 不正常原因及解决方法：			
	气缸推出是否顺利： 不顺利原因及解决方法：			
	气路是否能正常换向： 不能正常换向原因及解决方法：			
	其他故障及解决方法：			

4.4.3　分拣单元的气路连接与调试

分拣单元的电磁阀组使用了3个由二位五通的带手控开关的单电控电磁阀，它们安装在汇流板上。这3个阀分别对金属、白料和黑料推动气缸的气路进行控制，以改变各自的动作状态。

分拣单元气动控制回路的工作原理如图2－4－12所示，图中1A、2A和3A分别为分拣一气缸、分拣二气缸和分拣三气缸。1B1、2B1和3B1分别为安装在各分拣气缸的前极限工作位置的磁感应接近开关。1Y1、2Y1和3Y1分别为控制三个分拣气缸电磁阀的电磁控制端。

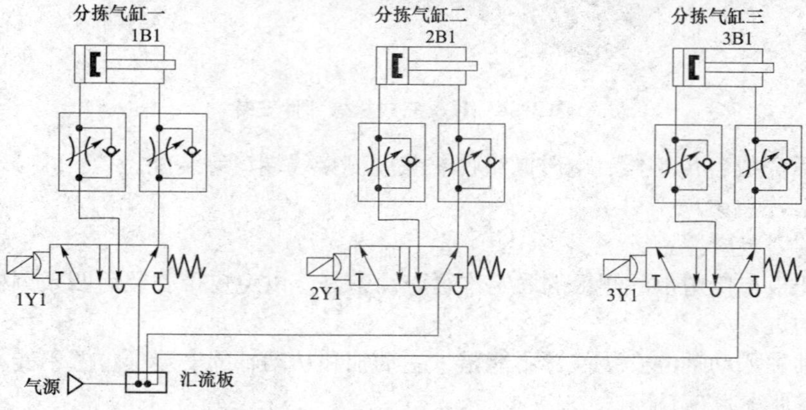

图2－4－12　分拣单元气动控制回路工作原理

分拣单元气路连接工作单见表 2－4－5。

表 2－4－5 分拣单元气路连接工作单

调试内容	是	否	不正确原因
气路连接是否有漏气现象			
推料一气缸伸出是否顺畅			
推料二气缸缩回是否顺畅			
推料三气缸伸出是否顺畅			
备注			

4.4.4 分拣单元的电气接线及调试

分拣单元装置侧的接线端口信号端子的分配见表 2－4－6。由于用于判别工件材料和芯体颜色属性的传感器只须安装在传感器支架上的电感式传感器和一个光纤传感器，故光纤传感器 2 可不使用。

表 2－4－6 分拣单元装置侧的接线端口信号端子分配

输入端口中间层			输出端口中间层		
端子号	设备符号	信号线	端子号	设备符号	信号线
2	DECODE	旋转编码器 B 相	2	1Y	推杆 1 电磁阀
3		旋转编码器 A 相	3	2Y	推杆 2 电磁阀
4	SC1	光纤传感器 1	4	3Y	推杆 3 电磁阀
5	SC2	光纤传感器 2			
6	SC3	进料口工件检测			
7	SC4	电感式传感器			
8	1B	推杆 1			
9	2B	推杆 2			
10	3B	推杆 3			
12# ~ 17#端子没有连接			5# ~ 14#端子没有连接		

分拣单元 PLC 选用 S7－224 XP AC/DC/RLY 主单元，共 14 点输入和 10 点继电器输出。选用 S7－224 XP 主单元的原因是，当变频器的频率设定值由 HMI 指定时，该频率设定值是一个随机数，需要由 PLC 通过 D/A 变换方式向变频器输入模拟量的频率指令，以实现电动机速度连续调整。S7－224 XP 主单元集成有 2 路模拟量输入，1 路模拟量输出，有两个 RS－485 通信口，可满足 D/A 变换的编程要求。

本项目工作任务仅要求以 30 Hz 的固定频率驱动电动机运转，只须用固定频率方式控制变频器即可。本例中，选用 MM420 的端子“5”（DIN1）作电动机启动和频率控制，分拣单元 PLC 的 I/O 信号见表 2－4－7，I/O 接线原理如图 2－4－13 所示。

表 2－4－7 分拣单元 PLC 的 I/O 信号

输入信号				输出信号			
序号	PLC 输入点	信号名称	信号来源	序号	PLC 输出点	信号名称	信号输出目标
1	I0.0	旋转编码器 B 相	装置侧	1	Q0.0	电动机启动	变频器
2	I0.1	旋转编码器 A 相		2	Q0.1	—	—
3	I0.2	光纤传感器 1		3	Q0.2	—	—
4	I0.3	光纤传感器 2		4	Q0.3	—	—
5	I0.4	进料口工件检测		5	Q0.4	—	—
6	I0.5	电感式传感器		6	Q0.5	—	—
7	I0.6	—		7	Q0.6	—	—
8	I0.7	推杆 1 推出位		8	Q0.7	正常工作指示	按钮/指示灯模块
9	I1.0	推杆 2 推出位		9	Q1.0	运行指示	
10	I1.1	推杆 3 推出位					
11	I1.2	停止按钮	按钮/指示灯模块				
12	I1.3	启动按钮					
13	I1.4	—					
14	I1.5	工作方式选择					

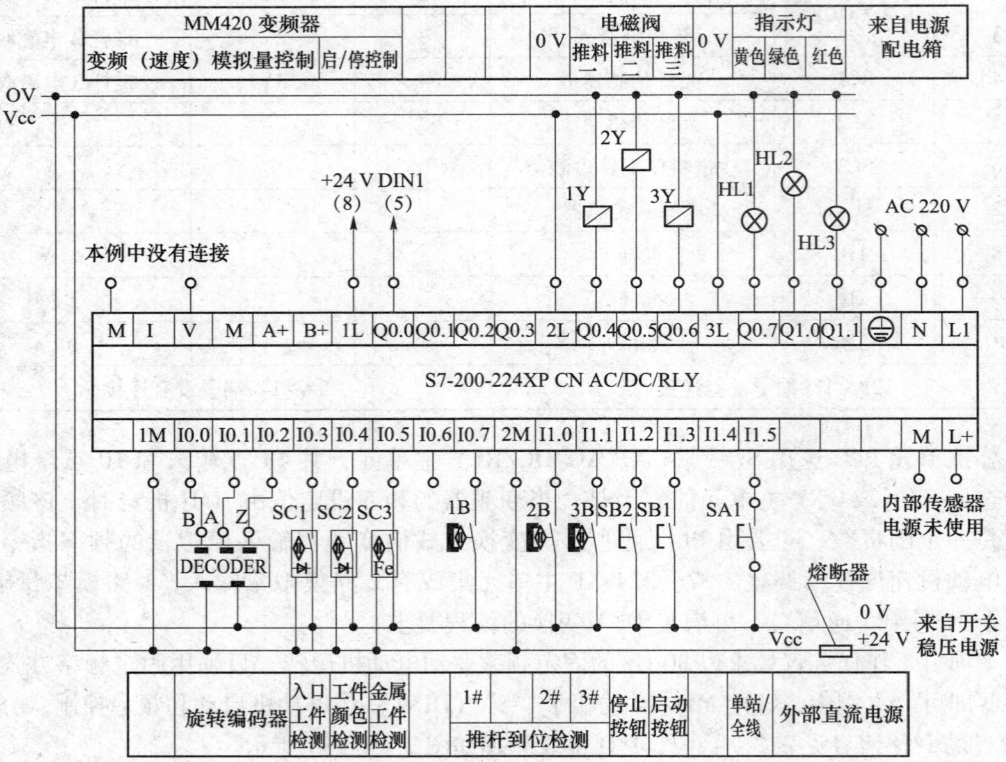

图 2－4－13 分拣单元 PLC 的 I/O 接线原理

为了实现固定频率输出，变频器的参数应如下设置：

（1）命令源 P0700 =2（外部 I/O），选择频率设定的信号源参数 P1000 =3（固定频率）；

（2）DIN1 功能参数 P0701 =16（直接选择 + ON 命令），P1001 =30 Hz；

（3）斜坡上升时间参数 P1120 设定为 1 s，斜坡下降时间参数 P1121 设定为 0. 2 s。

注：由于驱动电动机功率很小，此参数设定不会引起变频器过电压跳闸。

分拣单元电气线路安装及调试工作单见表 2 –4 –8。

表 2 –4 –8　分拣单元电气线路安装及调试工作单

调试内容	正确	错误	原因
旋转编码器 A 相信号			
旋转编码器 B 相信号			
进料口工件信号检测			
金属信号检测			
工件颜色信号检测			
推料一气缸伸出到位检测			
推料二气缸伸出到位检测			
推料三气缸伸出到位检测			

4. 4. 5　分拣单元的程序设计及调试

1. 高速计数器的编程

高速计数器的编程方法有两种，一是采用梯形图或语句表进行正常编程，二是通过 STEP7 – Micro/WIN 编程软件进行引导式编程。不论哪一种方法，都先要根据计数输入信号的形式与要求确定计数模式；然后选择计数器编号，确定输入地址。分拣单元所配置的 PLC 是 S7 –224XP AC/DC/RLY 主单元，集成有 6 点的高速计数器，编号为 HSC0 ~ HSC5，每一编号的计数器均分配有固定地址的输入端。同时，高速计数器可以被配置为 12 种模式中的任意一种，如表 2 –4 –9 所示。

表 2 –4 –9　S7 –200 PLC 的 HSC0 ~ HSC5 输入地址和计数模式

模式	中断描述	输入点			
	HSC0	I0. 0	I0. 1	I0. 2	
	HSC1	I0. 6	I0. 7	I1. 0	I1. 1
	HSC2	I1. 2	I1. 3	I1. 4	I1. 5
	HSC3	I0. 1	—	—	—
	HSC4	I0. 3	I0. 4	I0. 5	—
	HSC5	I0. 4	HSC5	I0. 4	—
0	带有内部方向控制的单相计数器	时钟	—	—	—
1		时钟	—	复位	—
2		时钟	—	复位	启动

续表

3	带有外部方向控制的单相计数器	时钟	方向	—	—
4		时钟	方向	复位	—
5		时钟	方向	复位	启动
6	带有增减计数时钟的双相计数	增时钟	减时钟	—	—
7		增时钟	减时钟	复位	—
8		增时钟	减时钟	复位	启动
9	A/B 相正交计数器	时钟 A	时钟 B	—	—
10		时钟 A	时钟 B	复位	—
11		时钟 A	时钟 B	复位	启动

根据分拣单元旋转编码器输出的脉冲信号形式（A/B 相正交脉冲，Z 相脉冲不使用，无外部复位和启动信号），由表 2-4-9 容易确定，所采用的计数模式为模式 9，选用的计数器为 HSC0，B 相脉冲从 I0.0 输入，A 相脉冲从 I0.1 输入，计数倍频设定为 4 倍频。

分拣单元高速计数器编程要求较简单，不考虑中断子程序、预置值等。使用引导式编程，很容易自动生成了符号地址为“HSC_INIT”的子程序。其程序如图 2-4-14 所示。

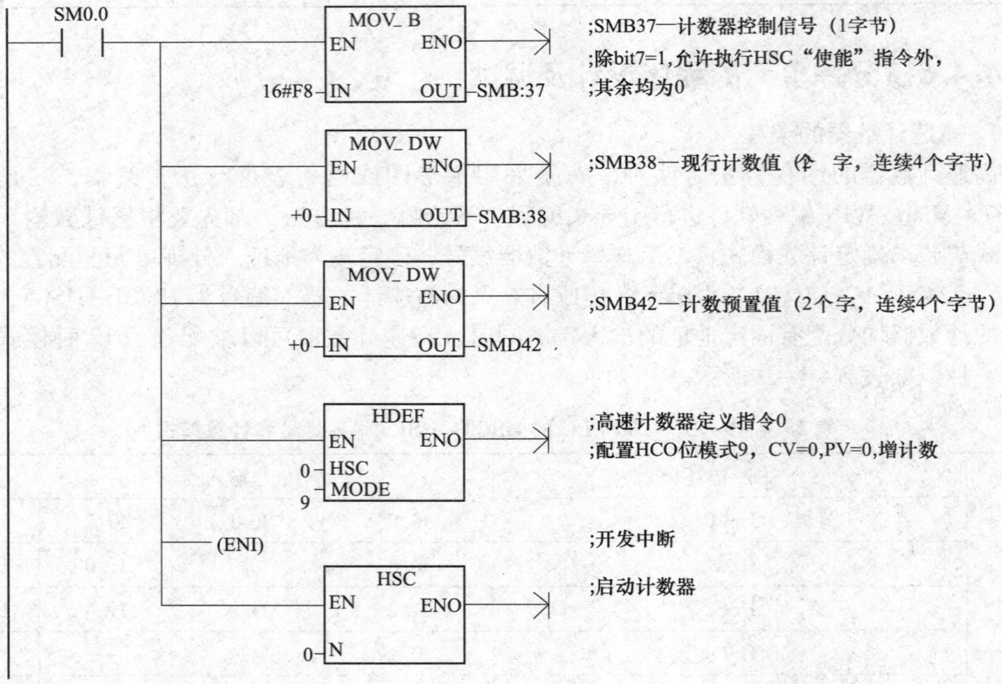

图 2-4-14　HSC_INIT 子程序

在主程序块中使用 SM0.1（上电首次扫描 ON）调用此子程序，即完成高速计数器定义并启动计数器。

按实际的安装尺寸重新计算旋转编码器到各位置应发出的脉冲数：当工件从下料口中心线移至传感器中心时，旋转编码器发出 456 个脉冲；移至第一个推杆中心点时，发出 650 个脉冲；移至第二个推杆中心点时，约发出 1 021 个脉冲；移至第三个推杆中心点时，约发出 1 361 个脉冲。上述数据 4 倍频后，就是高速计数器 HC0 经过值。

在本项工作任务中，编程高速计数器的目的是根据 HC0 当前值确定工件位置，与存储到指定的变量存储器的特定位置数据进行比较，以确定程序的流向。特定位置数据是：

（1）进料口到传感器位置的脉冲数为 1 824，存储在 VD10 单元中（双整数）。

（2）进料口到推杆 1 位置的脉冲数为 2 600，存储在 VD14 单元中。

（3）进料口到推杆 2 位置的脉冲数为 4 084，存储在 VD18 单元中。

（4）进料口到推杆 3 位置的脉冲数为 5 444，存储在 VD22 单元中。

可以使用数据块来对上述 V 存储器赋值，在 STEP7 - Micro/WIN 界面项目指令树中，选择数据块→用户定义 1；在所出现的数据页界面上逐行键入 V 存储器起始地址、数据值及其注释（可选），允许用逗号、制表符或空格作地址和数据的分隔符号。

注意：特定位置数据均从进料口开始计算，因此，每当待分拣工件下料到进料口，电动机开始启动时，必须对 HC0 的当前值（存储在 SMD38 中）进行一次清零操作。

2. 程序结构

（1）分拣单元的主要工作过程是分拣控制，可编写一个子程序供主程序调用，工作状态显示的要求比较简单，可直接在主程序中编写。

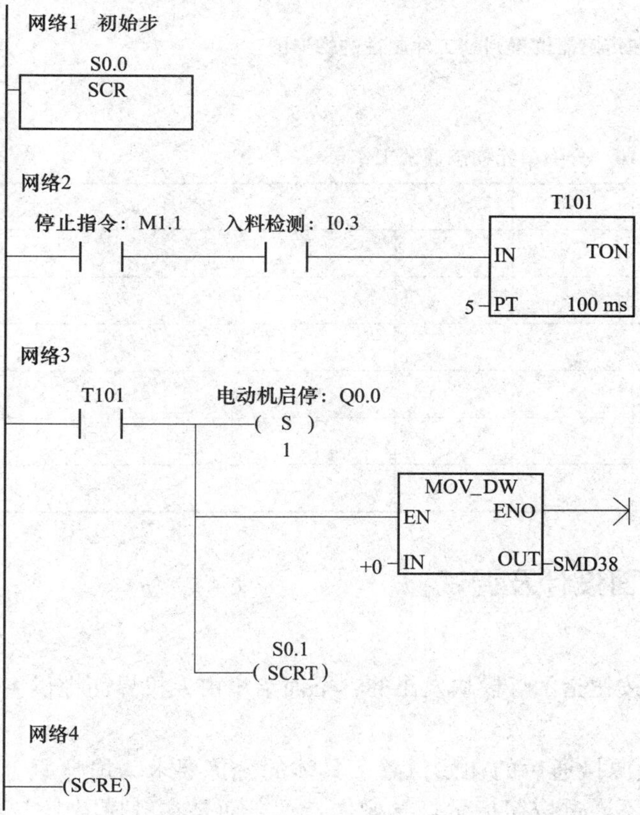

图 2－4－15　分拣单元控制子程序初始步梯形图

（2）主程序的流程与前面所述的供料、加工等单元是类似的。但由于用高速计数器编程，必须在上电第 1 个扫描周期调用 HSC_INIT 子程序，以定义并使用高速计数器。主程序的编制，请自行完成。

（3）分拣控制子程序也是一个步进顺控程序，编程思路如下：

①当检测到待分拣工件下料到进料口后，清零 HC0 当前值，以固定频率启动变频器驱动电动机运转。分拣单元控制子程序初始步梯形图如图 2－4－15 所示。

②当工件经过安装传感器支架上的光纤探头和电感式传感器时，根据 2 个传感器动作与否，判别工件的属性，决定程序的流向。HC0 当前值与传感器位置值的比较可采用触点比较指令实现。完成上述功能的梯形图如图 2－4－16 所示。

③根据工件属性和分拣任务要求，在相应的推料气缸位置把工件推出。推料气缸返回后，步进顺序控制子程序返回初始步。这部分程序的编制，也请读者自

行完成。

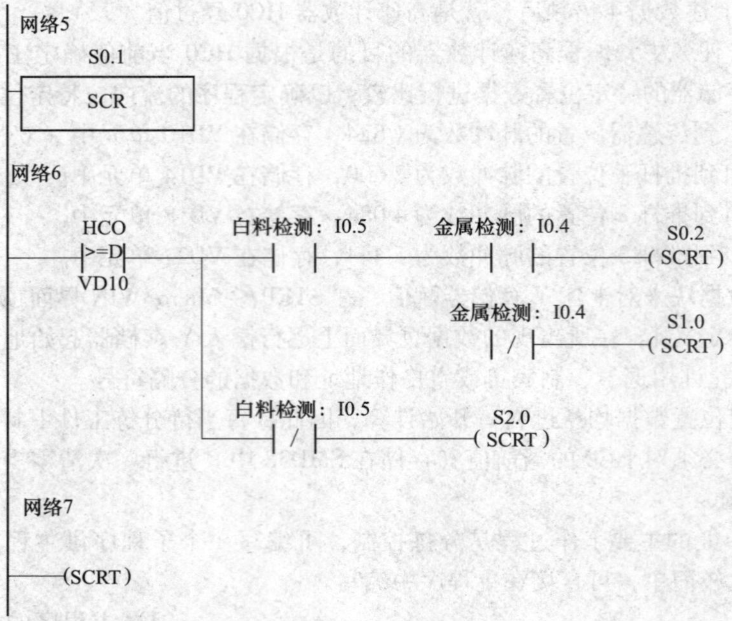

图 2－4－16　在传感器位置判别工件属性的梯形图

分拣单元初态调试工作单见表 2－4－10。

表 2－4－10　分拣单元初态调试工作单

调试内容		是	否	原因
1	传送带是否处于静止状态			
2	推料一气缸是否处于缩回状态			
3	推料二气缸是否处于缩回状态			
4	推料三气缸是否处于缩回状态			
5	HL1 指示灯状态是否正常			
6	HL2 指示灯状态是否正常			

4.4.6　分拣单元的人机界面设计及调试

1. 人机界面控制要求

以上控制要求的主令信号是通过按钮指示灯模块发出的，下面给出由人机界面提供主令信号并显示系统工作状态的工作任务。

（1）设备的工作目标、上电和气源接通后的初始位置、具体的分拣要求，均与原工作任务相同，启停操作和工作状态指示不通过按钮指示灯盒操作指示，而是在触摸屏上实现。这时，分拣单元的 I/O 接线原理如图 2－4－17 所示。

（2）当传送带入料口人工放下已装配的工件时，变频器即启动，驱动传动电动机以触摸屏给定的速度，把工件带往分拣区。频率在 40～50 Hz 可调节。

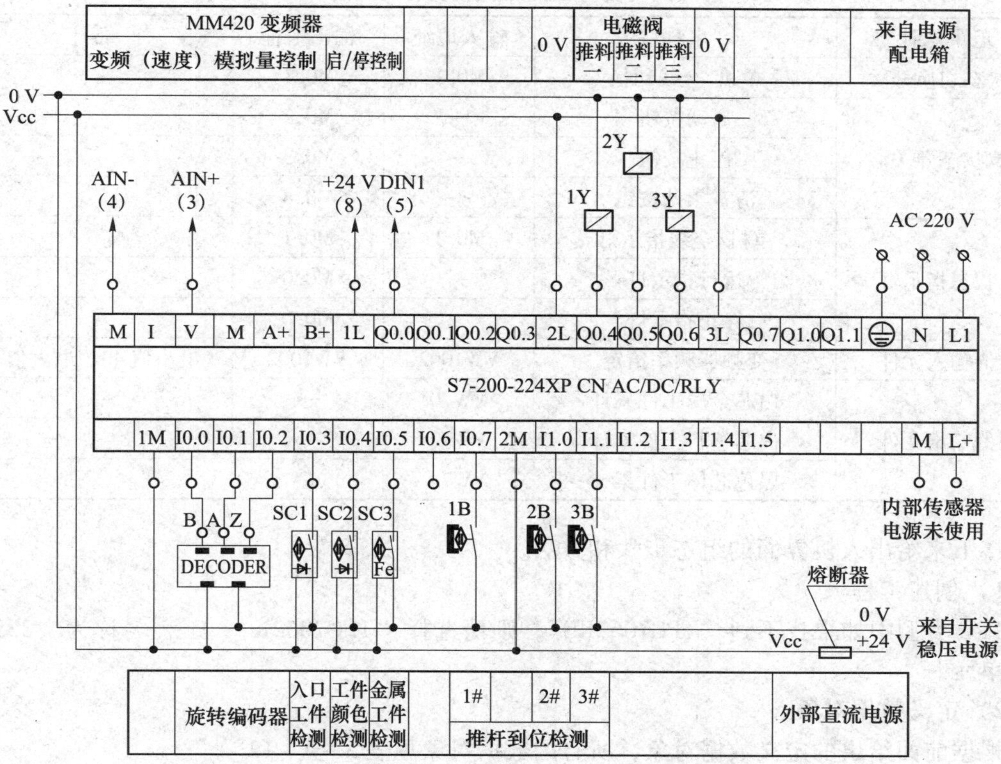

图 2－4－17　分拣单元 I/O 接线原理图

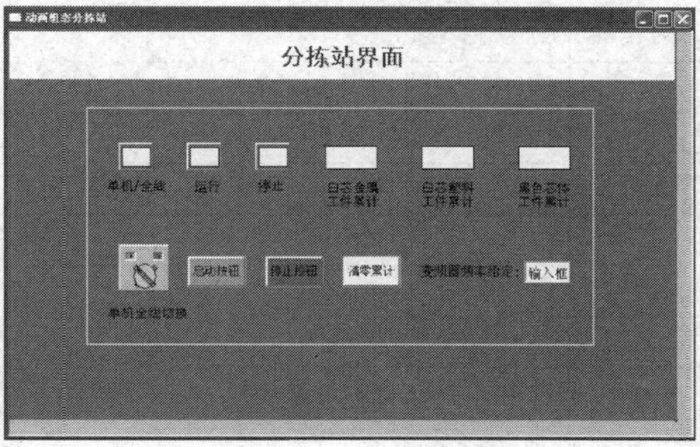

图 2－4－18　分拣单元界面效果

各料槽工件累计数据在触摸屏上给以显示，且数据在触摸屏上可以清零。

根据以上要求完成人机界面组态和分拣程序的编写。

2. 人机界面组态

分拣单元界面效果如图 2－4－18 所示。

画面中包含了以下几方面的内容。

（1）状态指示：单机/全线、运行、停止。

（2）切换旋钮：单机全线切换。

（3）按钮：启动、停止、清零累计按钮。

（4）数据输入：变频器输入频率设置。

（5）数据输出显示：白芯金属工件累计、白芯塑料工件累计、黑色芯体工件累计。

（6）矩形框。

触摸屏组态画面各元件对应 PLC 地址见表 2－4－11。

表 2-4-11　触摸屏组态画面各元件对应的 PLC 地址

元件类别	名称	输入地址	输出地址	备注
位状态切换开关	单机/全线切换	M0.1	M0.1	
位状态开关	启动按钮	—	M0.2	
	停止按钮	—	M0.3	
	清零累计按钮	—	M0.4	
位状态指示灯	单机/全线指示灯	M0.1	M0.1	
	运行指示灯	—	M0.0	
	停止指示灯	—	M0.0	
数值输入元件	变频器频率给定	VW1002	VW1002	最小值 40，最大值 50
数值输出元件	白芯金属工件累计	VW70	—	
	白芯塑料工件累计	VW72	—	
	黑色芯体工件累计	VW74	—	

接下来给出人机界面的组态步骤和方法。

1）创建工程

TPC 类型中如果找不到“TPC7062KS”，则请选择“TPC7062K”，工程名称为“335B-分拣单元”。

2）定义数据对象

根据前面给出的定义数据对象，所有的数据对象见表 2-4-12。

表 2-4-12　所有的数据对象

数据名称	数据类型	注释
运行状态	开关型	
单机全线切换	开关型	
启动按钮	开关型	
停止按钮	开关型	
清零累计按钮	开关型	
变频器频率给定	数值型	
白芯金属工件累计	数值型	
白芯塑料工件累计	数值型	
黑色芯体工件累计	数值型	

下面以数据对象“运行状态”为例，介绍定义数据对象的步骤：

（1）单击工作台中的“实时数据库”窗口标签，进入实时数据库窗口页。

（2）单击“新增对象”按钮，在窗口的数据对象列表中，增加新的数据对象，系统缺省定义的名称为“Data1”“Data2”“Data3”等（多次单击该按钮，则可增加多个数据对象）。

（3）选中对象，按“对象属性”按钮，或双击选中对象，则打开“数据对象属性设置”窗口。

（4）将对象名称改为：运行状态；对象类型选择：开关型；单击“确认”按钮。按照此步骤，完成表 2-4-22 表中的其他数据对象的定义。

3）设备连接

为了能够使触摸屏和 PLC 通信连接上，须把定义好的数据对象和 PLC 内部变量进行连接，具体操作步骤如下：

（1）在“设备窗口”中双击“设备窗口”图标进入。

（2）点击工具条中的“工具箱”图标，打开“设备工具箱”。

（3）在可选设备列表中，双击“通用串口父设备”，然后双击“西门子_S7200PPI”，如图 2－4－19 所示。

（4）双击“通用串口父设备”，进入通用串口父设备的基本属性设置，如图 2－4－20 所示，做如下设置：

串口端口号（1～255）设置为：0～COM1。

通信波特率设置为：8～19 200。

数据校验方式设置为：2 偶校验。

其他设置为默认。

图 2－4－19　设备组态窗口

图 2－4－20　通用串口设置

（5）双击“西门子_S7200PPI”，进入设备编辑窗口，如图 2－4－21 所示。默认右窗口自动生产通道名称 I000. 0～I000. 7，可以单击“删除全部通道”按钮给以删除。

（6）进行变量的连接，这里以“运行状态”变量进行连接为例说明。

①单击“增加设备通道”按钮，出现如图 2－4－22 所示窗口。

参数设置如下：

通道类型：M 寄存器。

数据类型：通道的第 00 位。

通道地址：0。

通道个数：1。

读写方式：只读。

②单击“确认”按钮，完成基本属性设置。

③双击“只读 M000. 0”通道对应的连接变量，从数据中心选择变量：“运行状态”。用同样的方法，增加其他通道，连接变量，如图 2－4－23 所示，单击“确认”按钮。

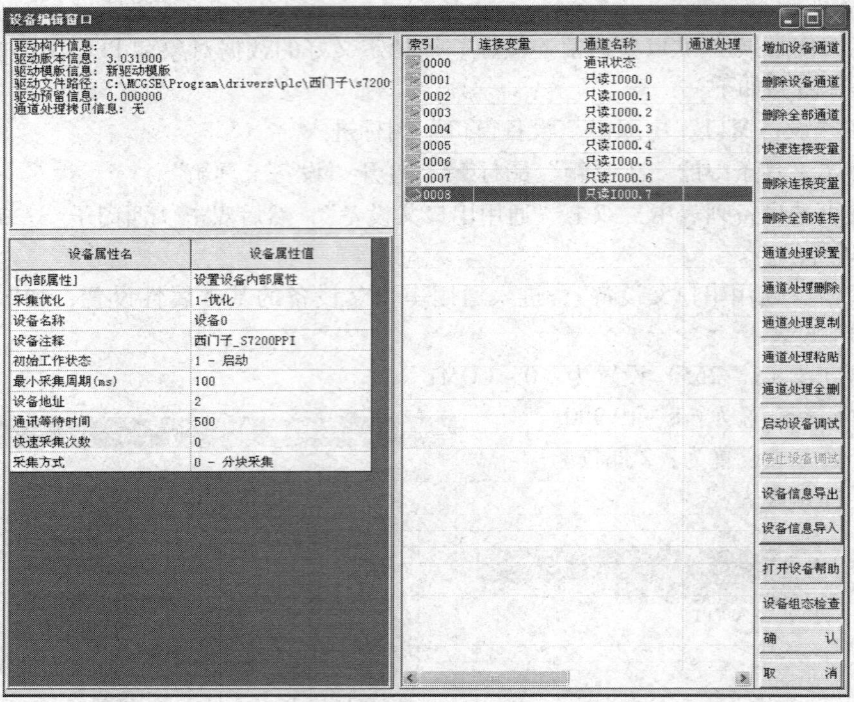

图 2-4-21 设备编辑窗口

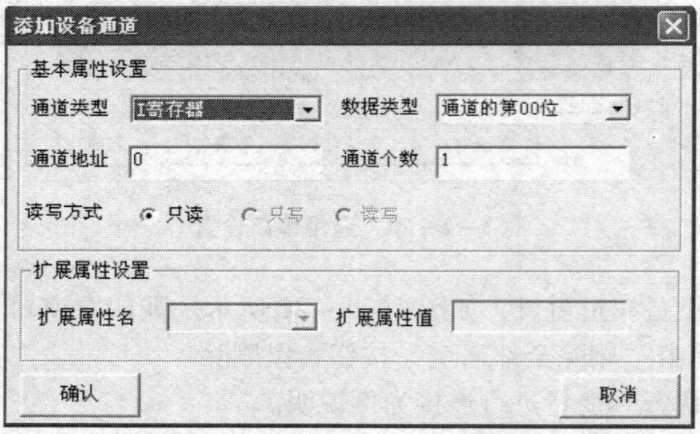

图 2-4-22 添加设备通道

图 2-4-23 变量连接窗口

4）窗口和元件的制作

（1）新建窗口以及属性设置。

①在“用户窗口”中单击“新建窗口”按钮，建立“窗口 0”。选中“窗口 0”，单击“窗口属性”，进入用户窗口属性设置。

②将窗口名称改为：分拣画面；窗口标题改为：分拣画面。

③单击“窗口背景”，在“其他颜色”中选择所需的颜色，如图 2-4-24 所示。

（2）制作文字框图：以标题文字的制作为例说明。

①单击工具条中的“工具箱”按钮，打开绘图工具箱。

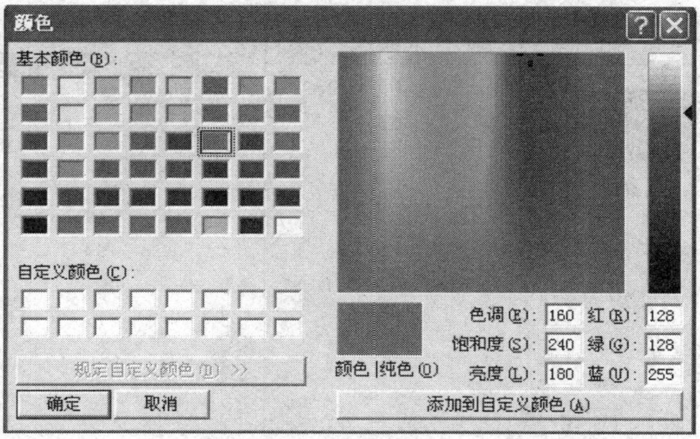

图 2-4-24　窗口背景颜色设置

②选择“工具箱”内的“标签”按钮，鼠标的光标呈“十”字形，在窗口顶端中心位置拖拽鼠标，根据需要拉出一个大小适合的矩形。

③在光标闪烁位置输入文字“分拣单元界面”，按回车键或在窗口任意位置用鼠标单击一下，文字输入完毕。

④选中文字框，作如下设置：

a. 单击工具条上的“填充色”按钮，设定文字框的背景颜色为：白色。

b. 单击工具条上的“线色”按钮，设置文字框的边线颜色为：没有边线。

c. 单击工具条上的“字符字体”按钮，设置文字字体为：华文细黑；字型为：粗体；大小为：二号。

d. 单击工具条上的“字符颜色”按钮，将文字颜色设为：藏青色。

⑤其他文字框的属性设置如下：

a. 背景颜色：同画面背景颜色。

b. 边线颜色：没有边线。

c. 文字字体为：华文细黑；字型为：常规；字体大小为：二号。

(3) 制作状态指示灯。以“单机/全线”指示灯为例说明：

①单击绘图工具箱中的“插入元件”图标，弹出对象元件管理对话框，选择指示灯6，按“确认”按钮。双击指示灯，弹出的对话框如图 2-4-25 所示。

②数据对象中，单击右角的“?”按钮，从数据中心选择“单机全线切换”变量。

③动画连接中，单击“填充颜色”，右边出现“>”按钮，如图 2-4-26 所示。

④单击“>”按钮，出现如下对话框，如图 2-4-27 所示。

⑤“属性设置”页中，设置填充颜色：白色。

⑥“填充颜色”页中，分段点 0 对应颜色：白色；分段点 1 对应颜色：浅绿色，如图 2-4-28 所示，单击“确认”按钮完成。

(4) 制作切换旋钮。

单击绘图工具箱中的“插入元件”图标，弹出对象元件管理对话框，选择开关 6，按“确认”按钮。双击旋钮，弹出如图 2-4-29 所示对话框。在数据对象页的按钮输入和

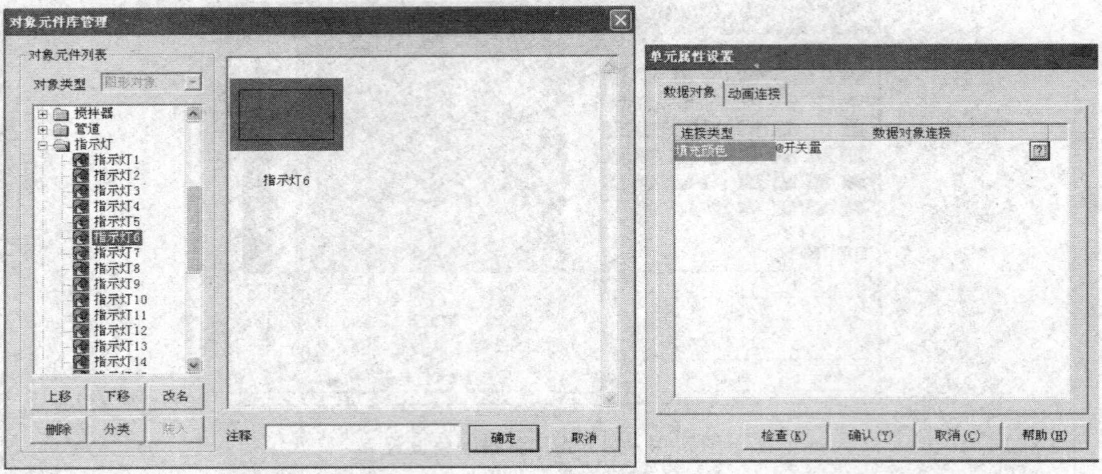

图 2－4－25　插入元件及对象连接对话框

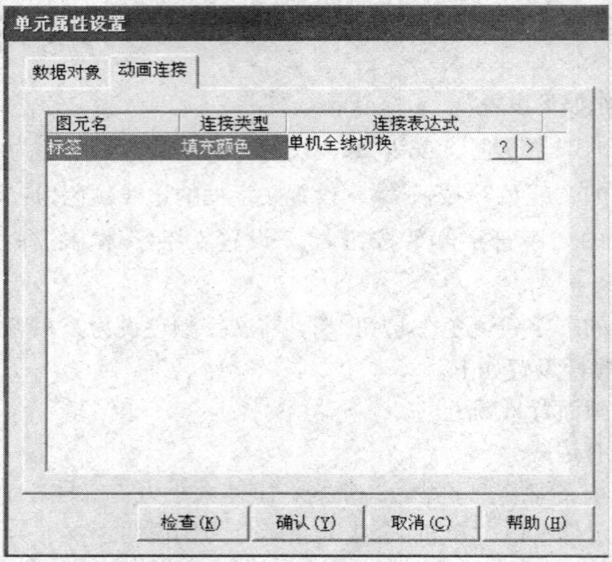

图 2－4－26　标签动画连接

可见度连接数据对象“单机全线切换”。

（5）制作按钮。以启动按钮为例，给以说明：

①单击绘图工具箱中图标，在窗口中拖出一个大小合适的按钮，双击按钮，出现如图 2－4－30 所示窗口，属性设置如下：

②“基本属性”页中，无论是抬起还是按下状态，文本都设置为启动按钮；“抬起功能”字体属性设置为宋体，字体大小设置为五号，背景颜色设置为浅绿色；“按下功能”为：字体大小设置为小五号，其他同抬起功能。

③“操作属性”页中，抬起功能：数据对象操作清 0，启动按钮；按下功能：数据对象操作置 1，启动按钮。

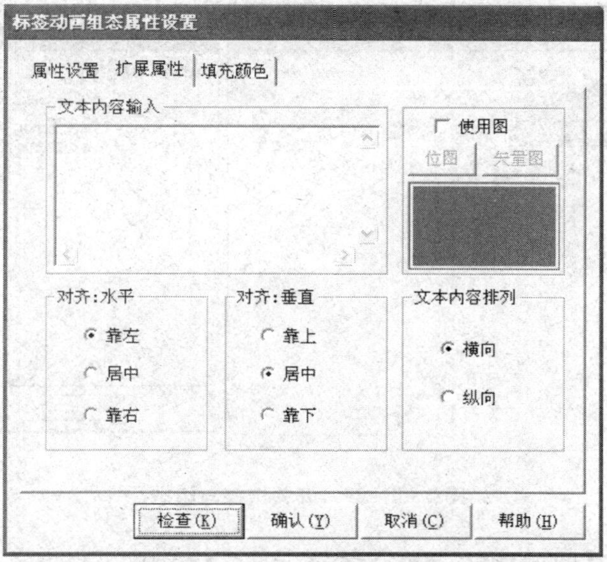

图 2-4-27　标签动画组态

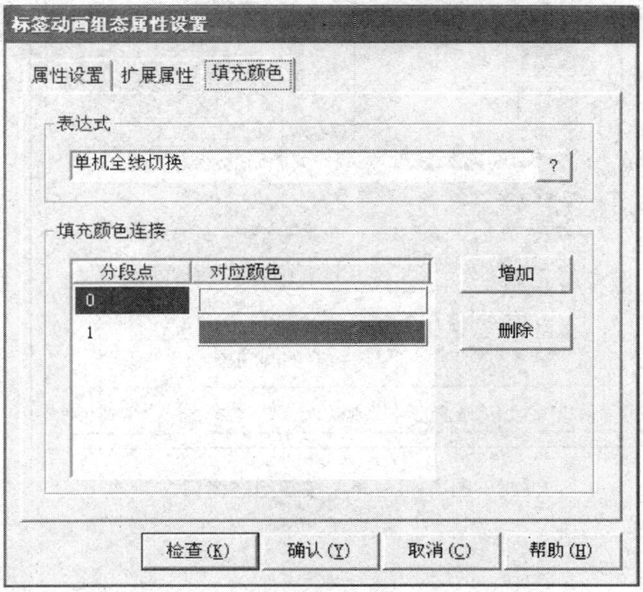

图 2-4-28　标签填充颜色组态

④其他默认。单击“确认”按钮完成。

(6) 数值输入框。

①选中“工具箱”中的“输入框”图标 abl，拖动鼠标，绘制一个输入框。

②双击图标 输入框 ，进行属性设置。只需要设置操作属性：

数据对象名称：最高频率设置；

使用单位：Hz；

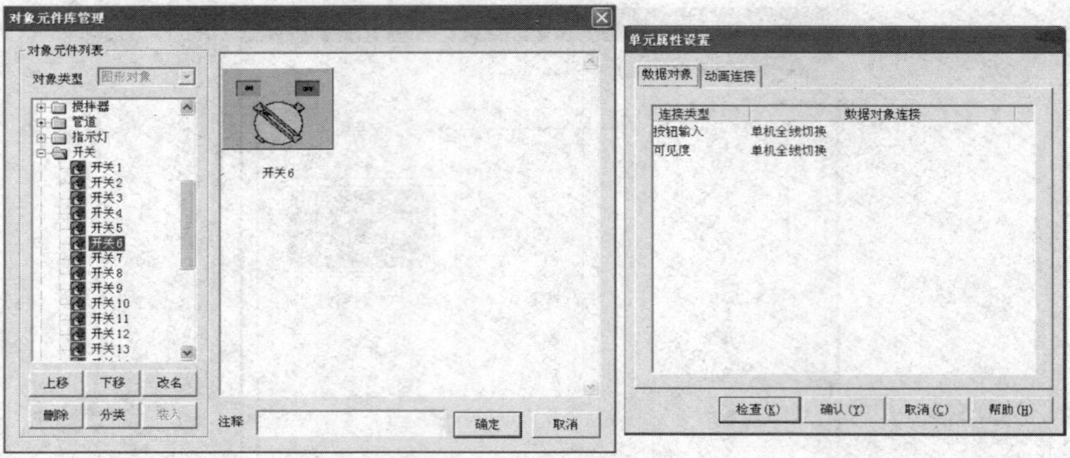

图 2－4－29　开关选择与组态

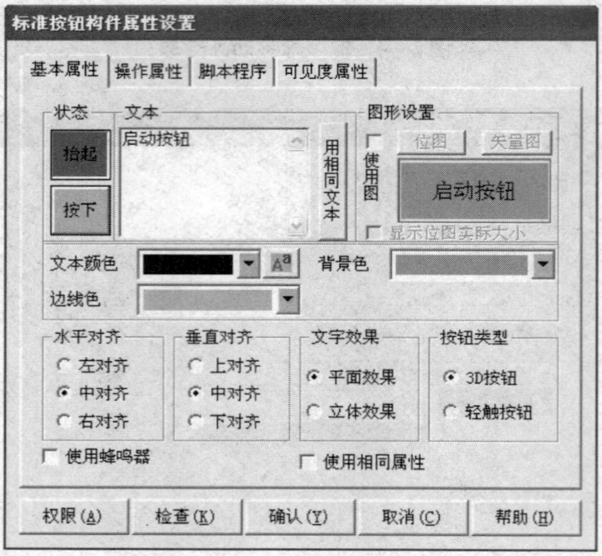

图 2－4－30　按钮组态窗口

最小值：40；

最大值：50；

小数点位：0。

输入框构件属性设置如图 2－4－31 所示。

（7）数据显示，以白色金属料累计数据显示为例：

①选中“工具箱”中的图标，拖动鼠标，绘制 1 个显示框。

②双击显示框，出现对话框，在输入输出连接域中，选中“显示输出”选项，在组态属性设置窗口中则会出现“显示输出”标签，如图 2－4－32 所示。

③单击“显示输出”标签，设置显示输出属性。参数设置如下：

表达式：白色金属料累计。

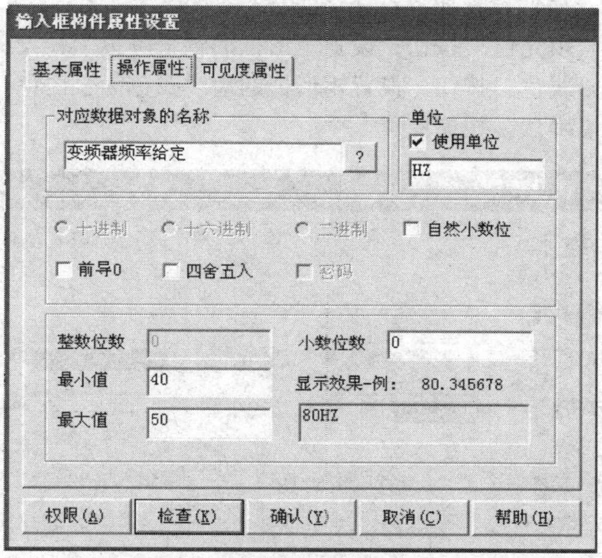

图 2－4－31　输入框构件属性设置

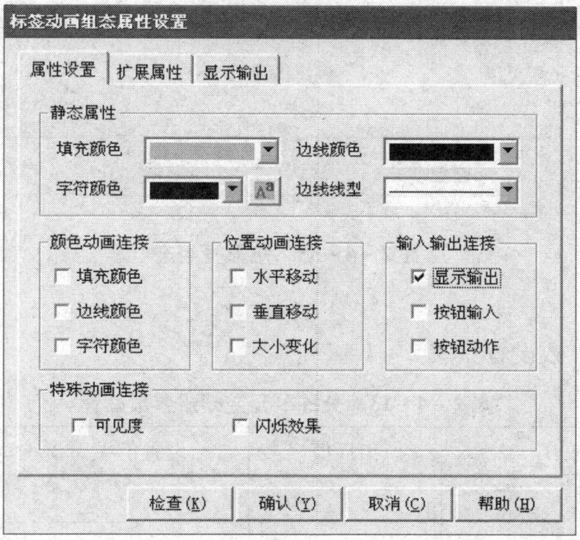

图 2－4－32　显示输出标签组态

单位：个。

输出值类型：数值量输出。

输出格式：十进制。

整数位数：0。

小数位数：0。

④单击“确认”按钮，制作完毕。

（8）制作矩形框。

单击工具箱中的图标，在窗口的左上方拖出一个大小适合的矩形，双击矩形，出现如图

2－4－33 所示的窗口，属性设置如下：

单击工具条上的“填充色”按钮，设置矩形框的背景颜色为：没有填充。

单击工具条上的“线色”按钮，设置矩形框的边线颜色为：白色。

其他默认，单击“确认”按钮完成。

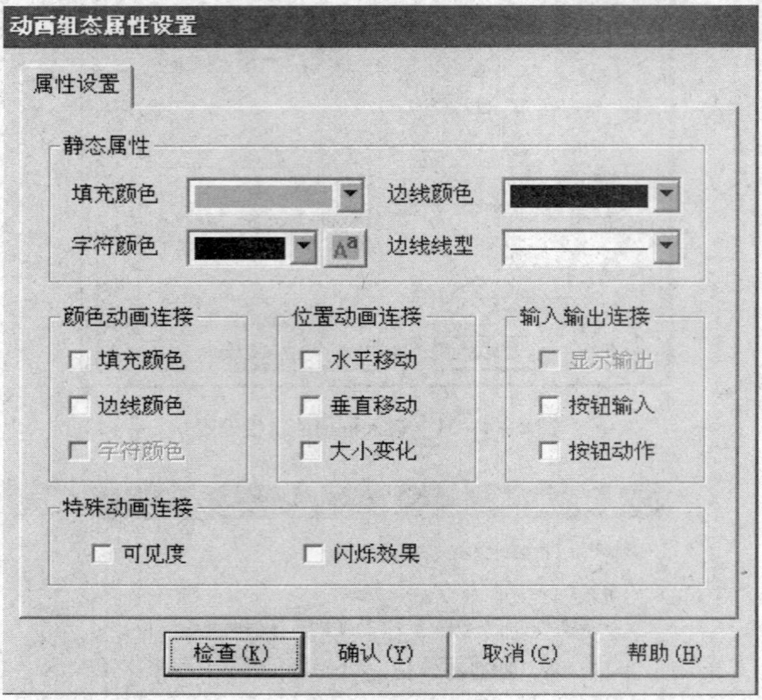

图 2－4－33　矩形框组态

5）工程的下载

分拣单元变频器参数设置见表 2－4－13。

表 2－4－13　分拣单元变频器参数设置

设置内容	出厂值	设置值	原因
电动机额定电压/V			
电动机额定电流/A			
电动机额定功率/kW			
电动机额定频率/Hz			
电动机额定转速/($r \cdot min^{-1}$)			
斜坡上升时间/s			
斜坡下降时间/s			
数字输入 1 功能选择			
频率设定值的选择			

分拣单元运行状态调试工作单见表 2－4－14。

表 2-4-14　分拣单元运行状态调试工作单

	调试内容			是	否	原因
启动按钮按下后	1	HL1 指示灯是否点亮				
	2	HL2 指示灯是否常亮				
	3	进料口有料时	传送带是否转动			
			编码器是否正常工作			
	4	进料口无料时	传送带是否转动			
			编码器是否正常工作			
	5	金属物料	传送带是否停止			
			推料一气缸是否动作			
	6	白色物料	传送带是否停止			
			推料二气缸是否动作			
	7	黑色物料	传送带是否停止			
			推料三气缸是否动作			
	8	料仓没有工件时，供料动作是否继续				
停止按钮按下后	1	HL1 指示灯是否常亮				
	2	HL2 指示灯是否熄灭				
	3	工作状态是否正常				

4.6.7　变频器输出的模拟量控制

根据任务可以知，变频器的速度由 PLC 模拟量输出来调节（0～10 V），启停由外部端子来控制。因此在项目五的任务基础上，变频器的参数要做相应的调整，要调整的参数设置见表 2-4-15。

表 2-4-15　变频器参数设置

参数号	参数名称	默认值	设置值	设置值含义
P0701	数字输入 1 的功能	1	1	接通正转/断开停止命令
P1000	频率设定值的选择	2	2	模拟设定值

CPU 224XPCN 有一路模拟量输出，信号格式有电压和电流两种。电压信号范围是 0 ~ 10 V，电流信号是 0 ~ 20 mA，在 PLC 中对应的数字量满量程都是 0 ~ 32 000。如果使用输出电压模拟量则接 PLC 的 M、V 端，电流模拟量则接 M、I 端。这里采用电压信号，那如何把触摸屏给定的频率转化为模拟量输出？

变频器频率和 PLC 模拟量输出电压成正比关系，模拟量输出是数字量通过 D/A 转换器转换而来，模拟量和数字量也成正比关系，因此频率和数字量是成正比关系，如图 2 - 4 - 34 所示。由图可以知，只要把触摸屏给定的频率 ×640 作为模拟输出就可。该部分程序如图 2 - 4 - 35 所示。

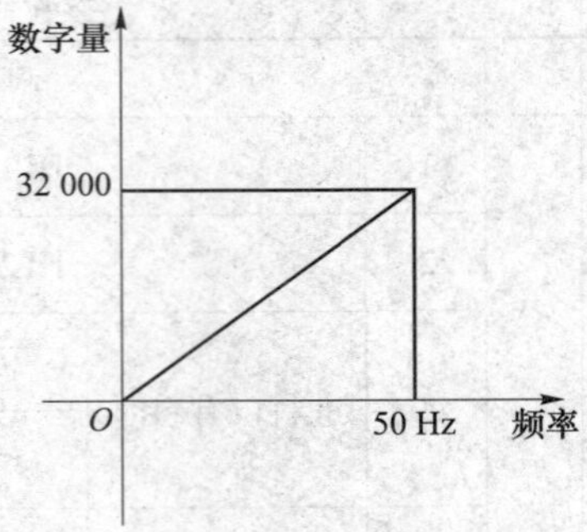

图 2 - 4 - 34　频率与数字量的正比关系

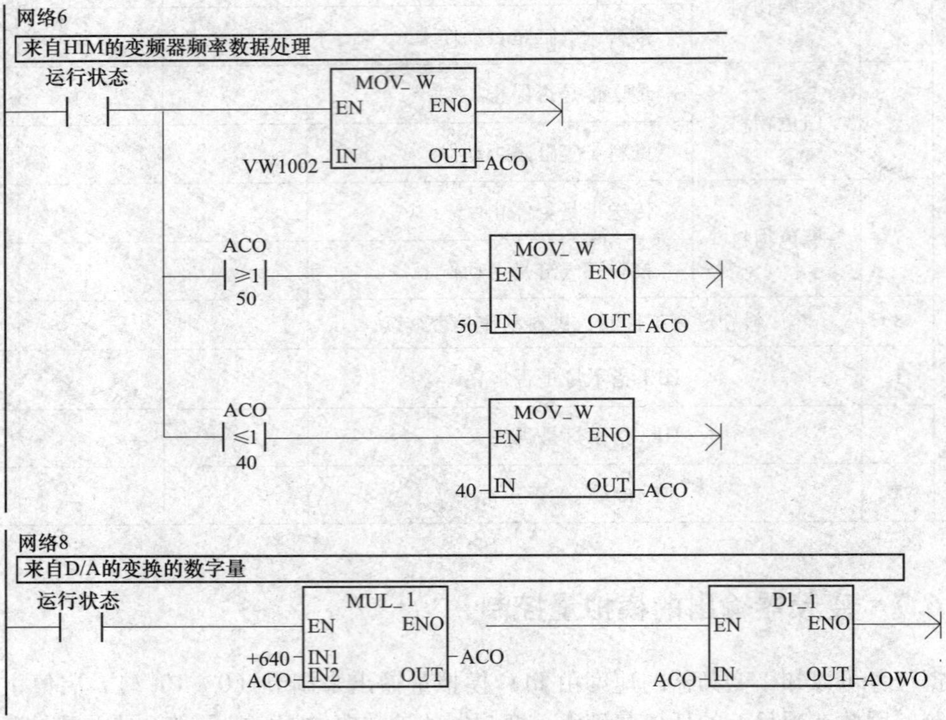

图 2 - 4 - 35　模拟量处理程序

4.5　项目总结与评价

本项目在学习分拣单元的结构组成及工艺流程的基础上，主要介绍了人机界面的使用，将下位机控制程序和自动线生产现场设备的运行情况有机地结合，通过触摸屏监视和控制；除此之外，还学习了变频器、电动机和旋转编码器的应用，将 PLC 编程技术又推向的新的学习难度，亲身实践气动控制技术、传感器技术、变频驱动技术、PLC 控制技术的应用，并将它们有机地融合在一起。完成本项目自我评价（表 2 - 4 - 16）与项目考核（表 2 - 4 - 17）。

表 2－4－16　分拣单元项目自我评价

评价内容		分值	得分	需提高部分
机械安装与调试		20 分		
气路连接与调试		20 分		
电气安装与调试		25 分		
程序设计与调试		25 分		
绑扎工艺及工位整理		10 分		
不足之处				
优点				

表 2－4－17　分拣单元项目考核

项目分类		考核内容	分值	工作要求	评分标准	老师评分
专业能力 90 分	电气接线	1. 正确连接装置侧、PLC 侧的接线端子排	10	1. 装置侧三层接线端子电源、信号连接正确，PLC 侧两层接线端子电源、信号连接正确。 2. 传感器供电使用输入端电源，电磁阀等执行机构使用输出端电源。 3. 按照 I/O 分配表正确连接分拣单元的输入与输出	电源与信号接反，每处扣 2 分； 其他每错一处扣 1 分	
		2. 正确接线变频器与编码器、变频器的参数设置	10	1. 变频器与三相电动机接线正确，编码器 A/B 相接线正确。 2. 能够正确设置变频器的参数	设置参数错误一个扣 2 分； 接线每错一处扣 2 分	
		3. 接线、布线规格平整	5	线头处理干净，无导线外露，接线端子上最多压入两个线头，导线绑扎利落，线槽走线平整	若有违规操作，每处扣 1 分	
	机械安装	1. 正确、合理使用装配工具	5	能够正确使用各装配工具拆装分拣单元，不出现多或少螺栓现象	不会用、错误使用不得分（教师提问、学生操作）多或少一个螺栓扣 1 分	
		2. 正确安装分拣单元	10	安装分拣单元后不多件、不少件	多件、少件、安装不牢每处扣 2 分	
		3. 正确安装电动机；联轴器；编码器；主、从动轴	5	电动机、编码器、联轴器安装正确；主、从动轴安装正确，保证传送带传送平稳	每错一处扣 1 分	

续表

项目分类		考核内容	分值	工作要求	评分标准	老师评分
专业能力90分	程序调试	1. 正确编制梯形图程序及调试	30	梯形图格式正确，各电磁阀控制顺序正确，梯形图整体结构合理，模拟量采集输出正确。运行动作正确（根据运行情况可修改和完善。）	根据任务要求，动作不正确，每处扣1分，模拟量采集、输出不正确扣1分	
		2. 正确测试编码器的脉冲当量	10	应用高速计数器指令测试编码器的脉冲当量	不会测试不得分	
		3. 运行结果及口试答辩	5	程序运行结果正确，表述清楚，口试答辩准确	对运行结果表述不清楚者扣5分	
职业素质能力10分		相互沟通、团结配合能力	5	善于沟通，积极参与，与组长、组员配合默契，不产生冲突	根据自评、互评、教师点评而定	
		清扫场地、整理工位	5	场地清扫干净，工具、桌椅摆放整齐	不合格，不得分	
合计						

4.6 问题与思考

1. 若皮带正常运转，但光编码器不能正常计数，分析可能产生这一现象的原因，且叙述检测过程及解决方法。

2. 推料气缸不能准确地将物料推入相应物料槽。分析可能产生这一现象的原因，且叙述检测过程及解决方法。

3. 总结调试过程中出现的其他故障及解决方法。

4. 总结检查气动连线、传感器接线、光电编码器接线、变频器接线、变频器快速设定方法、I/O 检测及故障排除方法。

5. 如果在加工过程中出现意外情况如何处理？

6. 思考网络控制如何实现？

7. 思考加工单元可能出现何种意外情况？

项目5 输送单元技能训练

学习目标

（1）了解伺服电动机及伺服驱动器的工作原理，掌握伺服驱动器参数设置方法。

（2）掌握双电控二位五通电磁阀的工作原理及结构，能正确使用双电控二位五通电磁阀。

（3）掌握输送单元机械组装步骤，能正确安装输送单元。

（4）能根据控制要求正确绘制输送单元气动控制回路原理图、电气接线原理图。

（5）掌握PLC的基本指令、顺序控制指令、PTO指令、绝对位置库函数指令。

（6）能正确编写输送单元单站程序并下载调试。

项目导入

该单元驱动抓取机械手装置精确定位到指定单元的物料台，在物料台上抓取工件，把抓取到的工件输送到指定地点，然后放下。

输送单元在网络系统中担任着主站的角色，它接收来自触摸屏的系统主令信号，读取网络上各从站的状态信息，加以综合后，向各从站发送控制要求，协调整个系统的工作。

输送单元结构如图2-5-1所示，主要包括抓取机械手装置、直线运动传动组件（包括驱动伺服电动机、驱动器、同步轮、同步带等）、拖链装置、PLC模块和接线端口以及按钮/指示灯模块等部件。

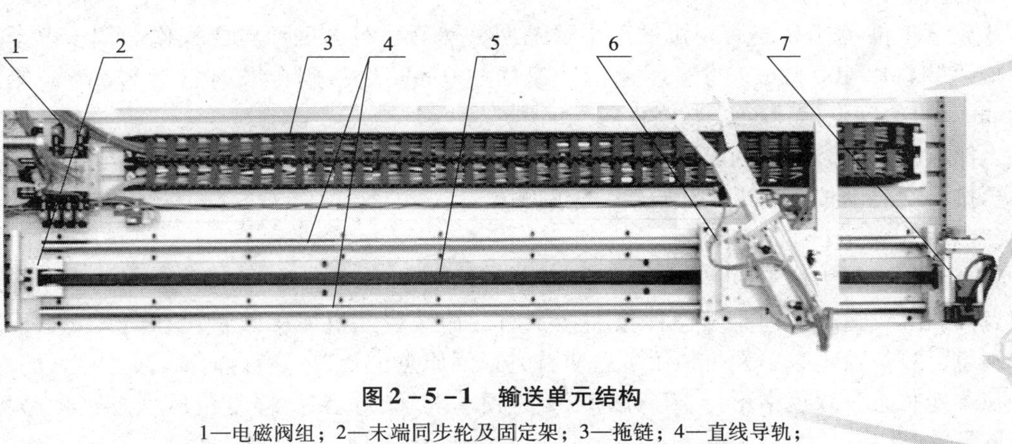

图2-5-1 输送单元结构

1—电磁阀组；2—末端同步轮及固定架；3—拖链；4—直线导轨；5—同步带；6—抓取机械手装置；7—步进电动机及同步轮机构

5.1 输送单元的控制要求

输送单元运行的目标是测试设备传送工件的功能。自动生产线设备俯视图如图 2－5－2 所示，并且在供料单元的出料台上放置了工件。具体测试要求如下：

（1）输送单元在通电后，按下复位按钮 SB1，执行复位操作，使抓取机械手装置回到原点位置。在复位过程中，“正常工作”指示灯 HL1 以 1 Hz 的频率闪烁。

当抓取机械手装置回到原点位置，且输送单元各个气缸满足初始位置的要求时，则复位完成，“正常工作”指示灯 HL1 常亮。按下启动按钮 SB2，设备启动，“设备运行”指示灯 HL2 也常亮，开始功能测试过程。

（2）正常功能测试。

①抓取机械手装置从供料单元出料台抓取工件，抓取的顺序是：手臂伸出→手爪夹紧抓取工件→提升台上升→手臂缩回。

②抓取动作完成后，伺服电动机驱动机械手装置向加工单元移动，移动速度不小于 300 mm/s。

③机械手装置移动到加工单元物料台的正前方后，即把工件放到加工单元物料台上。抓取机械手装置在加工单元放下工件的顺序是：手臂伸出→提升台下降→手爪松开放下工件→手臂缩回。

④放下工件动作完成 2 s 后，抓取机械手装置执行抓取加工单元工件的操作。抓取的顺序与供料单元抓取工件的顺序相同。

⑤抓取动作完成后，伺服电动机驱动机械手装置移动到装配单元物料台的正前方。然后把工件放到装配单元物料台上。其动作顺序与加工单元放下工件的顺序相同。

⑥放下工件动作完成 2 s 后，抓取机械手装置执行抓取装配单元工件的操作。抓取的顺序与供料单元抓取工件的顺序相同。

⑦机械手手臂缩回后，摆台逆时针旋转 90°，伺服电动机驱动机械手装置从装配单元向分拣单元运送工件，到达分拣单元传送带上方入料口后把工件放下，动作顺序与加工单元放下工件的顺序相同。

⑧放下工件动作完成后，机械手手臂缩回，然后执行返回原点的操作。伺服电动机驱动机械手装置以 400 mm/s 的速度返回，返回 900 mm 后，摆台顺时针旋转 90°，然后以 100 mm/s 的速度低速返回原点停止。

当抓取机械手装置返回原点后，一个测试周期结束。当供料单元的出料台上放置了工件后，再按一次启动按钮 SB2，开始新一轮的测试。

（3）非正常运行的功能测试。

若在工作过程中按下急停按钮 QS，则系统立即停止运行。在急停复位后，应从急停前的断点开始继续运行。但是若急停按钮按下时，输送单元机械手装置正在向某一目标点移动，则急停复位后输送单元机械手装置应首先返回原点位置，然后再向原目标点运动。

在急停状态，绿色指示灯 HL2 以 1 Hz 的频率闪烁，直到急停复位后恢复正常运行时，HL2 恢复常亮。

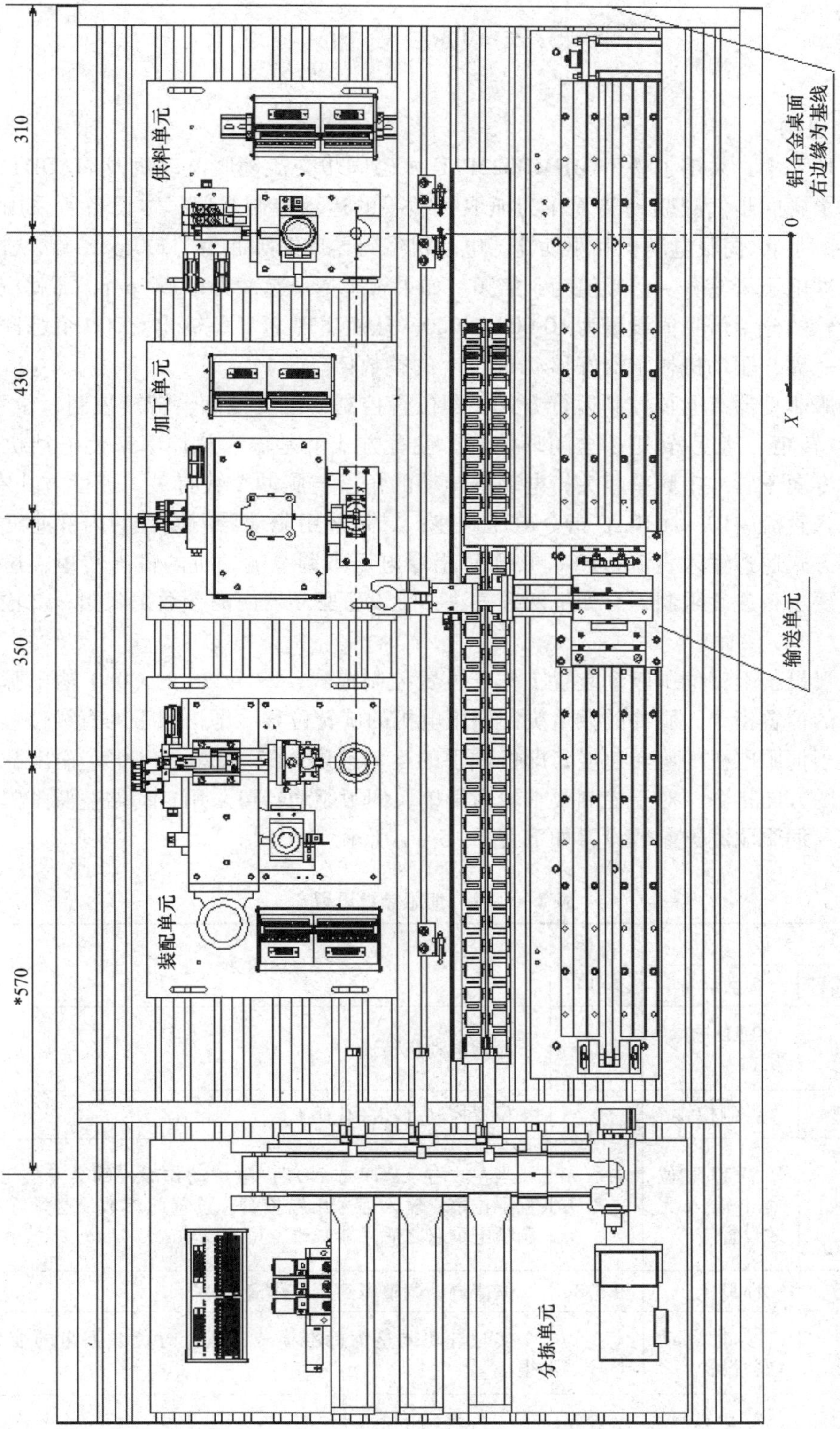

图2-5-2 自动生产线设备俯视图

5.2 项目资讯

1. 驱动机构

在输送单元中，采用了松下 MHMD022P1U 永磁同步交流伺服电动机及 MADDT1207003 全数字交流永磁同步伺服驱动装置作为抓取机械手的运动控制装置。本设备所采用的松下 MINAS A4 系列 AC 伺服电动机和驱动器，电动机编码器反馈脉冲为 2 500 p/r。默认情况下，驱动反馈脉冲电子齿轮分－倍频值为 4 倍频。如果希望指令脉冲为 6 000 p/r，那就应把指令脉冲电子齿轮的分－倍频值设置为 10 000/6 000。从而实现 PLC 每输出 6 000 个脉冲，伺服电动机旋转一周，驱动机械手恰好移动 60 mm 的整数倍。

松下伺服驱动器有七种控制运行方式，即位置控制、速度控制、转矩控制、位置/速度控制、位置/转矩、速度/转矩、全闭环控制。位置方式就是输入脉冲串来使电动机定位运行，电动机专属于脉冲串频率相关，电动机转动的角度与脉冲个数有关。速度方式有两种，一是通过输入直流 －10 ~ +10 V 指令电压调速；二是选用驱动器内设置的内部速度装置来调速。转矩方式通过输入直流 －10 ~ +10 V 指令电压来调节电动机的输出转矩，这种方式下运行必须要进行速度限制，有如下两种方法：①设置驱动器内的参数来限制；②输入模拟量电压限速。

在本项目设备上，伺服驱动装置工作于位置控制模式，S7－226 的 Q0.0 输出脉冲作为伺服驱动器的位置指令，脉冲的数量决定伺服电机的旋转位移，即机械手的直线位移，脉冲的频率决定了伺服电机的旋转速度，即机械手的运动速度，S7－226 的 Q0.1 输出脉冲作为伺服驱动器的方向指令。对于控制要求较为简单，伺服驱动器可采用自动增益调整模式。根据上述要求，伺服驱动器参数设置如下表 2－5－1 所示。

表 2－5－1 伺服参数设置

序号	参数		设置数值	功能和含义
	参数编号	参数名称		
1	Pr01	LED 初始状态	1	显示电动机转速
2	Pr02	控制模式	0	位置控制（相关代码 P）
3	Pr04	行程限位禁止输入无效设置	2	当左或右（POT 或 NOT）限位动作时，则会发生 Err38 行程限位禁止输入信号出错报警。设置此参数值必须在控制电源断电重启之后才能修改、写入成功
4	Pr20	惯量比	1 678	该值自动调整得到，具体请参 AC
5	Pr21	实时自动增益设置	1	实时自动调整为标准模式，运行时负载惯量的变化情况很小

续表

<table>
<tr><th rowspan="2">序号</th><th colspan="2">参数</th><th rowspan="2">设置数值</th><th rowspan="2">功能和含义</th></tr>
<tr><th>参数编号</th><th>参数名称</th></tr>
<tr><td>6</td><td>Pr22</td><td>实时自动增益的机械刚性选择</td><td>1</td><td>此参数值设得越大，响应越快</td></tr>
<tr><td>7</td><td>Pr41</td><td>指令脉冲旋转方向设置</td><td>1</td><td rowspan="2">指令脉冲 + 指令方向。设置此参数值必须在控制电源断电重启之后才能修改、写入成功
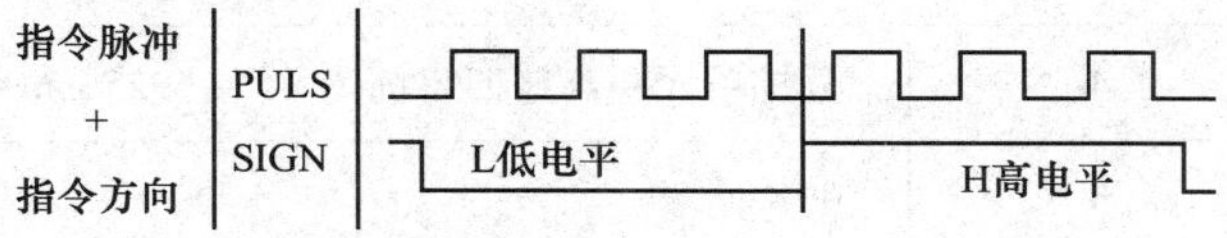
</td></tr>
<tr><td>8</td><td>Pr42</td><td>指令脉冲输入方式</td><td>3</td></tr>
<tr><td>9</td><td>Pr48</td><td>指令脉冲分倍频第 1 分子</td><td>10 000</td><td rowspan="4">每转所需指令脉冲数 = 编码器分辨率 × $\frac{Pr4B}{Pr48 \times 2^{Pr4A}}$，现编码器分辨率为 10 000(2 500p/r ×4)，参数设置如表，则，
每转所需指令脉冲数
$= 10\,000 \times \frac{Pr4B}{Pr48 \times 2^{Pr4A}}$
$= 10\,000 \times \frac{5\,000}{10\,000 \times 2^{0}}$
$= 5\,000$</td></tr>
<tr><td>10</td><td>Pr49</td><td>指令脉冲分倍频第 2 分子</td><td>0</td></tr>
<tr><td>11</td><td>Pr4A</td><td>指令脉冲分倍频分子倍率</td><td>0</td></tr>
<tr><td>12</td><td>Pr4B</td><td>指令脉冲分倍频分母</td><td>6 000</td></tr>
</table>

注： 其他参数的说明及设置请参看松下 Ninas A4 系列伺服电动机、驱动器使用说明书。

2. 位控编程

S7 - 200 系列 PLC 提供两种位置控制方法，一种是利用位控向导设置高速脉冲输出，另一种是利用 PLC 自带的 MAP 库文件。详细说明及使用方法参见模块一中的项目四。本项目主要介绍采用第一种方法实现机械手的位置控制。

高速脉冲输出功能在 S7 - 200 系列 PLC 的 Q0. 0 或 Q0. 1 输出端产生高速脉冲，用来驱动诸如伺服（步进）电动机一类负载，实现速度和位置控制。

高速脉冲输出有脉冲输出 PTO 和脉宽调制输出 PWM 两种形式。每个 CPU 有两个 PTO/PWM 发生器，分配给输出端 Q0. 0 和 Q0. 1。当 Q0. 0 或 Q0. 1 设定为 PTO 或 PWM 功能时，其他操作均失效。当不使用 PTO 或 PWM 发生器时，则作为普通端子使用。通常在启动 PTO 或 PWM 操作之前，用复位指令 R 将 Q0. 0 或 Q0. 1 清零。

STEP7 V4. 0 软件的位控向导能自动处理 PTO 脉冲的单段管线和多段管线、脉宽调制、

SM 位置配置和创建包络表。

下面给出一个简单的工作任务例子，阐述使用位控向导编程的方法和步骤。这个例子中实现伺服电动机运行所需的运动包络见表 2－5－2。

表 2－5－2　伺服电动机运行的运动包络

运动包络	站　　点		脉冲量	移动方向
1	供料单元→加工单元	470 mm	85 600	
2	加工单元→装配单元	286 mm	52 000	
3	装配单元→分拣单元	235 mm	42 700	
4	分拣单元→高速回零前	925 mm	168 000	DIR
5	低速回零		单速返回	DIR

1）使用位控向导编程的步骤

（1）为 S7－200 PLC 选择选项组态内置 PTO 操作。

在 STEP7 V4.0 软件命令菜单中选择工具→位置控制向导，即开始引导位置控制配置。在向导弹出的第 1 个界面，选择配置 S7－200 PLC 内置 PTO/PWM 操作，如图 2－5－3 所示。

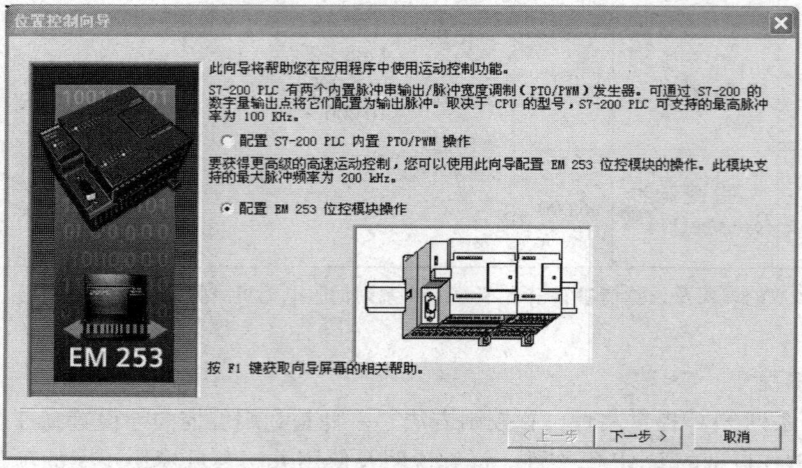

图 2－5－3　位置控制向导启动界面

在第 2 个界面中选择“Q0.0”作脉冲输出。接下来的第 3 个界面如图 2－5－4 所示，请选择“线性脉冲输出（PTO）”，并点选使用高速计数器 HSC0（模式 12）对 PTO 生成的脉冲自动计数的功能。单击“下一步”就开始了组态内置 PTO 操作。

（2）接下来的两个界面，要求设定电动机速度参数，包括前面所述的最高电动机速度：MAX_SPEED 和电动机启动/停止速度 SS_SPEED，以及加速时间 ACCEL_TIME 和减速时间 DECEL_TIME。

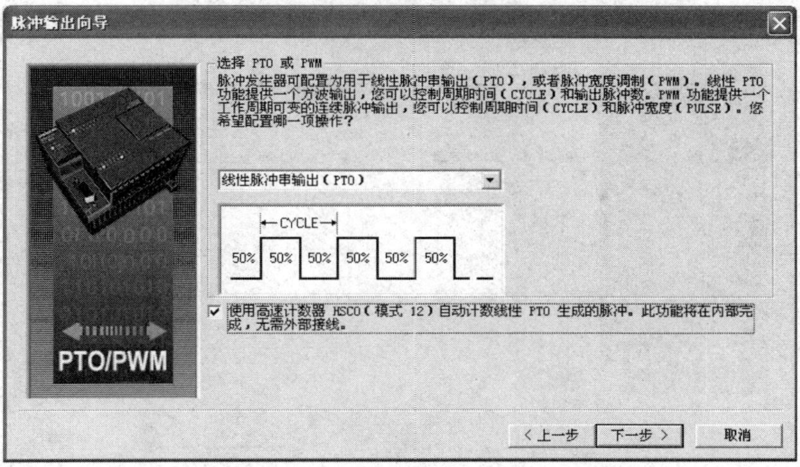

图 2-5-4　组态内置 PTO 操作选择界面

请在对应的编辑框中输入这些数值。例如，输入最高电动机速度“90 000”，把电动机启动/停止速度设定为“600”，这时，如果单击 MIN_SPEED 值对应的灰色框，可以发现，MIN_SPEED 值改为 600。

注意：MIN_SPEED 值由计算得出，用户不能在此域中输入其他数值，如图 2-5-5 所示。

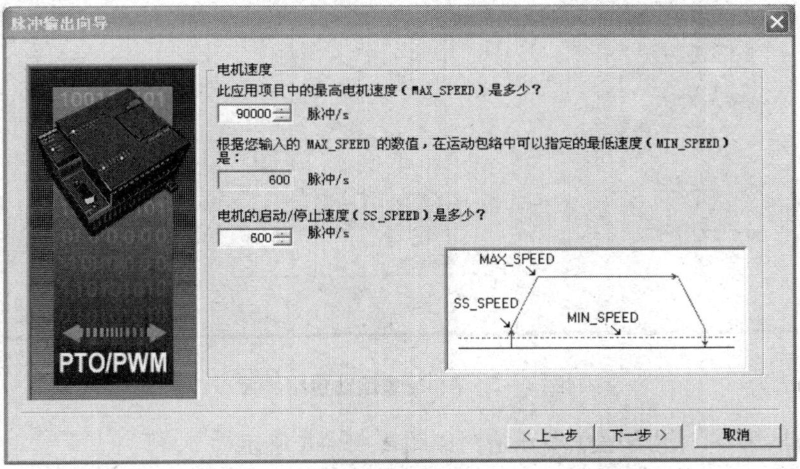

图 2-5-5　设定电动机速度参数

单击“下一步”按钮，填写加速时间 ACCEL_TIME 和减速时间 DECEL_TIME 分别为 1 000 ms 和 200 ms，如图 2-5-6 所示。完成给位控向导提供基本信息的工作，单击“下一步”按钮，开始配置运动包络界面。

（3）配置运动包络界面。

该界面要求设定操作模式、1 个步的目标速度、结束位置等步的指标，以及定义这一包络的符号名。图 2-5-7 所示为配置运动包络界面。

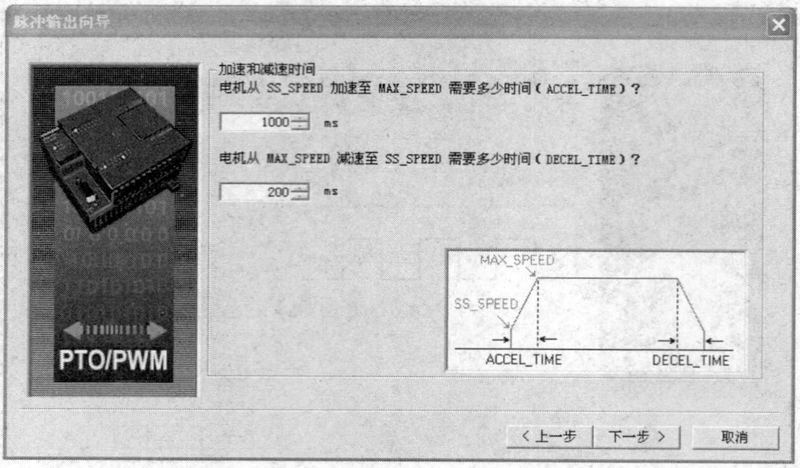

图 2－5－6　设定加速和减速时间

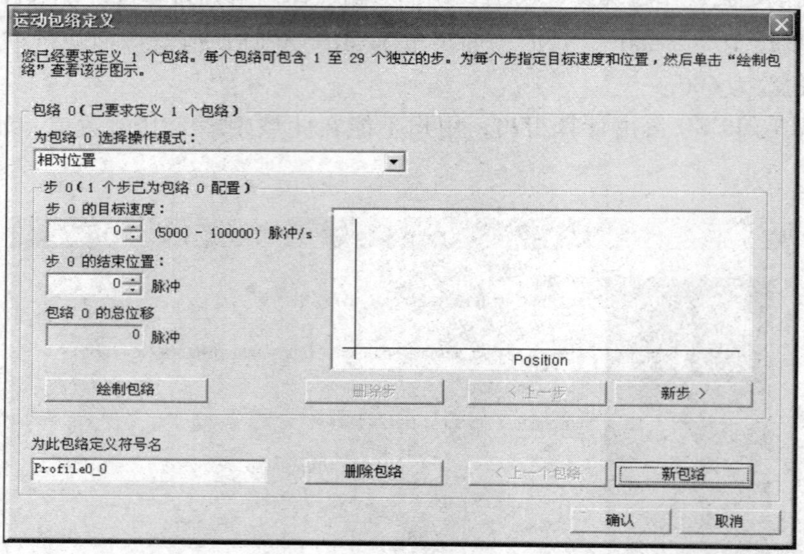

图 2－5－7　配置运动包络界面

设置包络从第 0 个包络第 0 步开始，如图 2－5－8 所示。

在操作模式选项中选择相对位置控制，填写包络 0 步 0 的目标速度为“60 000”，结束位置为“85 600”，单击“绘制包络”按钮，如图 2－5－8 所示，注意，这个包络只有 1 步。包络的符号名按默认定义（Profile0_0）。这样，第 0 个包络的设置，即从供料单元→加工单元的运动包络设置就完成了。现在可以设置下一个包络，单击“新包络”按钮，按上述方法将表 2－5－3 中3 个位置数据输入包络中。

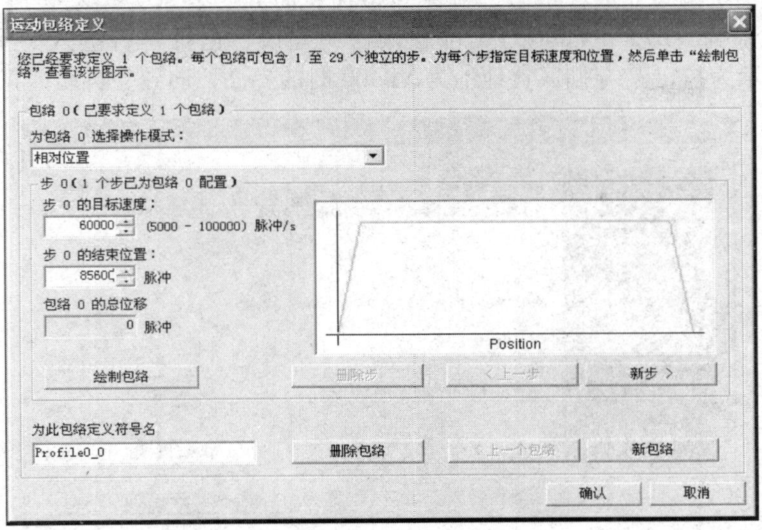

图 2-5-8　设置第 0 个包络

表 2-5-3　包络表的位置数据

站　　点		位移脉冲量	目标速度	移动方向
加工单元→装配单元	286 mm	52 000	60 000	—
装配单元→分拣单元	235 mm	42 700	60 000	—
分拣单元→高速回零前	925 mm	168 000	57 000	DIR
低速回零		单速返回	20 000	DIR

表 2-5-3 中最后一行低速回零，是单速连续运行模式，选择这种操作模式后，在所出现的界面中（见图 2-5-9），写入目标速度"20 000"。界面中还有一个包络停止操作选项，是当停止信号输入时再向运动方向按设定的脉冲数走完再停止，本系统不使用。

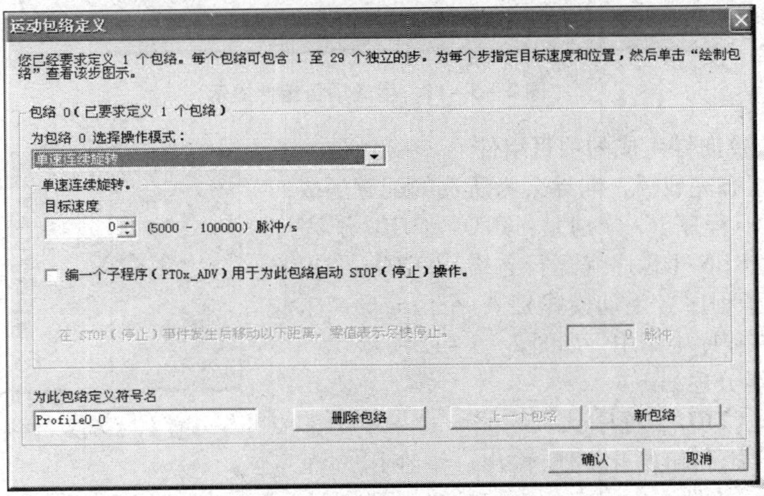

图 2-5-9　设置第 4 个包络

（4）运动包络编写完成，单击“确认”按钮，向导会要求为运动包络指定 V 存储区地址（建议地址为 VB75 ~ VB300），可默认这一建议，也可自行键入一个合适的地址。图 2－5－10所示为指定 V 存储区首地址为 VB400 时的界面，向导会自动计算地址的范围。

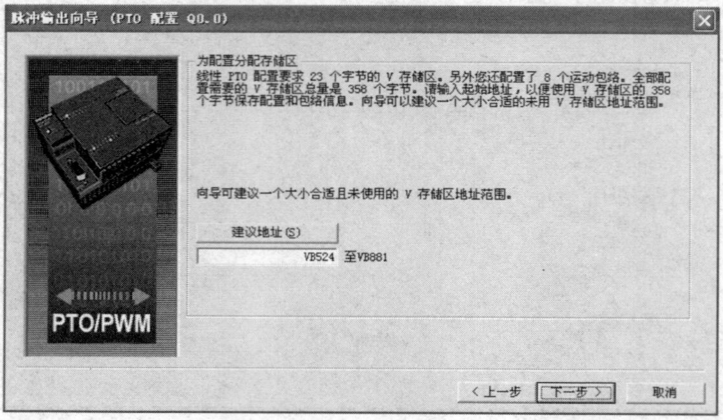

图 2－5－10　指定 V 存储区首地址为 VB400 时的界面

（5）单击“下一步”按钮出现如图 2－5－11 所示提示，单击“完成”按钮。

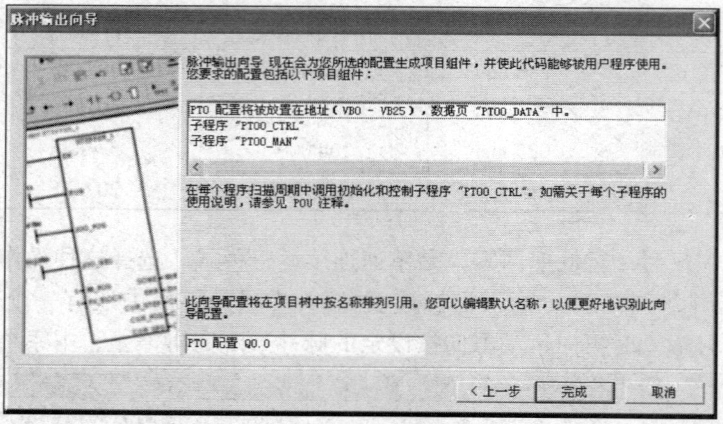

图 2－5－11　生成项目组件提示

2）使用位控向导生成的项目组件

运动包络组态完成后，向导会为所选的配置生成四个项目组件（子程序），分别是：PTOx_CTRL 子程序（控制）、PTOx_RUN 子程序（运行包络），PTOx_LDPOS 和 PTOx_MAN 子程序（手动模式）。一个由向导产生的子程序就可以在程序中调用，如图 2－5－12 所示。

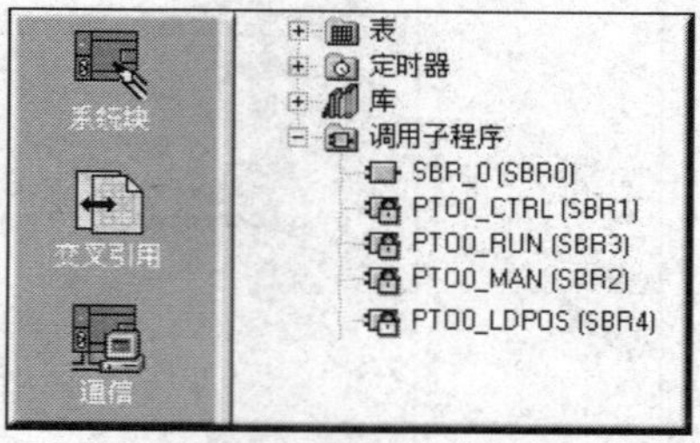

图 2－5－12　四个项目组件

它们的功能分述如下：

（1）PTOx_CTRL 子程序。

（控制）启用和初始化 PTO 输出。请在用户程序中只使用一次，并且请确定在每次扫描时得到执行，即始终使用 SM0.0 作为 EN 的输入，如图 2－5－13 所示。

图2-5-13 运行PTOx_CTRL子程序

① 输入参数:

I_STOP(立即停止)输入(BOOL型):当此输入为OFF时,PTO功能会正常工作。当此输入变为ON时,PTO立即终止脉冲的发出。

D_STOP(减速停止)输入(BOOL型):当此输入为OFF时,PTO功能会正常工作。当此输入变为ON时,PTO会产生将电动机减速至停止的脉冲串。

② 输出参数:

Done("完成")输出(BOOL型):当"完成"位被设置为ON时,它表明上一个指令也已执行。

Error(错误)参数(BYTE型):包含本子程序的结果。当"完成"位为ON时,错误字节会报告无错误或有错误代码的正常完成。

C_Pos(DWORD型):如果PTO向导的HSC计数器功能已启用,此参数包含以脉冲数表示的模块当前位置。否则,当前位置将一直为0。

(2)PTOx_RUN子程序(运行包络)。

命令PLC执行存储于配置/包络表的指定包络运动操作。运行这一子程序的梯形图如图2-5-14所示。

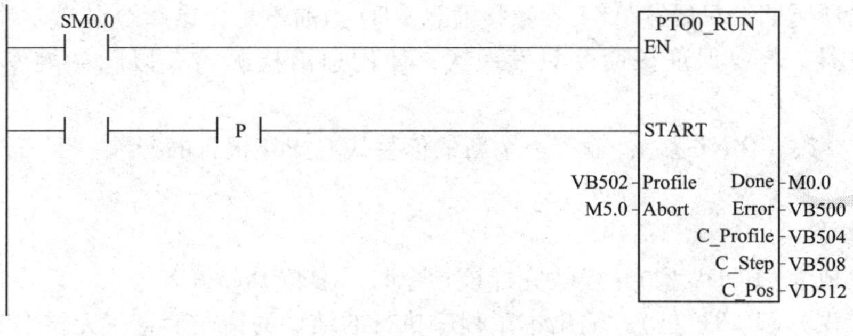

图2-5-14 运行PTOx_RUN子程序

① 输入参数:

EN位:子程序的使能位。在"完成"(Done)位发出子程序执行已经完成的信号前,应使EN位保持开启。

START参数(BOOL型):包络的执行启动信号。对于START参数已开启,且PTO当前不活动时的每次扫描,此子程序会激活PTO。为了确保仅发送一个命令,一般用上升沿以脉冲方式开启START参数。

Abort（终止）命令（BOOL 型）：命令为 ON 时位控模块停止当前包络，并减速至电动机停止。

Profile（包络）（BYTE 型）：输入为此运动包络指定的编号或符号名。

② 输出参数：

Done（完成）（BOOL 型）：本子程序执行完成时，输出 ON。

Error（错误）（BYTE 型）：输出本子程序执行结果的错误信息，无错误时输出 0。

C_Profile（BYTE 型）：输出位控模块当前执行的包络。

C_Step（BYTE 型）：输出目前正在执行的包络步骤。

C_Pos（DINT 型）：如果 PTO 向导的 HSC 计数器功能已启用，则此参数包含以脉冲数作为模块的当前位置。否则，当前位置将一直为“0”。

(3) PTOx_LDPOS 指令（装载位置）。

改变 PTO 脉冲计数器的当前位置值为一个新值。可用该指令为任何一个运动命令建立一个新的零位置。图 2－5－15 所示为用 PTO0_LDPOS 指令实现返回原点后清零功能的梯形图。

图 2－5－15 用 PTO0_LDPOS 指令实现返回原点后清零

① 输入参数：

EN 位：子程序的使能位。在“完成”（Done）位发出子程序执行已经完成的信号前，应使 EN 位保持开启。

START（BOOL 型）：装载启动。接通此参数，以装载一个新的位置值到 PTO 脉冲计数器。在每一循环周期，只要 START 参数接通且 PTO 当前不忙，该指令装载一个新的位置给 PTO 脉冲计数器。若要保证该命令只发一次，使用边沿检测指令以脉冲触发 START 参数接通。

New_Pos 参数（DINT 型）：输入一个新的值替代 C_Pos 报告的当前位置值。位置值用脉冲数表示。

② 输出参数：

Done（完成）（BOOL 型）：模块完成该指令时，参数 Done ON。

Error（错误）（BYTE 型）：输出本子程序执行的结果的错误信息，无错误时输出“0”。

C_Pos（DINT 型）：此参数包含以脉冲数作为模块的当前位置。

(4) PTOx_MAN 子程序（手动模式）。

将 PTO 输出置于手动模式。执行这一子程序允许电动机启动、停止和按不同的速度运行。但当 PTOx_MAN 子程序已启用时，除 PTOx_CTRL 外任何其他 PTO 子程序都无法执行。运行这一子程序的梯形图如图 2－5－16 所示。

RUN（运行/停止）参数：命令 PTO 加速至指定速度［Speed（速度）参数］。从而允许在电动机运行中更改 Speed 参数的数值。停用 RUN 参数命令 PTO 减速至电动机停止。

图 2－5－16　运行 PTOx_MAN 子程序

当 RUN 已启用时，Speed 参数确定着速度。速度是一个用每秒脉冲数计算的 DINT（双整数）值，可以在电动机运行中更改此参数。

Error（错误）参数：输出本子程序的执行结果的错误信息，错误时输出“0”。

如果 PTO 向导的 HSC 计数器功能已启用，C_Pos 参数包含用脉冲数目表示的模块；否则此数值始终为零。

由上述四个子程序的梯形图可以看出，为了调用这些子程序，编程时应预置一个数据存储区，用于存储子程序执行时间参数，存储区所存储的信息，可根据程序的需要调用。

5.3　项目决策与计划

学习了前面的知识后，同学们对输送单元已有了全面了解，为了有计划地完成本次项目，我们要先做好任务分工和工作计划表。

1. 任务分工

四人一组，每名成员要有明确分工，角色安排及负责任务如下：

程序设计员：小组的组长，负责整个项目的统筹安排并设计调试程序。

机械安装工：负责加工单元的机械、传感器、气路的安装及调试。

电气接线工：负责加工单元的电气接线。

资料整理员：负责整个实施过程的资料准备整理工作。

2. 实施计划表

输送单元项目实施计划见表 2－5－4。

表 2－5－4　输送单元项目实施计划

实施步骤	实施内容	计划完成时间	实际完成时间	备注说明
1	根据控制要求准备材料			
2	安装机械部分、传感器、电磁阀			
3	气动回路设计、安装、调试			
4	电气线路设计及连接			
5	程序编译及调试			
6	文件整理			
7	总结评价			

5.4 项目实施

5.4.1 搬运单元的材料准备

在实施项目前，请同学们按照材料清单（表2-5-5）逐一检查输送单元所需材料是否齐全，并填好各种材料的规格、数量、是否损坏等情况。

表2-5-5 输送单元材料清单表

材料名称	规格	数量	是否损坏
回转气缸			
手爪伸出夹紧气缸			
提升气缸			
电磁阀			
直线运动机构			
伺服电动机			
伺服放大器			
远点接近开关			
左、右极限开关			
同步轮			
同步带			
滑动溜板			
电磁阀组			
磁性开关			
按钮指示灯模块盒			
PLC			

5.4.2 搬运单元的机械组装

输送单元的主要结构组成：主要包括抓取机械手装置、直线运动传动组件（包括驱动伺服电动机、驱动器、同步轮、同步带等）、拖链装置、PLC模块和接线端口以及按钮/指示灯模块等部件。

1. 抓取机械手装置

抓取机械手装置是一个能实现三自由度运动（即升降、伸缩、气动手爪夹紧/松开和沿垂直轴旋转的四维运动）的工作单元，该装置整体安装在直线运动传动组件的滑动溜板上，在传动组件带动下整体做直线往复运动，定位到其他各工作单元的物料台，然后完成抓取和放下工件的功能。图2-5-17所示为抓取机械手装置。

具体构成如下：

（1）气动手爪：用于在各个工作单元物料台上抓取/放下工件，由一个二位五通双向电控阀控制。

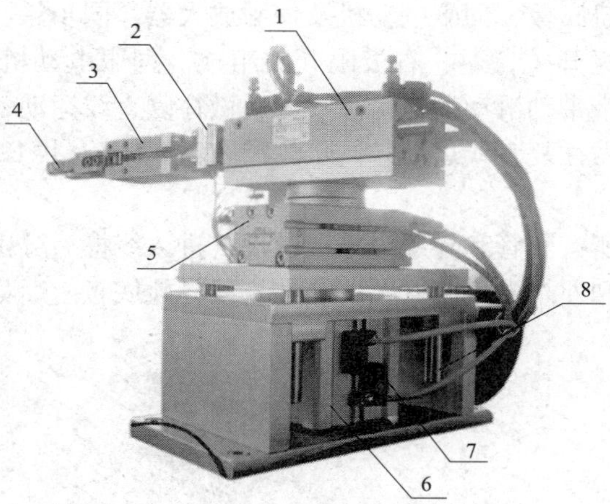

图 2－5－17　抓取机械手装置

1，6—气缸；2—连接件；3—气动手爪；
4—气爪；5—气动摆台；7—磁性开关；8—导柱

（2）伸缩气缸：用于驱动手臂伸出缩回，由一个二位五通单向电控阀控制。

（3）回转气缸：用于驱动手臂正反向 90°旋转，由一个二位五通单向电控阀控制。

（4）提升气缸：用于驱动整个机械手提升与下降，由一个二位五通单向电控阀控制。

2. 直线运动传动组件

直线运动传动组件用以拖动抓取机械手装置做往复直线运动，完成精确定位的功能。图 2－5－18 所示为直线运动传动组件。

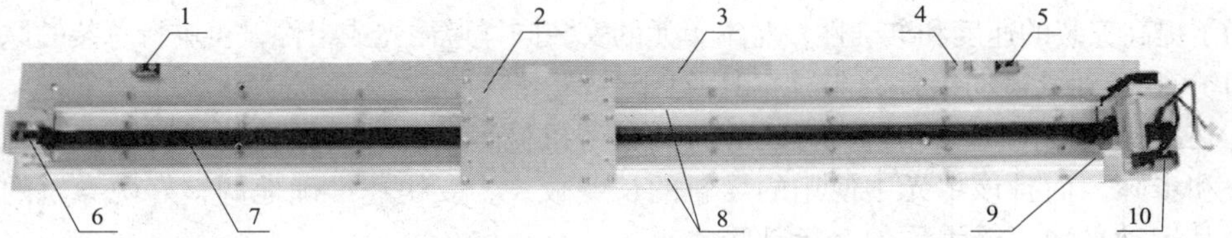

图 2－5－18　直线运动传动组件

1—左极限开关支座；2—滑动溜板；3—底板；4—原点开关支座；5—右极限开关支座；
6—从动同步轮；7—同步带；8—直线导轨；9—主动同步轮；10—伺服电动机

图 2－5－19 所示为伺服电动机传动和机械手装置。

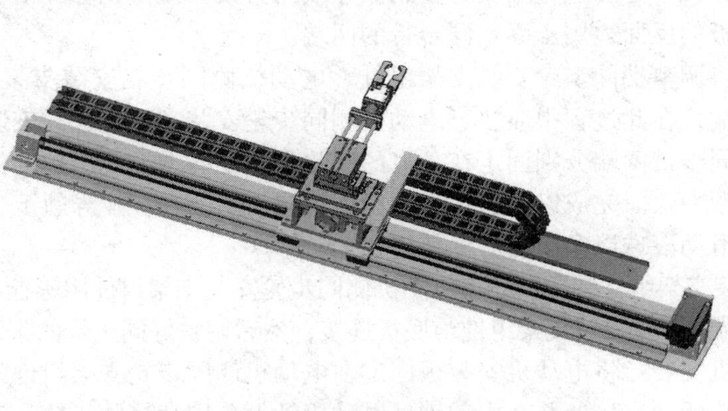

图 2－5－19　伺服电动机传动和机械手装置

传动组件由直线导轨底板，伺服电动机及伺服放大器，同步轮，同步带，直线导轨，滑动溜板，拖链和原点接近开关，左、右极限开关组成。伺服电动机由伺服电动机放大器驱动，通过同步轮和同步带带动滑动溜板沿直线导轨做往复直线运动，从而带动固定在滑动溜板上的抓取机械手装置做往复直线运动。同步轮齿距为 5 mm，共 12 个齿，即旋转一周机械手位移为 60 mm。

抓取机械手装置上所有气管和导线沿拖链敷设，进入线槽后分别连接到电磁阀组和接线端口上。原点接近开关和左、右极限开关安装在直线导轨底板上，如图 2－5－20 所示。

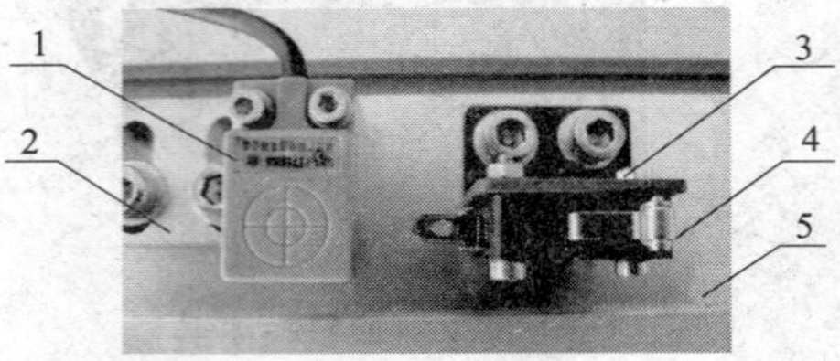

图 2－5－20　原点接近开关和右极限开关

1—原点接近开关；2—原点开关支座；3—右极限开关支架；
4—右极限行程开关；5—直线传动组件底板

原点接近开关是一个无触点的电感式接近传感器，用来提供直线运动的起始点信号。关于电感式接近传感器的工作原理及选用、安装注意事项请参阅项目一（供料单元技能训练）。

左、右极限开关均是有触点的微动开关，用来提供越程故障时的保护信号：当滑动溜板在运动中越过左或右极限位置时，极限开关会动作，从而向系统发出越程故障信号。

具体的安装过程步骤：

为了提高安装的速度和准确性，对本单元的安装同样遵循先成组件，再进行总装的原则。

（1）组装直线运动组件的步骤（图 2－5－21）：

①在底板上装配直线导轨。直线导轨是精密机械运动部件，其安装、调整都要遵循一定的方法和步骤，而且该单元中使用的导轨的长度较长，要快速准确地调整好两导轨的相互位置，使其运动平稳、受力均匀、运动噪声小。

②装配大溜板、四个滑块组件：将大溜板与两直线导轨上的四个滑块的位置找准并进行固定，在拧紧固定螺栓的时候，应一边推动大溜板左右运动一边拧紧螺栓，直到滑动顺畅为止。

③连接同步带：将连接了四个滑块的大溜板从导轨的一端取出。由于用于滚动的钢球嵌在滑块的橡胶套内，一定要避免橡胶套受到破坏或用力太大致使钢球掉落。将两个同步带固定座安装在大溜板的反面，用于固定同步带的两端。

接下来分别将调整端同步轮安装支架组件、电动机侧同步轮安装支架组件上的同步轮，套入同步带的两端，在此过程中应注意电动机侧同步轮安装支架组件的安装方向、两组件的相对位置，并将同步带两端分别固定在各自的同步带固定座内，同时也要注意保持连接安装好后的同步带平顺一致。完成以上安装任务后，再将滑块套在柱形导轨上，套入时，一定不能损坏滑块内的滑动滚珠以及滚珠的保持架。

④同步轮安装支架组件装配：先将电动机侧同步轮安装支架组件用螺栓固定在导轨安装底板上，再将调整端同步轮安装支架组件与底板连接，然后调整好同步带的张紧度，锁紧螺栓。

⑤伺服电动机安装：将电动机安装板固定在电动机侧同步轮支架组件的相应位置，将电动机与电动机安装活动连接，并在主动轴、电动机轴上分别套接同步轮，安装好同步带，调

整电动机位置，锁紧连接螺栓。最后安装左右限位以及原点传感器支架。

注意：在以上各构成零件中，轴承以及轴承座均为精密机械零部件，拆卸以及组装需要较熟练的技能和专用工具，因此，不可轻易对其进行拆卸或修配。图 2－5－22 所示为完成装配的直线运动组件。

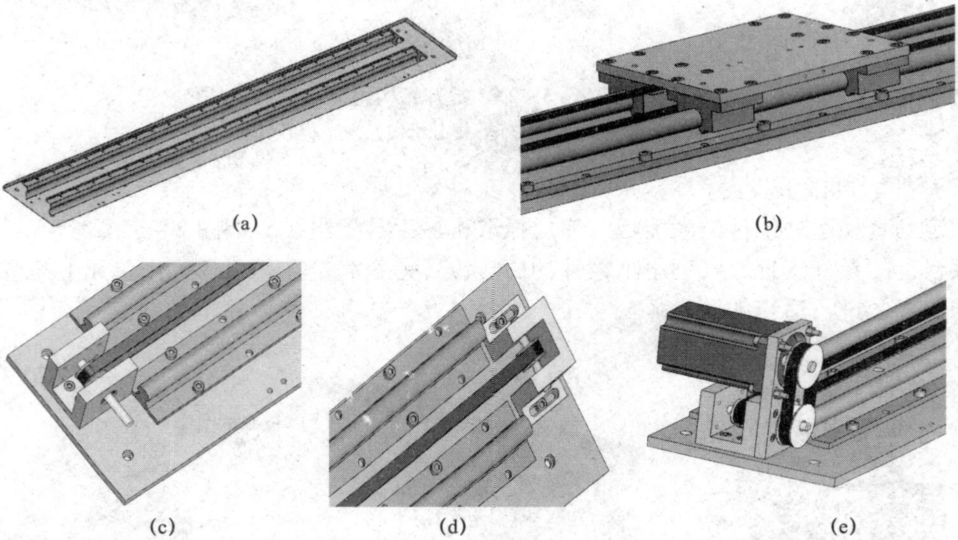

图 2－5－21　直线运动组件装配过程

（a）在底板上安装两条直线导轨；（b）装配滑块和大溜板；（c）固定同步带固定座；（d）固定同步轮安装座；（e）安装电动机

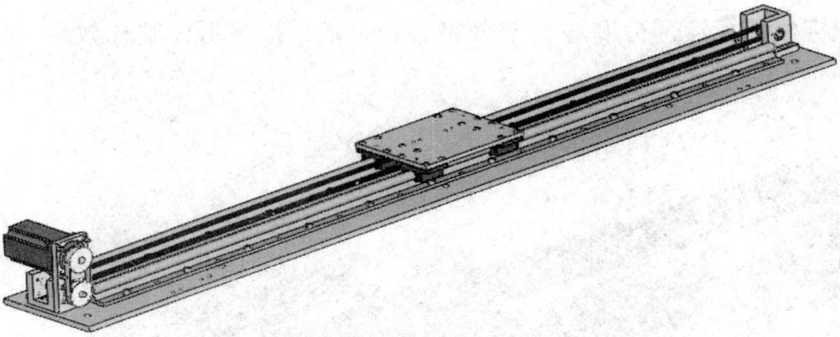

图 2－5－22　完成装配的直线运动组件

（2）机械手装置装配步骤：

①提升机构组装如图 2－5－23 所示。

②把气动摆台固定在组装好的提升机构上，然后在气动摆台上固定导杆气缸安装板，安装时注意要先找好导杆气缸安装板与气动摆台连接的原始位置，以便有足够的回转角度。

③连接气动手爪和导杆气缸，然后把导杆气缸固定到导杆气缸安装板上，完成抓取机械手装置的装配。

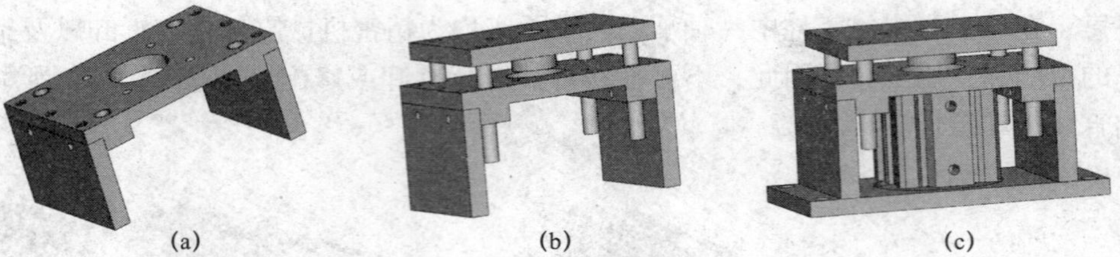

图 2-5-23　提升机构组装

（a）机械手支撑板；（b）提升机构；（c）提升气缸

（3）抓取机械手装置。

固定到直线运动组件的大溜板，完成抓取机械手装置组装，如图 2-5-24 所示。最后，检查摆台上的导杆气缸、气动手爪组件的回转位置是否满足在其余各工作单元上抓取和放下工件的要求，进行适当的调整。

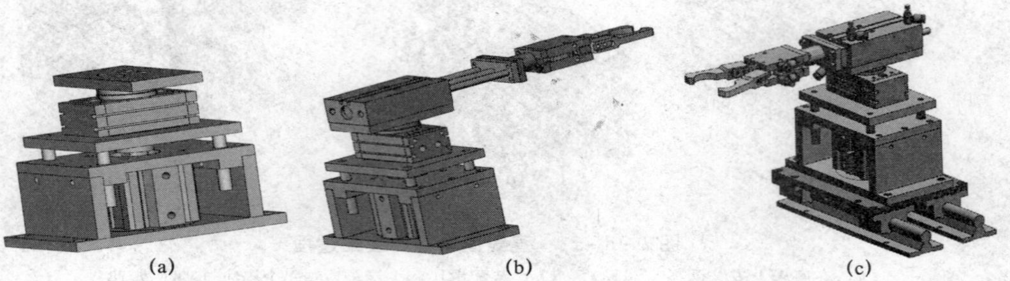

图 2-5-24　抓取机械手装置组装

（a）旋转机构；（b）机械手；（c）抓取机械手完成图

（4）把机械手搬运部分和输送部分组装在一起，组装后的整体效果如图 2-5-25 所示。

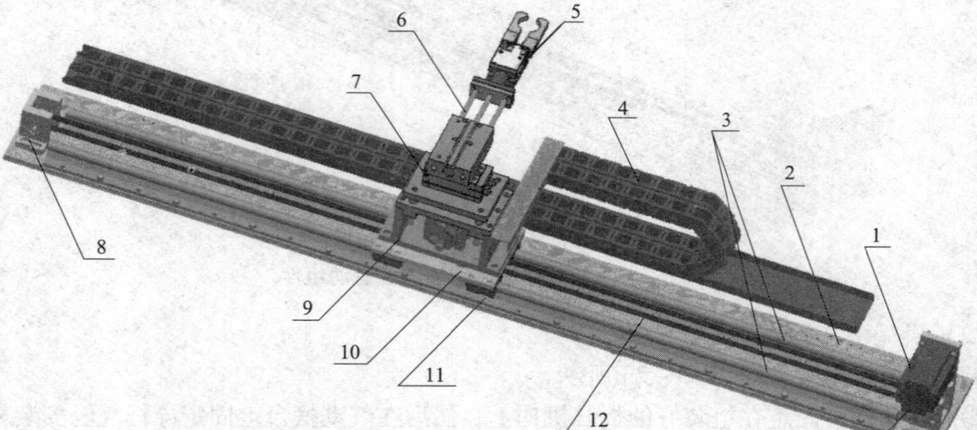

图 2-5-25　组装后的整体效果

1—伺服电动机及支架；2—底板；3—直线导轨；4—拖链；5—气动手爪；6—手臂伸缩气缸；7—摆动气缸；8—被动同步轮；9—升降气缸；10—大溜板；11—导轨滑块；12—同步带；13—主动同步轮

3. 输送单元机械安装工作单

输送单元机械安装工作单如表2－5－6所示。

表2－5－6　输送单元机械安装工作单

安装步骤	计划时间	实际时间	工具	是否返工，返工原因及解决方法
直线导轨的安装				
抓取机械手的安装				
伺服电动机的安装				
传感器的安装				
电磁阀的安装				
整体安装				
调试过程	传送带转动是否正常： 不正常原因及解决方法：			
	气缸推出是否顺利： 不顺利原因及解决方法：			
	气路是否能正常换向 不正常换向原因及解决方法：			
	其他故障及解决方法：			

5.4.3　搬运单元的气路连接与调试

输送单元的抓取机械手装置上的所有气缸连接的气管沿拖链敷设，插接到电磁阀组上，其气动控制回路如图2－5－26所示。

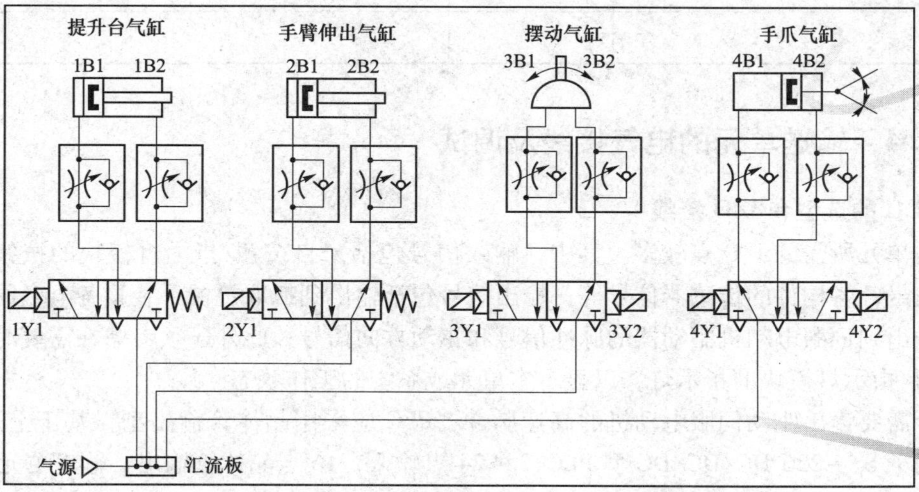

图2－5－26　输送单元气动控制回路

在气动控制回路中，摆动气缸和手爪气缸的电磁阀采用的是二位五通双电控电磁阀，双电控电磁阀如图 2－5－27 所示。

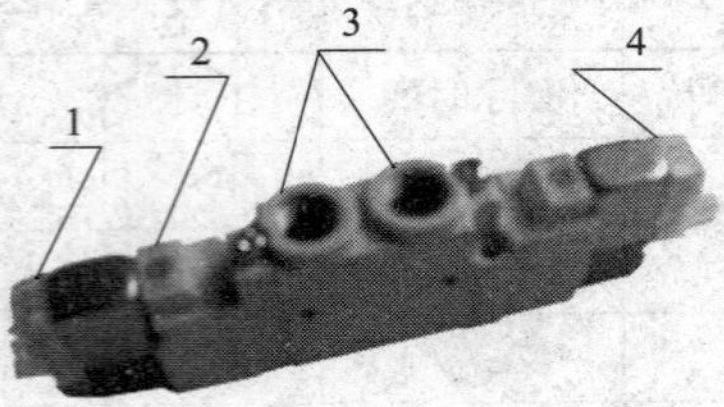

图 2－5－27 双电控电磁阀

1—驱动线圈 1；2—手控开关；3—气管接口；4—驱动线圈 2

双电控电磁阀与单电控电磁阀的区别在于：对于单电控电磁阀，在无电控信号时，阀芯在弹簧力的作用下会被复位；而对于双电控电磁阀，在两端都无电控信号时，阀芯的位置取决于前一个电控信号。

注意：双电控电磁阀的两个电控信号不能同时为“1”，即在控制过程中不允许两个线圈同时得电，否则，可能会造成电磁线圈烧毁，当然，在这种情况下阀芯的位置是不确定的。

输送单元气路连接工作单见表 2－5－7。

表 2－5－7 输送单元气路连接工作单

调试内容	是	否	不正确原因
气路连接是否有漏气现象			
提升台气缸伸出是否顺畅			
手臂伸出气缸缩回是否顺畅			
摆动气缸伸出是否顺畅			
手爪气缸伸出是否顺畅			
备注			

5.4.4 输送单元的电气接线及调试

1. PLC 的选型和 I/O 接线

输送单元所需的 I/O 点较多。其中，输入信号包括来自按钮/指示灯模块的按钮、开关等主令信号，各构件的传感器信号等；输出信号包括输出到抓取机械手装置各电磁阀的控制信号和输出到伺服电动机驱动器的脉冲信号和驱动方向信号；此外还须考虑在需要时输出信号到按钮/指示灯模块的指示灯，以显示本单元或系统的工作状态。

由于需要输出驱动伺服电动机的高速脉冲，PLC 应采用晶体管输出型。基于上述考虑，选用西门子 S7－226 DC/DC/DC 型 PLC，共 24 点输入，16 点晶体管输出。输送单元 PLC 的 I/O 信号分配见表 2－5－6，输送单元 PLC 接线原理如图 2－5－28 所示。

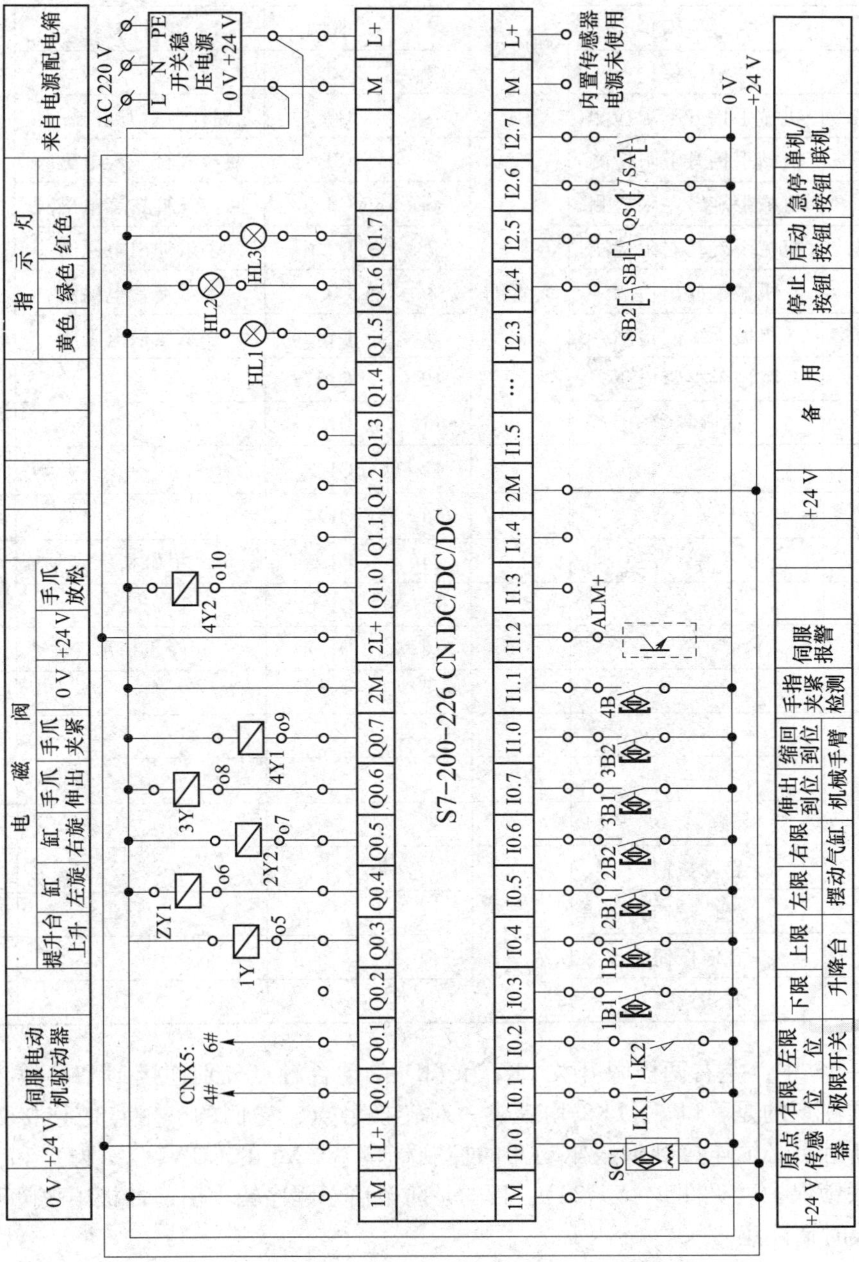

图 2－5－28　输送单元 PLC 接线原理

表 2－5－8　输送单元 PLC 的 I/O 信号分配

输入信号				输出信号			
序号	PLC 输入点	信号名称	信号来源	序号	PLC 输出点	信号名称	信号来源
1	I0.0	原点传感器检测	装置侧	1	Q0.0	脉冲	装置侧
2	I0.1	右限位保护		2	Q0.1	方向	
3	I0.2	左限位保护		3	Q0.2	—	
4	I0.3	机械手抬升下限检测	装置侧	4	Q0.3	提升台上升电磁阀	
5	I0.4	机械手抬升上限检测		5	Q0.4	回转气缸左旋电磁阀	
6	I0.5	机械手旋转左限检测		6	Q0.5	回转气缸右旋电磁阀	
7	I0.6	机械手旋转右限检测		7	Q0.6	手爪伸出电磁阀	
8	I0.7	机械手伸出检测		8	Q0.7	手爪夹紧电磁阀	
9	I1.0	机械手缩回检测		9	Q1.0	手爪放松电磁阀	
10	I1.1	机械手夹紧检测		10	Q1.1	—	
11	I1.2	伺服报警		11	Q1.2	—	
12	I1.3	—		12	Q1.3	—	
13	I1.4	—		13	Q1.4	—	
14	I1.5	—		14	Q1.5	报警指示	按钮/指示灯模块
15	I1.6	—		15	Q1.6	运行指示	
16	I1.7	—		16	Q1.7	停止指示	
17	I2.0	—					
18	I2.1	—					
19	I2.2	—					
20	I2.3	—					
21	I2.4	启动按钮	按钮/指示灯模块				
22	I2.5	复位按钮					
23	I2.6	急停按钮					
24	I2.7	方式选择					

图 2－5－28 中，左右两极限开关 LK2 和 LK1 的动合触点分别连接到 PLC 输入点 I0.2 和 I0.1。必须注意的是，LK1、LK2 均提供一对转换触点，它们的静触点应连接到公共点 COM，而动断触点必须连接到伺服驱动器的控制端口 CN X5 的 CCWL（9 脚）和 CWL（8 脚）作为硬联锁保护（见图 2－5－29），目的是防范由于程序错误引起冲极限故障而造成设备损坏，接线时请注意。

晶体管输出的 S7－200 系列 PLC，供电电源采用 DC 24 V 的直流电源，与前面各工作单元的继电器输出的 PLC 不同。接线时也请注意，千万不要把 AC 220 V 电源连接到其电源输入端。

2. 伺服驱动器电气接线与参数设置

MADDT1207003 伺服驱动器面板上有多个接线端口。

X1：电源输入接口，AC 220 V 电源连接到 L1、L3 主电源端子上，同时连接到控制电源端子 L1C、L2C 上。

X2：电动机接口和外置再生放电电阻器接口。U、V、W 端子用于连接电动机。必须注意，电源电压务必按照驱动器铭牌上的指示，电动机接线端子（U、V、W）不可以接地或短路，交流伺服电动机的旋转方向不像感应电动机可以通过交换三相相序来改变，必须保证驱动器上的 U、V、W、E 接线端子与电动机主回路接线端子按规定的次序一一对应，否则可能造成驱动器的损坏。电动机的接线端子和驱动器的接地端子机滤波器的接地端子 必须保证可靠地连接到同一个接地点上，机身也必须接地。RB1、RB2、RB3 端子是外接放电电阻，MADDT1207003 的规格为 100 Ω/W，本项目中的设备没有使用外接放电电阻。

X6：连接到电动机编码器信号接口，连接电缆应选用带有屏蔽层的双绞电缆，屏蔽层应接到电动机侧的接地端子上，并且应确保将编码器电缆屏蔽层连接到插头的外壳（PG）上。

X5：I/O 控制信号端口，其部分引脚信号定义与选择的控制模式有关，不同模式下的接线请参考《松下 A 系列伺服电动机手册》。本项目中，伺服电动机用于定位控制，选用位置模式，所采用的是简化接线方式，如图 2－5－29 所示。

完成电气接线后，须对伺服电动机驱动器进行参数设置，如表 2－5－9 所示。

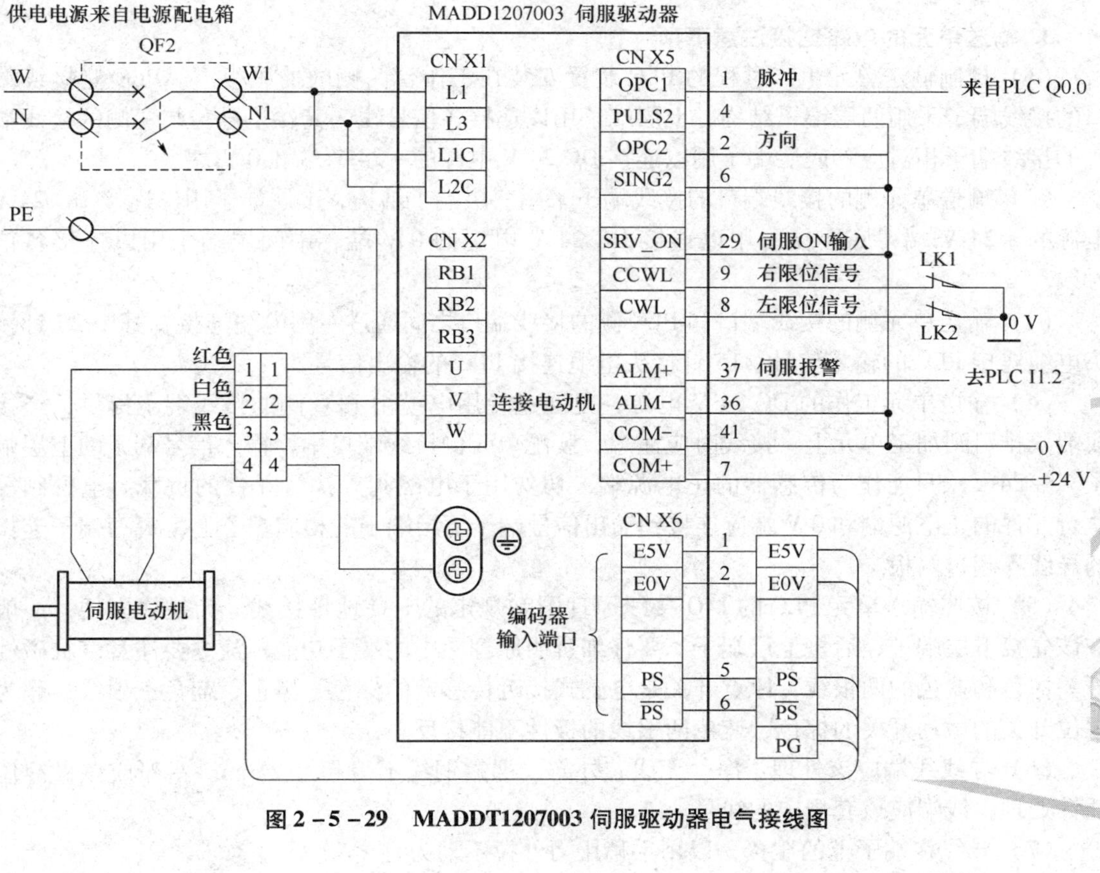

图 2－5－29　MADDT1207003 伺服驱动器电气接线图

表 2－5－9　伺服电动机驱动器参数设置

序号	参数		设置数值	功能和含义
	参数编号	参数名称		
1	Pr4	行程限位禁止输入无效设置	2	当左或右限位动作时，则会发生 Err38 行程限位禁止输入信号出错报警。设置此参数值必须在控制电源断电重启之后才能修改、写入成功
4	Pr20	惯量比	1 678	该值自动调整得到，具体请参 AC 伺服电动机驱动器使用说明书
5	Pr21	实时自动增益设置	1	实时自动调整为标准模式，运行时负载惯量的变化情况很小
6	Pr22	实时自动增益的机械刚性选择	1	此参数值设得越大，响应越快
7	Pr41	指令脉冲旋转方向设置	1	指令脉冲＋指令方向。设置此参数值必须在控制电源断电重启之后才能修改、写入成功
8	Pr42	指令脉冲输入方式	3	
9	Pr4B	指令脉冲分倍频分母	6 000	如果 pr48 或 pr49＝0，pr4B 即可设为电动机每转一圈所需的指令脉冲数

3. 输送单元的电路连接注意事项

（1）控制输送单元生产过程的 PLC 装置安装在工作台两侧的抽屉板上。PLC 侧接线端口的接线端子采用两层端子结构，上层端子用以连接各信号线，其端子号与装置侧的接线端口的接线端子相对应。底层端子用以连接 DC 24 V 电源的＋24 V 端和 0 V 端。

（2）输送单元侧的接线端口的接线端子采用三层端子结构，上层端子用以连接 DC 24 V 电源的＋24 V 端，底层端子用以连接 DC 24 V 电源的 0 V 端，中间层端子用以连接各信号线。

（3）输送单元侧的接线端口和 PLC 侧的接线端口之间通过专用电缆连接，其中 25 针接头电缆连接 PLC 的输入信号，15 针接头电缆连接 PLC 的输出信号。

（4）输送单元工作的 DC 24 V 电源，是通过专用电缆由 PLC 侧的接线端子提供，经接线端子排引到加工单元上。接线时应注意，装配单元侧接线端口中，输入信号端子的上层端子（＋24 V）只能作为传感器的正电源端，切勿用于电磁阀等执行元件的负载。电磁阀等执行元件的正电源端和 0 V 端应连接到输出信号端子下层端子的相应端子上，每一端子连接的导线不超过两根。

（5）按照输送单元 PLC 的 I/O 接线原理图和规定的 I/O 地址接线。为接线方便，一般应该先接下层端子，后接上层端子。要仔细辨明原理图中的端子功能标注。要注意气缸磁性开关棕色和蓝色的两根线，原点开关是电感式接近传感器的棕色、黑色、蓝色三根线，作为限位开关的微动开关的棕色、蓝色两根线的极性不能接反。

（6）导线线端应该处理干净，无线芯外露，裸露铜线不得超过 2 mm。一般应该做冷压插针处理，线端应该套规定的线号。

（7）导线在端子上的压接，以用手稍用力外拉不动为宜。

(8) 导线走向应该平顺有序，不得重叠挤压折曲，顺序凌乱。线路应该用黑色尼龙扎带进行绑扎，以不使导线外皮变形为宜。装置侧接线完成后，应用扎带绑扎，力求整齐美观。

(9) 输送单元的按钮/指示灯模块，按照端子接口的规定连接。

(10) 输送单元拖链中的气路管线和电气线路要分开敷设，长度要略长于拖链。电气管线在拖链中不能相互交叉、打折、纠结，要有序排布，并用尼龙扎带绑扎。

(11) 进行松下 MINAS A4 系列伺服电动机驱动器接线时，驱动器上的 L1，L2 要与 AC 220 V 电源相连；U、V、W、D 端与伺服电动机电源端连接，接地端一定要可靠连接保护地线。伺服驱动器的信号输出端要和伺服电动机的信号输入端连接，具体接线应参照伺服说明书。要注意伺服驱动器使能信号线的连接。

(12) 参照松下 MINAS A4 系列伺服驱动器的说明书，对伺服驱动器的相应参数进行设置，如位置环工作模式、加减速时间等。

(13) TPC7062K 人机界面（触摸屏）可以通过 SIEMENS S7－200 系列 PLC（包含 CPU221/CPU222/CPU224/CPU226 等型号）CPU 单元上的编程通信口（PPI 端口）与 PLC 连接，其中 CPU226 有两个通信端口，都可以用来连接触摸屏，但需要分别设定通信参数。通过直接连接时需要注意软件中通信参数的设定。

(14) 根据控制任务书的要求制作触摸屏的组态控制画面，并进行联机调试。

4. 气路连接和电气配线敷设

当抓取机械手装置做往复运动时，连接到机械手装置上的气管和电气连接线也随之运动。确保这些气管和电气连接线运动顺畅，不至在移动过程拉伤或脱落是安装过程中重要的一环。

连接到机械手装置上的管线首先绑扎在拖链安装支架上，然后沿拖链敷设，进入管线线槽中。绑扎管线时要注意管线引出端到绑扎处保持足够长度，以免机构运动时被拉紧造成脱落。沿拖链敷设时注意管线间不要相互交叉。

输送单元电气线路安装及调试工作单见表 2－5－10。

表 2－5－10 输送单元电气线路安装及调试工作单

调试内容	正确	错误	原因
原点传感器检测信号			
左限位保护信号			
右限位保护信号			
提升台上限检测信号			
提升台下限检测信号			
摆动气缸左限检测			
摆动气缸右限检测			
手臂伸出检测信号			
手臂缩回检测信号			
手指夹紧检测信号			
伺服报警检测			

5.4.5 搬运单元的程序设计及调试

1. 主程序编写的思路

本节只介绍使用指令向导实现脉冲输出及位置控制；脉冲输出 MAP 库文件的应用在模块一项目四中介绍，读者也可以选用 MAP 库文件的编程方法实现机械手的位置控制。

从前面所述的传送工件功能测试任务可以看出，整个功能测试过程应包括上电后复位、传送功能测试、紧急停止处理和状态指示等部分，传送功能测试是一个步进顺序控制过程。在子程序中可采用步进指令驱动实现。

紧急停止处理过程也要编写一个子程序单独处理。这是因为，当抓取机械手装置正在向某一目标点移动时按下急停按钮，PTOx_CTRL 子程序的 D_STOP 输入端变成高位，停止启用 PTO，PTOx_RUN 子程序使能位 OFF 而终止，使抓取机械手装置停止运动。急停复位后，原来运行的包络已经终止，为了使机械手继续往目标点移动。可让它首先返回原点，然后运行从原点到原目标点的包络。这样当急停复位后，程序不能马上回到原来的顺控过程，而是要经过使机械手装置返回原点的一个过渡过程。

输送单元程序控制的关键点是伺服电动机的定位控制，在编写程序时，应预先规划好各段的包络，然后借助位置控制向导组态 PTO 输出。表 2－5－11 所示为伺服电动机运行的运动包络，是根据工作任务的要求和图 2－5－2 所示的各工作单元的位置确定的。表中包络 5 和包络 6 用于急停复位，经急停处理返回原点后重新运行的运动包络。

表 2－5－11 伺服电动机运行的运动包络

运动包络	站点		脉冲量	移动方向
0	低速回零		单速返回	DIR
1	供料单元→加工单元	430 mm	43 000	—
2	加工单元→装配单元	350 mm	35 000	—
3	装配单元→分拣单元	260 mm	26 000	—
4	分拣单元→高速回零前	900 mm	90 000	DIR
5	供料单元→装配单元	780 mm	78 000	—
6	供料单元→分拣单元	1 040 mm	104 000	—

前面已经指出，当运动包络编写完成后，位置控制向导会要求为运动包络指定 V 存储区地址，为了与后面项目八“YL－335B 的整体控制”的工作任务相适应，V 存储区地址的起始地址指定为 VB524。

综上所述，主程序应包括上电初始化、复位过程（子程序）、准备就绪后投入运行等阶段。主程序梯形图如图 2－5－30 所示。

2. 初态检查复位子程序和回原点子程序

系统上电且按下复位按钮后，就调用初态检查复位子程序，进入初始状态检查和复位操作阶段，目标是确定系统是否准备就绪，若未准备就绪，则系统不能启动进入运行状态。输送单元初态调试见表 2－5－12。输送单元伺服参数见表 2－5－13。

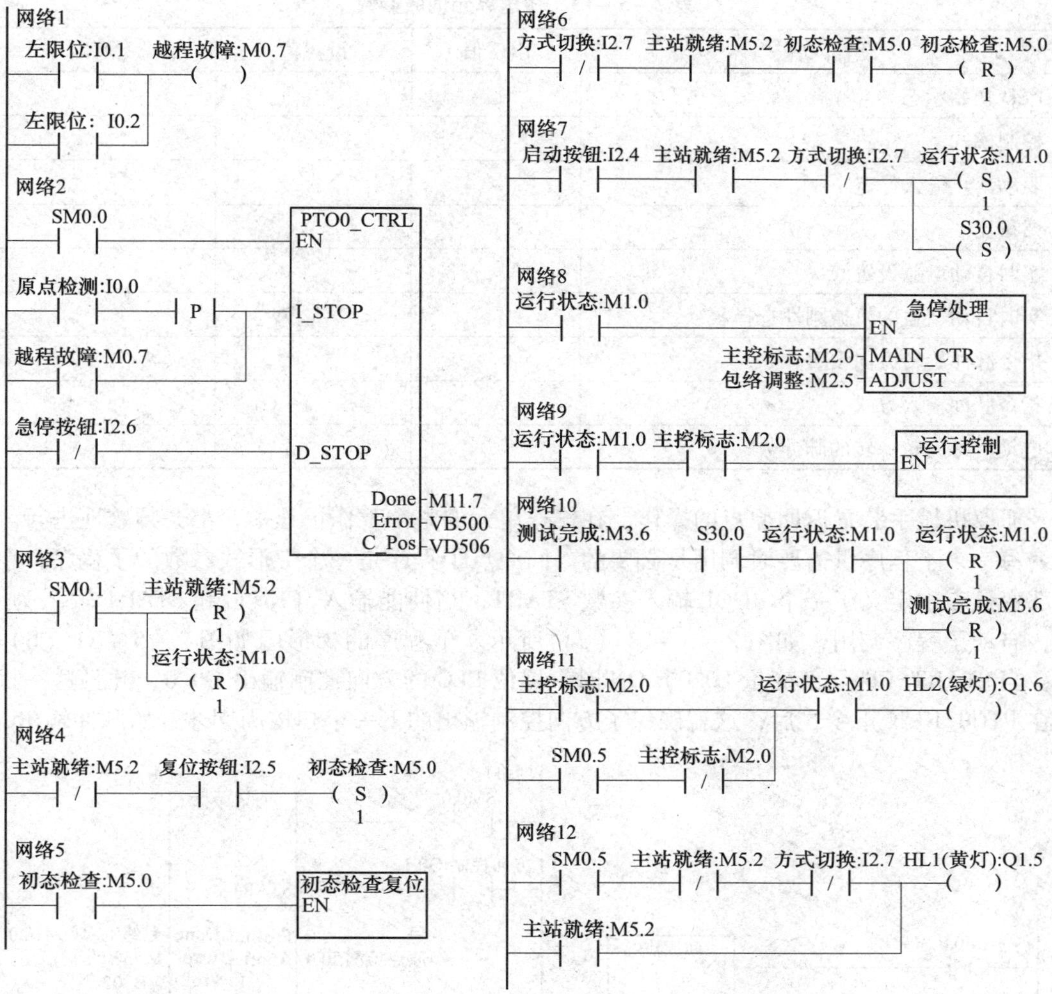

图 2-5-30 主程序梯形图

该子程序的内容是检查各气动执行元件是否处在初始位置，抓取机械手装置是否在原点位置，如否则进行相应的复位操作，直至准备就绪。子程序中，除调用回原点子程序外，主要是完成简单的逻辑运算，这里就不再详述了。

表 2-5-12 输送单元初态调试

调试内容		是	否	原因
1	机械手返回原点状态			
2	提升台气缸是否处于缩回状态			
3	手臂气缸是否处于缩回状态			
4	手爪气缸是否处于松开状态			
5	HL1 指示灯状态是否正常			
6	HL2 指示灯状态是否正常			

表 2－5－13 输送单元伺服参数

设置内容	出厂值	设置值	原因
LED 初始状态			
控制模式			
驱动禁止输入设定			
惯量比			
实时自动增益设置			
实时自动增益的机械刚性选择			
指令脉冲旋转方向设置			
指令脉冲输入方式			
电动机每旋转一转的脉冲数			

抓取机械手装置返回原点的操作，在输送单元的整个工作过程中，都会频繁地进行。因此编写一个子程序供需要时调用是必要的。回原点子程序是一个带形式参数的子程序，在其局部变量表中定义了一个 BOOL 输入参数 START，当使能输入（EN）和 START 输入为 ON 时，启动子程序调用，如图 2－5－31（a）所示。子程序的梯形图如图 2－5－31（b）所示，当 START（即局部变量 L0.0）ON 时，置位 PLC 的方向控制输出 Q0.0，并且这一操作放在 PTO0_RUN 指令之后，这就确保了方向控制输出的下一个扫描周期才开始脉冲输出。

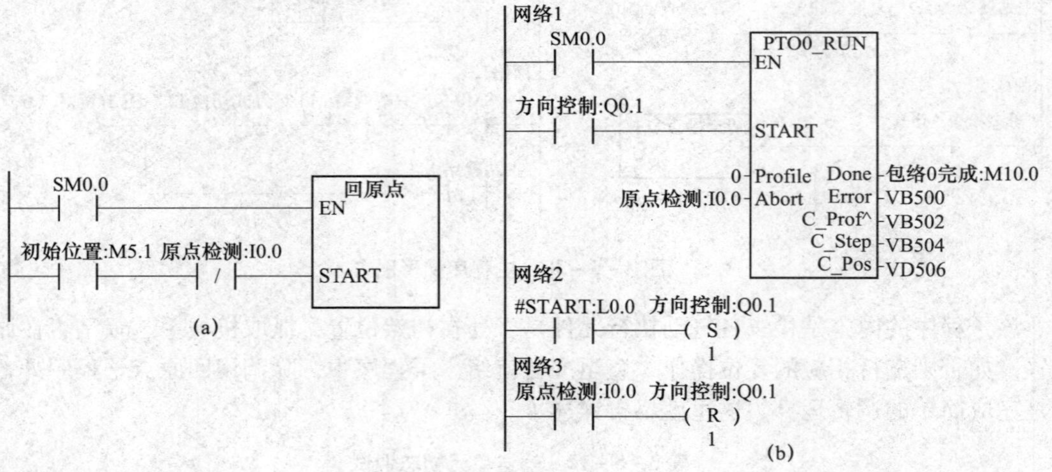

图 2－5－31 回原点子程序

（a）回原点子程序的调用；（b）回原点子程序梯形图

带形式参数的子程序是西门子系列 PLC 的优异功能之一，输送单元程序中好几个子程序均使用了这种编程方法。关于带参数调用子程序的详细介绍，请参阅 S7－200 可编程控制器系统手册。

3. 急停处理子程序

当系统进入运行状态后，在每一扫描周期都调用急停处理子程序。该子程序也带形式参数，在其局部变量表中定义了两个 BOOL 型的输入/输出参数 ADJUST 和 MAIN_CTR，参数

MAIN_CTR 传递给全局变量主控标志 M2.0，并由 M2.0 当前状态维持，此变量的状态决定了系统在运行状态下能否执行正常的传送功能测试过程。参数 ADJUST 传递给全局变量包络调整标志 M2.5，并由 M2.5 当前状态维持，此变量的状态决定了系统在移动机械手的工序中，是否需要调整运动包络号。

急停处理子程序梯形图如图 2-5-32 所示，说明如下：

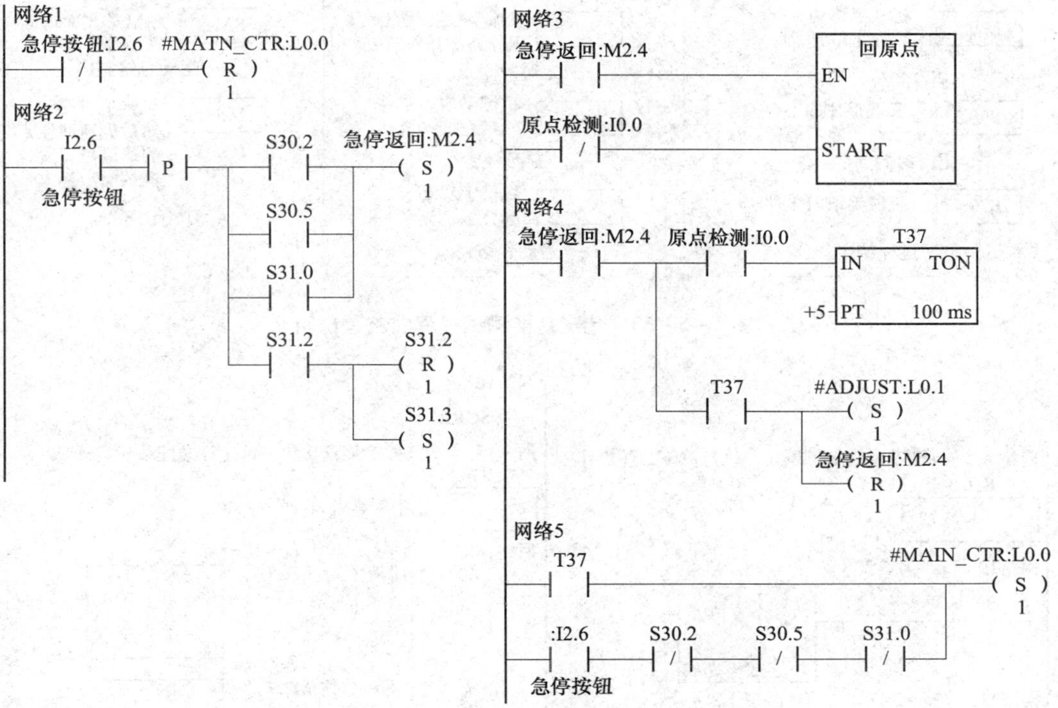

图 2-5-32　急停处理子程序梯形图

(1) 当急停按钮被按下时，MAIN_CTR 置 0，M2.0 置 0，传送功能测试过程停止。

(2) 若急停前抓取机械手正在前进（从供料往加工，或从加工往装配，或从装配往分拣），则当急停复位的上升沿到来时，需要启动使机械手低速回原点过程。到达原点后，置位 ADJUST 输出，传递给包络调整标志 M2.5，以便在传送功能测试过程重新运行后，给处于前进工步的过程调整包络用，例如，对于从加工到装配的过程，急停复位重新运行后，将执行从原点（供料单元处）到装配的包络。

(3) 若急停前抓取机械手正在高速返回中，则当急停复位的上升沿到来时，使高速返回步复位，转到下一步即摆台右转和低速返回。

4. 传送功能测试子程序的结构

传送功能测试过程是一个单序列的步进顺序控制。在运行状态下，若主控标志 M2.0 为 ON，则调用该子程序。传送功能测试过程的流程说明如图 2-5-33 所示。

下面以机械手在加工台放下工件开始，到机械手移动到装配单元为止，这三步过程为例说明编程思路，其梯形图如图 2-5-34 所示。由图 2-5-34 可见：

(1) 在机械手执行放下工件的工作步中，调用“放下工件”子程序，在执行抓取工件的工作步中，调用“抓取工件”子程序。这两个子程序都带有 BOOL 输出参数，当抓取或放下工作完成时，输出参数为 ON，传递给相应的“放料完成”标志 M4.1 或“抓取完成”

标志 M4.0，作为顺序控制程序中步转移的条件。

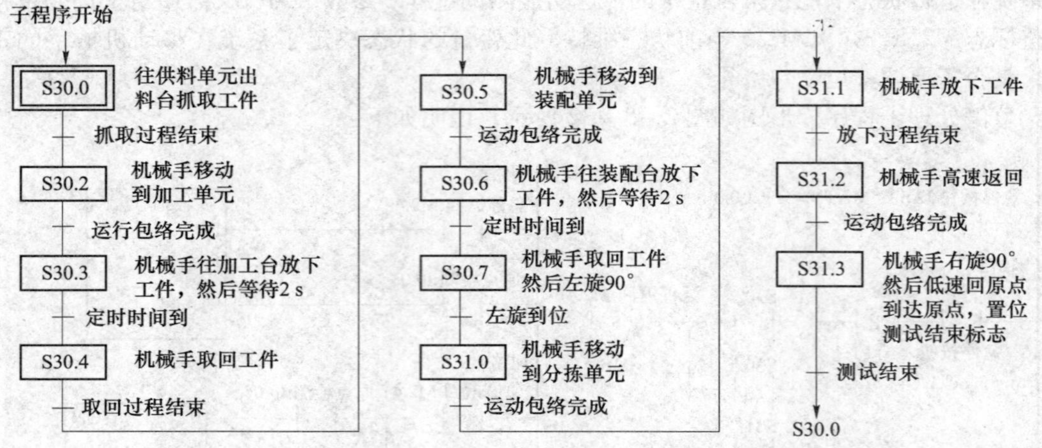

图 2-5-33　传送功能测试过程的流程说明

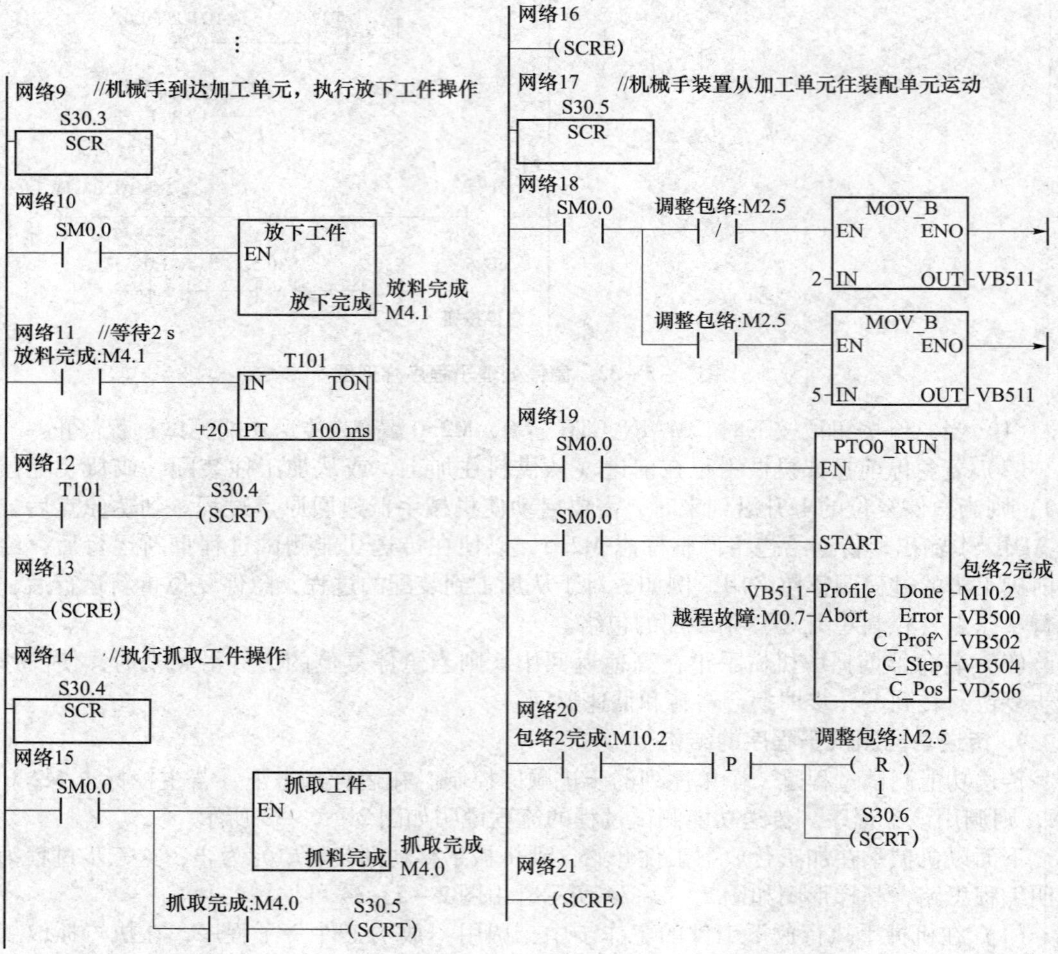

图 2-5-34　从加工单元向装配单元的梯形图

机械手在不同的阶段抓取工件或放下工件的动作顺序是相同的。抓取工件的动作顺序为：手臂伸出→手爪夹紧→提升台上升→手臂缩回。放下工件的动作顺序为：手臂伸出→提升台下降→手爪松开→手臂缩回。采用子程序调用的方法来实现抓取和放下工件的动作控制使程序编写得以简化。

（2）在 S30.5 步，执行机械手装置从加工单元往装配单元运动的操作，运行的包络有两种情况，正常情况下使用包络 2，急停复位回原点后再运行的情况则使用包络 5，选择依据是“调整包络标志”M2.5 的状态，包络完成后请记住使 M2.5 复位。这一操作过程，同样适用于机械手装置从供料单元往加工单元或装配单元往分拣单元运动的情况，只是从供料单元往加工单元时不需要调整包络，但包络过程完成后使 M2.5 复位仍然是必需的。

事实上，其他各工步编程中运用的思路和方法，基本上与上述三步类似。按此，读者不难编制出传送功能测试过程的整个程序。

“抓取工件”和“放下工件”子程序较为简单，此处不再详述。输送单元单站运行的全部程序梯形图请参考“光盘中的例程”。

5. 做好运行调试记录

完成输送单元运行状态调试工作单（表 2－5－14）。

表 2－5－14 输送单元运行状态调试工作单

<table>
<tr><th></th><th colspan="3">调试内容</th><th>是</th><th>否</th><th>原因</th></tr>
<tr><td rowspan="12">启动按钮按下后</td><td>1</td><td colspan="2">HL1 指示灯是否点亮</td><td></td><td></td><td></td></tr>
<tr><td>2</td><td colspan="2">HL2 指示灯是否常亮</td><td></td><td></td><td></td></tr>
<tr><td rowspan="2">3</td><td rowspan="2">设备回零</td><td>机械手机构是否回零</td><td></td><td></td><td></td></tr>
<tr><td>直线运动机构是否回零</td><td></td><td></td><td></td></tr>
<tr><td rowspan="2">4</td><td rowspan="2">供料单元有料时</td><td>机械手是否正常抓取工件</td><td></td><td></td><td></td></tr>
<tr><td>直线机构是否运动</td><td></td><td></td><td></td></tr>
<tr><td rowspan="2">5</td><td rowspan="2">加工单元有料时</td><td>机械手是否正常抓取工件</td><td></td><td></td><td></td></tr>
<tr><td>直线机构是否运动</td><td></td><td></td><td></td></tr>
<tr><td rowspan="2">6</td><td rowspan="2">装配单元有料时</td><td>机械手是否正常抓取工件</td><td></td><td></td><td></td></tr>
<tr><td>直线机构是否运动</td><td></td><td></td><td></td></tr>
<tr><td rowspan="2">7</td><td rowspan="2">分拣单元无料时</td><td>机械手是否正常放下工件</td><td></td><td></td><td></td></tr>
<tr><td>直线机构是否运动</td><td></td><td></td><td></td></tr>
</table>

续表

		调试内容	是	否	原因
	8	供料单元，装配单元没有工件时，机械手是否继续工作			
停止按钮按下后	1	HL1 指示灯是否常亮			
	2	HL2 指示灯是否熄灭			
	3	工作状态是否正常			

5.5 项目总结与评价

本项目主要介绍了伺服驱动器及伺服电动机的工作原理、结构组成及在自动生产线中的应用，学习了 PLC 控制技术中的位控编程方法在自动生产线中的应用，亲身实践了搬运机械手的组装及 PLC 对机械手位置的精细控制。完成本项目自我评价（表 2－5－15）与项目考核表（表 2－5－16）。

表 2－5－15 输送单元项目自我评价

评价内容	分值	得分	需提高部分
机械安装与调试	20 分		
气路连接与调试	20 分		
电气安装与调试	25 分		
程序设计与调试	25 分		
绑扎工艺及工位整理	10 分		
不足之处			
优点			

表 2－5－16　输送单元考核评价表

<table>
<tr><th colspan="2">项目分类</th><th>考核内容</th><th>分值</th><th>工作要求</th><th>评分标准</th><th>老师评分</th></tr>
<tr><td rowspan="9">专业能力90分</td><td rowspan="3">电气接线</td><td>1. 正确连接装置侧、PLC 侧的接线端子排</td><td>10</td><td>1. 装置侧三层接线端子电源、信号连接正确，PLC 侧两层接线端子电源、信号连接正确；
2. 传感器供电使用输入端电源，电磁阀等执行机构使用输出端电源；
3. 按照 I/O 分配表正确连接输送单元的输入与输出</td><td>电源与信号接反，每处扣 2 分；
其他每错一处扣 1 分</td><td></td></tr>
<tr><td>2. 正确接线伺服电动机与伺服驱动器，伺服驱动器的参数设置准确</td><td>10</td><td>1. 伺服驱动器与 PLC 接线正确；
2. 能够正确设置伺服驱动器的参数</td><td>设置参数错误一个扣 2 分；
接线每错一处扣 2 分</td><td></td></tr>
<tr><td>3. 接线、布线规格平整</td><td>5</td><td>线头处理干净，无导线外露，接线端子上最多压入两个线头，导线绑扎利落，线槽走线平整</td><td>若有违规操作，每处扣 1 分</td><td></td></tr>
<tr><td rowspan="3">机械安装</td><td>1. 正确、合理使用装配工具</td><td>5</td><td>能够正确使用各装配工具拆装输送单元，不出现多或少螺栓现象</td><td>不会用、错误使用不得分（教师提问、学生操作）多或少一个螺栓扣 1 分</td><td></td></tr>
<tr><td>2. 正确安装分拣单元</td><td>10</td><td>安装分拣单元后不多件、不少件</td><td>多件、少件、安装不牢每处扣 2 分</td><td></td></tr>
<tr><td>3. 正确安装电动机、联轴器，电动机运行正常</td><td>5</td><td>电动机、联轴器安装正确；主、从动轴安装正确保证输送单元运行平稳</td><td>每错一处扣 1 分</td><td></td></tr>
<tr><td rowspan="3">程序调试</td><td>1. 正确编制梯形图程序及调试</td><td>30</td><td>梯形图格式正确，各电磁阀控制顺序正确，梯形图整体结构合理，模拟量采集输出正确。运行动作正确（根据运行情况可修改和完善。）</td><td>根据任务要求，动作不正确，每处扣 1 分，模拟量采集、输出不正确扣 1 分</td><td></td></tr>
<tr><td>2. 伺服电动机能够正常运行</td><td>10</td><td>应用 PTO 指令测试电动机的运行</td><td>不会测试不得分</td><td></td></tr>
<tr><td>3. 运行结果及口试答辩</td><td>5</td><td>程序运行结果正确，表述清楚，口试答辩准确</td><td>对运行结果表述不清楚者扣 5 分</td><td></td></tr>
<tr><td colspan="2" rowspan="2">职业素质能力 10 分</td><td>相互沟通、团结配合能力</td><td>5</td><td>善于沟通，积极参与，与组长、组员配合默契，不产生冲突</td><td>根据自评、互评、教师点评而定</td><td></td></tr>
<tr><td>清扫场地、整理工位</td><td>5</td><td>场地清扫干净，工具、桌椅摆放整齐</td><td>不合格，不得分</td><td></td></tr>
<tr><td colspan="6">合计</td><td></td></tr>
</table>

5.6 问题与思考

1. 若机械手在运动过程出现旋转不到位现象，分析可能产生这一现象的原因，说明检测过程及解决方法。

2. 若伺服启动器在运行过程中产生报警。分析可能产生这一现象的原因，说明检测过程及解决方法。

3. 叙述调试过程中出现的其他故障及解决方法。

4. 总结检查气动连线、传感器接线、光电编码器接线、变频器接线、变频器快速设定、I/O 检测及故障排除方法。

5. 如果在加工过程中出现意外情况如何处理?

6. 思考网络控制如何实现?

项目 6

自动生产线全线运行与调试

学习目标

（1）掌握西门子 PPI 通信方式及通信设置，能通过 PPI 通信方式将多个 PLC 互连。

（2）掌握 MCGS 触摸屏及 MCGS 组态软件相关知识，能将触摸屏与 PLC 互连。

（3）会设置主令工作信号完成全线运行，掌握自动线全线运行的编程方法。

（4）根据任务要求在规定的时间内能完成全线设备的运行与调试。

（5）能够根据任务要求完成组态画面的绘制，能完成各工作单元的单机/全线运行程序。

（6）能够解决调试过程中出现的各种故障。

项目导入

以小组为单位，根据给定的任务，搜集资料，制定自动生产线全线运行工作计划表，完成机械、电气线路、气路的安装与调试，设计 PLC 程序并进行调试。填写各项目实施过程中的调试工作单，做好项目的自我检查与评价。

1. 自动生产线设备部件安装

完成自动生产线的供料、加工、装配、分拣单元和输送单元的部分装配工作，并把这些工作单元安装在工作桌面上。

自动生产线各工作单元装置部分的安装位置如图 2－5－2 所示。

各工作单元装置部分的装配要求如下：

（1）供料、加工和装配等工作单元的装配工作已经完成。

（2）完成分拣单元装置侧的安装和调整以及工作单元在工作台面上定位。

（3）输送单元的直线导轨和底板组件已装配好，须将该组件安装在工作台上，并完成其余部件的装配，直至完成整个工作单元的装置侧安装和调整。

2. 气路连接及调整

（1）按照前面所介绍的分拣和输送单元气动系统图完成气路连接。

（2）接通气源后检查各工作单元气缸初始位置是否符合要求，如不符合须适当调整。

（3）完成气路调整，确保各气缸运行顺畅和平稳。

3. 电路设计和电路连接

根据生产线的运行要求完成分拣和输送单元电路设计和电路连接。

（1）设计分拣单元的电气控制电路，并根据所设计的电路图连接电路。电路图应包括 PLC 的 I/O 端子分配和变频器主电路及控制电路。电路连接完成后应根据运行要求设定变频器有关参数，并现场测试旋转编码器的脉冲当量（测试 3 次取平均值，有效数字为小数后 3 位），上述参数应记录在所提供的电路图上。

（2）设计输送单元的电气控制电路，并根据所设计的电路图连接电路；电路图应包括PLC 的 I/O 端子分配、伺服电动机及其驱动器控制电路。电路连接完成后应根据运行要求设定伺服电动机驱动器有关参数，参数应记录在所提供的电路图上。

4. 各单元 PLC 网络连接

系统的控制方式应采用 PPI 协议通信的分布式网络控制，并指定输送单元作为系统主站。系统主令工作信号由触摸屏人机界面提供，但系统紧急停止信号由输送单元的按钮/指示灯模块的急停按钮提供。安装在工作桌面上的警示灯应能显示整个系统的主要工作状态，例如复位、启动、停止、报警等。

5. 连接触摸屏并组态用户界面

触摸屏应连接到系统中主站的 PLC 编程口。

在 TPC7062K 人机界面上组态画面要求：用户窗口包括主界面和欢迎界面两个窗口，其中，欢迎界面是启动界面，触摸屏上电后运行，屏幕上方的标题文字向右循环移动。

当触摸欢迎界面上任意部位时，都将切换到主窗口界面。主窗口界面组态应具有下列功能：

（1）提供系统工作方式（单站/全线）选择信号和系统复位、启动和停止信号。

（2）在人机界面上设定分拣单元变频器的输入运行频率（40 ~ 50 Hz）。

（3）在人机界面上动态显示输送单元机械手装置当前位置（以原点位置为参考点，度量单位为 mm）。

（4）指示网络的运行状态（正常、故障）。

（5）指示各工作单元的运行、故障状态。其中故障状态包括：

①供料单元的供料不足状态和缺料状态。

②装配单元的供料不足状态和缺料状态。

③输送单元抓取机械手装置越程故障（左或右极限开关动作）。

（6）指示全线运行时系统的紧急停止状态。

欢迎界面和主界面分别如图 2 – 6 – 1 和图 2 – 6 – 2 所示。

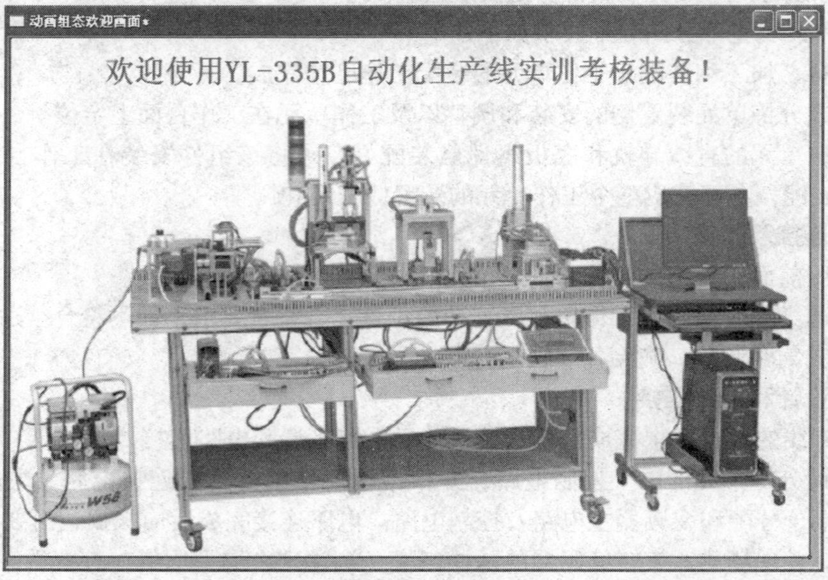

图 2 – 6 – 1 欢迎界面

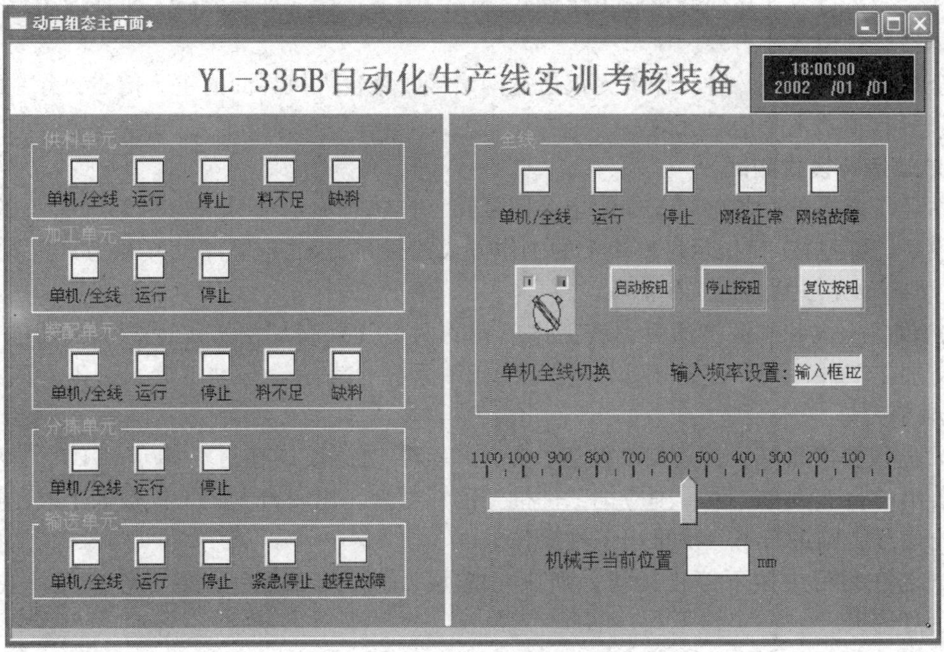

图2-6-2　主界面

6.1　自动生产线全线运行控制要求

自动生产线的工作目标是：将供料单元料仓内的工件送往加工单元的物料台，加工完成后，把加工好的工件送往装配单元的装配台，然后把装配单元料仓内的白色和黑色两种不同颜色的小圆柱零件嵌入到装配台上的工件中，完成装配后的成品送往分拣单元分拣输出。已完成加工和装配工作的工件如图2-6-3所示。

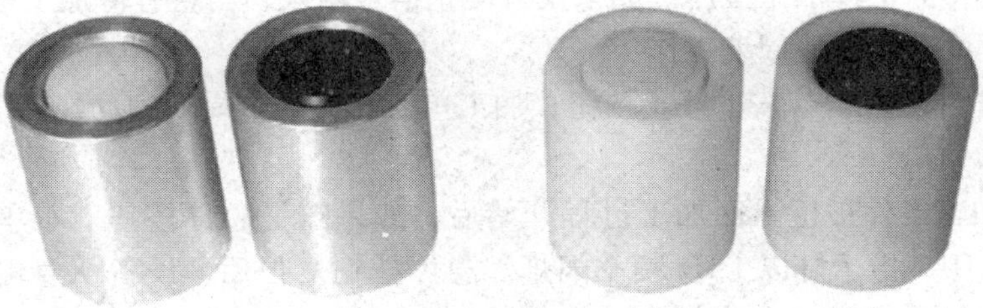

(a)　(b)　(c)　(d)

图2-6-3　已完成加工和装配工作的工件

(a) 金属-(白)；(b) 金属-(黑)；(c) 塑料-(白)；(d) 塑料-(黑)

系统的工作模式分为单站工作和全线运行模式。

从单站工作模式切换到全线运行方式的条件是：各工作单元均处于停止状态，各单元的按钮/指示灯模块上的工作方式选择开关置于全线模式，此时若人机界面中选择开关切换到全线运行模式，系统进入全线运行状态。

要从全线运行方式切换到单站工作模式，仅限当前工作周期完成后人机界面中选择开关切换到单站运行模式才有效。

在全线运行方式下，各工作单元仅通过网络接收来自人机界面的主令信号，除主站急停按钮外，所有本站主令信号无效。

1. 单站运行模式测试

单站运行模式下，各单元工作的主令信号和工作状态显示信号来自其PLC旁边的按钮/指示灯模块，并且按钮/指示灯模块上的工作方式选择开关SA应置于“单站方式”位置。

1）供料单元单站运行工作流程

（1）设备上电和气源接通后，若工作单元的两个气缸满足初始位置要求，且料仓内有足够的待加工工件，则“正常工作”指示灯HL1常亮，表示设备准备好；否则，该指示灯以1 Hz频率闪烁。

（2）若设备准备好，按下启动按钮，工作单元启动，“设备运行”指示灯HL2常亮。启动后，若出料台上没有工件，则应把工件推到出料台上。出料台上的工件被人工取出后，若没有停止信号，则进行下一次推出工件操作。

（3）若在运行中按下停止按钮，则在完成本工作周期任务后，各工作单元停止工作，HL2指示灯熄灭。

（4）若在运行中料仓内工件不足，则工作单元继续工作，但“正常工作”指示灯HL1以1 Hz的频率闪烁，“设备运行”指示灯HL2保持常亮。若料仓内没有工件，则HL1指示灯和HL2指示灯均以2 Hz频率闪烁。工作单元在完成本周期任务后停止，除非向料仓补充足够的工件，否则工作单元不能再启动。

2）加工单元单站运行工作流程

（1）上电和气源接通后，若各气缸满足初始位置要求，则“正常工作”指示灯HL1常亮，表示设备准备好；否则，该指示灯以1 Hz频率闪烁。

（2）若设备准备好，按下启动按钮，设备启动，“设备运行”指示灯HL2常亮。当待加工工件送到加工台上并被检出后，设备执行将工件夹紧，送往加工区域冲压，完成冲压动作后返回待料位置的工件加工工序。如果没有停止信号输入，当再有待加工工件送到加工台上时，加工单元又开始下一周期工作。

（3）在工作过程中，若按下停止按钮，加工单元在完成本周期的动作后停止工作，HL2指示灯熄灭。

（4）当待加工工件被检出而加工过程开始后，如果按下急停按钮，本单元所有机构应立即停止运行，HL2指示灯以1 Hz频率闪烁。急停按钮复位后，设备从急停前的断点开始继续运行。

3）装配单元单站运行工作流程

（1）设备上电和气源接通后，若各气缸满足初始位置要求，料仓上已经有足够的小圆柱零件；工件装配台上没有待装配工件，则“正常工作”指示灯HL1常亮，表示设备准备好。否则，该指示灯以1 Hz频率闪烁。

（2）若设备准备好，按下启动按钮，装配单元启动，“设备运行”指示灯HL2常亮。如果回转台上的左料盘内没有小圆柱零件，就执行下料操作；如果左料盘内有零件，而右料盘内没有零件，则执行回转台回转操作。

(3) 如果回转台上的右料盘内有小圆柱零件且装配台上有待装配工件，执行装配机械手抓取小圆柱零件，放入待装配工件中的控制。

(4) 完成装配任务后，装配机械手应返回初始位置，等待下一次装配。

(5) 若在运行过程中按下停止按钮，则供料机构应立即停止供料，在装配条件满足的情况下，装配单元在完成本次装配后停止工作。

(6) 在运行中发生“零件不足”报警时，指示灯 HL3 以 1 Hz 的频率闪烁，HL1 和 HL2 灯常亮；在运行中发生“零件没有”报警时，指示灯 HL3 以亮 1 s，灭 0.5 s 的方式闪烁，HL2 熄灭，HL1 常亮。

4）分拣单元单站运行工作流程

(1) 初始状态：设备上电和气源接通后，若工作单元的三个气缸满足初始位置要求，则“正常工作”指示灯 HL1 常亮，表示设备准备好；否则，该指示灯以 1 Hz 频率闪烁。

(2) 若设备准备好，按下启动按钮，系统启动，“设备运行”指示灯 HL2 常亮。当传送带入料口人工放下已装配的工件时，变频器即启动，驱动传动电动机以频率为 30 Hz 的速度，把工件带往分拣区。

(3) 如果金属工件上的小圆柱工件为白色，则该工件对到达 1 号滑槽中间，传送带停止，工件对被推到 1 号槽中；如果塑料工件上的小圆柱工件为白色，则该工件对到达 2 号滑槽中间，传送带停止，工件对被推到 2 号槽中；如果工件上的小圆柱工件为黑色，则该工件对到达 3 号滑槽中间，传送带停止，工件对被推到 3 号槽中。工件被推出滑槽后，该工作单元的一个工作周期结束。仅当工件被推出滑槽后，才能再次向传送带下料。

如果在运行期间按下停止按钮，该工作单元在本工作周期结束后停止运行。

5）输送单元单站运行工作流程

单站运行的目标是测试设备传送工件的功能。要求其他各工作单元已经就位，并且在供料单元的出料台上放置了工件。具体测试过程要求如下：

(1) 输送单元在通电后，按下复位按钮 SB1，执行复位操作，使抓取机械手装置回到原点位置。在复位过程中，“正常工作”指示灯 HL1 以 1 Hz 的频率闪烁。

当抓取机械手装置回到原点位置，且输送单元各个气缸满足初始位置的要求时，则复位完成，“正常工作”指示灯 HL1 常亮。按下启动按钮 SB2，设备启动，“设备运行”指示灯 HL2 也常亮，开始功能测试过程。

(2) 抓取机械手装置从供料单元出料台抓取工件，抓取的顺序是：手臂伸出→手爪夹紧抓取工件→提升台上升→手臂缩回。

(3) 抓取动作完成后，伺服电动机驱动机械手装置向加工单元移动，移动速度不小于 300 mm/s。

(4) 机械手装置移动到加工单元物料台的正前方后，即把工件放到加工单元物料台上。抓取机械手装置在加工单元放下工件的顺序是：手臂伸出→提升台下降→手爪松开放下工件→手臂缩回。

(5) 放下工件动作完成 2 s 后，抓取机械手装置执行抓取加工单元工件的操作。抓取的顺序与供料单元抓取工件的顺序相同。

(6) 抓取动作完成后，伺服电动机驱动机械手装置移动到装配单元物料台的正前方，然后把工件放到装配单元物料台上，其动作顺序与加工单元放下工件的顺序相同。

（7）放下工件动作完成 2 s 后，抓取机械手装置执行抓取装配单元工件的操作。抓取的顺序与供料单元抓取工件的顺序相同。

（8）机械手手臂缩回后，摆台逆时针旋转 90°，伺服电动机驱动机械手装置从装配单元向分拣单元运送工件，到达分拣单元传送带上方入料口后把工件放下，动作顺序与加工单元放下工件的顺序相同。

（9）放下工件动作完成后，机械手手臂缩回，然后执行返回原点的操作。伺服电动机驱动机械手装置以 400 mm/s 的速度返回，返回 900 mm 后，摆台顺时针旋转 90°，然后以 100 mm/s 的速度低速返回原点停止。

当抓取机械手装置返回原点后，一个测试周期结束。当供料单元的出料台上放置了工件时，再按一次启动按钮 SB2，开始新一轮的测试。

2. 系统正常的全线运行模式测试

全线运行模式下各工作单元部件的工作顺序以及对输送单元机械手装置运行速度的要求，与单站运行模式一致。全线运行步骤如下：

1）各工作单元的初始状态

系统在上电，PPI 网络正常后开始工作。触摸人机界面上的复位按钮，执行复位操作，在复位过程中，绿色警示灯以 2 Hz 的频率闪烁。红色和黄色灯均熄灭。

复位过程包括：使输送单元机械手装置回到原点位置和检查各工作单元是否处于初始状态。

各工作单元初始状态是指：

①各工作单元气动执行元件均处于初始位置。

②供料单元料仓内有足够的待加工工件。

③装配单元料仓内有足够的小圆柱零件。

④输送单元的紧急停止按钮未按下。

当输送单元机械手装置回到原点位置，且各工作单元均处于初始状态时，则复位完成，绿色警示灯常亮，表示允许启动系统。这时若触摸人机界面上的启动按钮，系统启动，绿色和黄色警示灯均常亮。

2）供料单元的运行

系统启动后，若供料单元的出料台上没有工件，则应把工件推到出料台上，并向系统发出出料台上有工件信号。若供料单元的料仓内没有工件或工件不足，则向系统发出报警或预警信号。出料台上的工件被输送单元机械手取出后，若系统仍然需要推出工件进行加工，则进行下一次推出工件操作。

3）输送单元运行 1

当工件推到供料单元出料台后，输送单元抓取机械手装置应执行抓取供料单元工件的操作。动作完成后，伺服电动机驱动机械手装置移动到加工单元加工物料台的正前方，把工件放到加工单元的加工台上。

4）加工单元运行

加工单元加工台的工件被检出后，执行加工过程。当加工好的工件重新送回待料位置时，向系统发出冲压加工完成信号。

5）输送单元运行2

系统接收到加工完成信号后，输送单元机械手应执行抓取已加工工件的操作。抓取动作完成后，伺服电动机驱动机械手装置移动到装配单元物料台的正前方，然后把工件放到装配单元物料台上。

6）装配单元运行

装配单元物料台的传感器检测到工件到来后，开始执行装配过程。装入动作完成后，向系统发出装配完成信号。

如果装配单元的料仓或料槽内没有小圆柱工件或工件不足，应向系统发出报警或预警信号。

7）输送单元运行3

系统接收到装配完成信号后，输送单元机械手应抓取已装配的工件，然后从装配单元向分拣单元运送工件，到达分拣单元传送带上方入料口后把工件放下，然后执行返回原点的操作。

8）分拣单元运行

输送单元机械手装置放下工件、缩回到位后，分拣单元的变频器即启动，驱动传动电动机以80%最高运行频率（由人机界面指定）的速度，把工件带入分拣区进行分拣，工件分拣原则与单站运行相同。当分拣气缸活塞杆推出工件并返回后，应向系统发出分拣完成信号。

仅当分拣单元分拣工作完成，并且输送单元机械手装置回到原点，系统的一个工作周期才认为结束。如果在工作周期期间没有触摸过停止按钮，系统在延时1 s后开始下一周期工作。如果在工作周期期间曾经触摸过停止按钮，系统工作结束，警示灯中黄色灯熄灭，绿色灯仍保持常亮。系统工作结束后若再按下启动按钮，则系统又重新工作。

3. 异常工作状态测试

1）工件供给状态的信号警示

如果发生来自供料单元或装配单元的"工件不足"的预报警信号或"工件没有"的报警信号，则系统动作如下：

（1）如果发生"工件不足"的预报警信号，警示灯中红色灯以1 Hz的频率闪烁，绿色和黄色灯保持常亮，系统继续工作。

（2）如果发生"工件没有"的报警信号，警示灯中红色灯以亮1 s，灭0.5 s的方式闪烁；黄色灯熄灭，绿色灯保持常亮。

若"工件没有"的报警信号来自供料单元，且供料单元物料台上已推出工件，系统继续运行，直至完成该工作周期尚未完成的工作。当该工作周期工作结束，系统将停止工作，除非"工件没有"的报警信号消失，否则系统不能再启动。

若"工件没有"的报警信号来自装配单元，且装配单元回转台上已落下小圆柱工件，系统继续运行，直至完成该工作周期尚未完成的工作。当该工作周期工作结束，系统将停止工作，除非"工件没有"的报警信号消失，否则系统不能再启动。

2）急停与复位

系统工作过程中按下输送单元的急停按钮，则输送单元立即停车。在急停复位后，应从急停前的断点开始继续运行。但若急停按钮按下时，机械手装置正在向某一目标点移动，则急停复位后输送单元机械手装置应首先返回原点位置，然后再向原目标点运动。

6.2 项目资讯

本系统的控制方式采用每一工作单元由一台 PLC 承担其控制任务，各 PLC 之间通过 RS－485 串行通信实现互联的分布式控制方式。组建成网络后，系统中每一个工作单元也称作工作单元。

PLC 网络的具体通信模式，取决于所选厂家的 PLC 类型。YL－335B 的标准配置为：若 PLC 选用 S7－200 系列，通信方式则采用 PPI 协议通信。

PPI 协议是 S7－200 CPU 最基本的通信方式，通过原来自身的端口（PORT0 或 PORT1）就可以实现通信，是 S7－200 默认的通信方式。

PPI 是一种主—从协议通信，主站发送要求到从站器件，从站器件响应；从站器件不发信息，只是等待主站的要求并对要求做出响应。如果在用户程序中使能 PPI 主站模式，就可以在主站程序中使用网络读写指令来读写从站信息。而从站程序没有必要使用网络读写指令。

1. 实现 PPI 通信的步骤

下面以 YL－335B 各工作单元 PLC 实现 PPI 通信的操作步骤为例，说明使用 PPI 协议实现通信的步骤：

（1）对网络上每一台 PLC，设置其系统块中的通信端口参数，对用作 PPI 通信的端口（PORT0 或 PORT1），指定其地址（站号）和波特率。设置后把系统块下载到该 PLC。具体操作如下：

运行个人电脑上的 STEP7 V4.0（SP5）程序，打开设置端口界面，如图 2－6－4 所示。利用 PPI/RS－485 编程电缆单独地在输送单元 CPU 系统块里设置端口 0 为 1 号站，波特率为了 19.2 Kb/s，如图 2－6－5 所示。同样方法设置供料单元 CPU 端口 0 为 2 号站，波特率为了 19.2 Kb/s；加工单元 CPU 端口 0 为 3 号站，波特率为了 19.2 Kb/s；装配单元 CPU 端口 0 为 4 号站，波特率为了 19.2 Kb/s；最后设置分拣单元 CPU 端口 0 为 5 号站，波特率为了 19.2 Kb/s。分别把系统块下载到相应的 CPU 中。

（2）利用网络接头和网络线把各台 PLC 中用作 PPI 通信的端口 0 连接，所使用的网络接头中，2#～5#站用的是标准网络连接器。1#站用的是带编程接口的连接器，该编程口通过 RS－232/PPI 多主站电缆与个人计算机连接。

然后利用 STEP7 V4.0 软件和 PPI/RS－485 编程电缆搜索出 PPI 网络的 5 个站，如图 2－6－6 所示。图 2－6－6 表明 5 个站已经完成 PPI 网络连接。

（3）PPI 网络中主站（输送单元）PLC 程序中，必须在上电第 1 个扫描周期，用特殊存储器 SMB30 指定其主站属性，从而使能其主站模式。SMB30 是 S7－200 PLC PORT0 自由通信口的控制字节，其各位表达的意义见表 2－6－1。

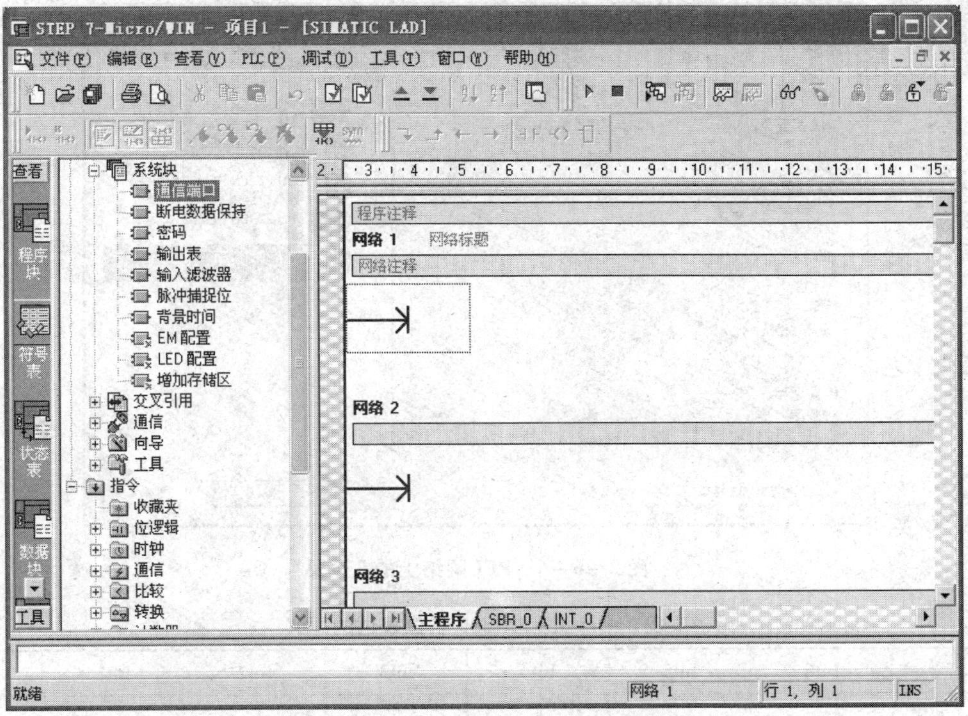

图 2-6-4　打开设置端口画面

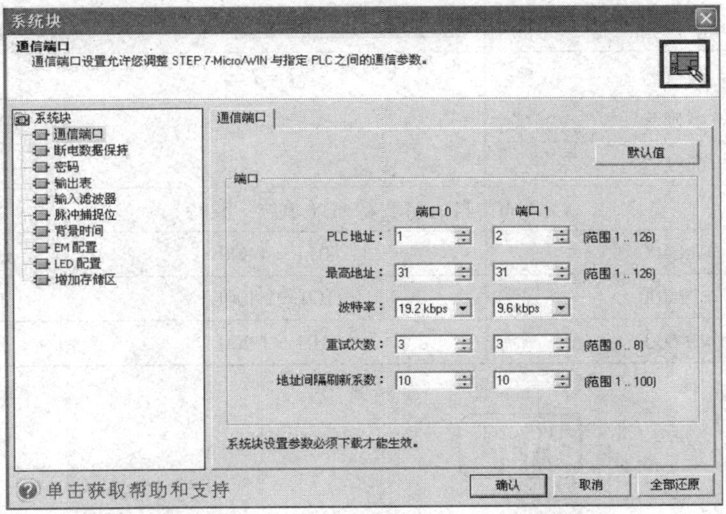

图 2-6-5　设置输送单元 PLC 端口 0 参数

在 PPI 模式下，控制字节的 2～7 位是忽略掉的，即 SMB30 = 0000 0010，定义 PPI 主站。SMB30 中协议选择缺省值是 00 = PPI 从站，因此，从站侧不需要初始化。

本系统中，按钮及指示灯模块的按钮、开关信号连接到输送单元的 PLC（S7-226 CN）输入口，以提供系统的主令信号。因此在网络中输送单元是指定为主站的，其余各单元均指定为从站。图 2-6-7 所示为 YL-335B 的 PPI 网络。

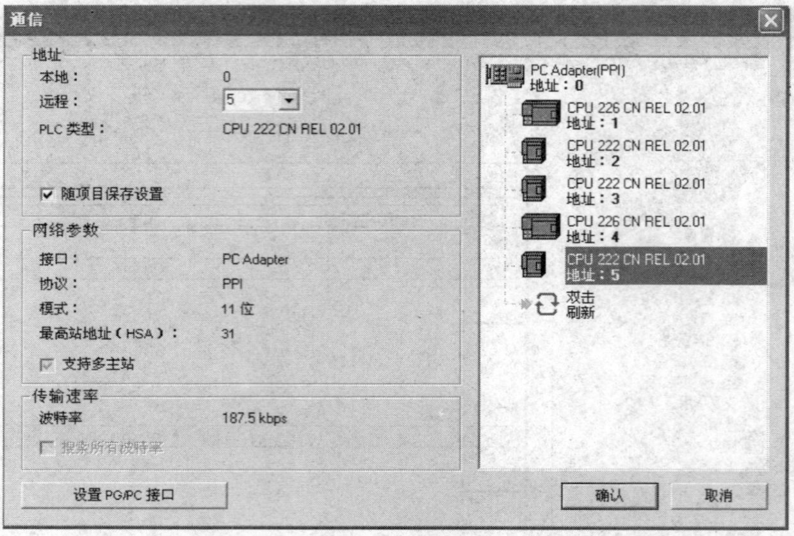

图 2－6－6　PPI 网络上的 5 个站

表 2－6－1　SMB30 各位表达的意义

bit7	bit6	bit5	bit4	bit3	bit2	bit1	bit0
p	p	d	b	b	b	m	m
pp：校验选择			d：每个字符的数据位			mm：协议选择	
00 = 不校验			0 = 8 位			00 = PPI/从站模式	
01 = 偶校验			1 = 7			位	
10 = 不校验						10 = PPI/主站模式	
11 = 奇校验						11 = 保留（未用）	
bbb：自由口波特率（单位：波特）							
000 = 38 400			011 = 4 800			110 = 115. 2 Kb/s	
001 = 19 200			100 = 2 400b			111 = 57. 6 Kb/s	
010 = 9 600			101 = 1 200				

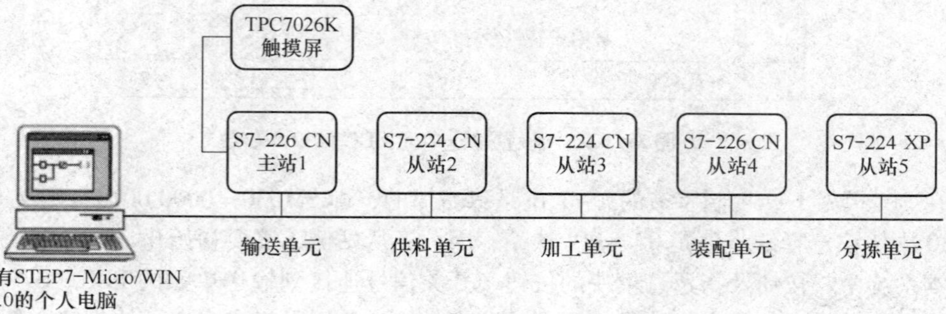

图 2－6－7　YL－335B 的 PPI 网络

2. 编写主站网络读写程序段

如前所述，在PPI网络中，只有主站程序中使用网络读写指令来读写从站信息，而从站程序没有必要使用网络读写指令。

在编写主站的网络读写程序前，应预先规划好下面数据：

(1) 主站向各从站发送数据的长度（字节数）。

(2) 发送的数据位于主站何处。

(3) 数据发送到从站的何处。

(4) 主站从各从站接收数据的长度（字节数）。

(5) 主站从从站的何处读取数据。

(6) 接收到的数据放在主站何处。

以上数据，应根据系统工作要求、信息交换量等统一筹划。考虑YL-335B中，各工作单元PLC所需交换的信息量不大，主站向各从站发送的数据只是主令信号，从从站读取的也只是各从站状态信息，发送和接收的数据均1个字（2个字节）已经足够。网络读写数据规划的数据见表2-6-2。

表2-6-2 网络读写数据规划数据

输送单元	供料单元	加工单元	装配单元	分拣单元
1#站（主站）	2#站（从站）	3#站（从站）	4#站（从站）	5#站（从站）
发送数据的长度	2字节	2字节	2字节	2字节
从主站何处发送	VB1000	VB1000	VB1000	VB1000
发往从站何处	VB1000	VB1000	VB1000	VB1000
接收数据的长度	2字节	2字节	2字节	2字节
数据来自从站何处	VB1020	VB1030	VB1040	VB1050
数据存到主站何处	VB1020	VB1030	VB1040	VB1050

网络读写指令可以向远程站发送或接收16个字节的信息，在CPU内同一时间最多可以有8条指令被激活。YL-335B有4个从站，因此考虑同时激活4条网络读指令和4条网络写指令。

根据上述数据，即可编制主站的网络读写程序。但更简便的方法是借助网络读写向导程序。这一向导程序可以快速简单地配置复杂的网络读写指令操作，为所需的功能提供一系列选项。一旦完成，向导将为所选配置生成程序代码，并初始化指定的PLC为PPI主站模式，同时使能网络读写操作。

要启动网络读写向导程序，在STEP7 V4.0软件命令菜单中选择工具→指令导向，并且在指令向导窗口中选择NETR/NETW（网络读写），单击“下一步”按钮后，就会出现NETR/NETW指令向导界面，如图2-6-8所示。

本界面和紧接着的下一个界面，将要求用户提供希望配置的网络读写操作总数、指定进行读写操作的通信端口、指定配置完成后生成的子程序名字，完成这些设置后，将进入对具体每一条网络读或写指令的参数进行配置的界面。

在本例子中，8项网络读写操作如下安排：第1~4项为网络写操作，主站向各从站发送数据；主站读取各从站数据。第5~8项为网络写操作，主站读取各从站数据。

图 2-6-9 所示为对供料单元的网络操作界面，选择 NETW 操作，由表 2-6-2 可知，主站（输送单元）向各从站发送的数据都位于主站 PLC 的 VB1000 ~ VB1001 处，所有从站都在其 PLC 的 VB1000 ~ VB1001 处接收数据。所以前四项填写都是相同的，仅站号不一样。

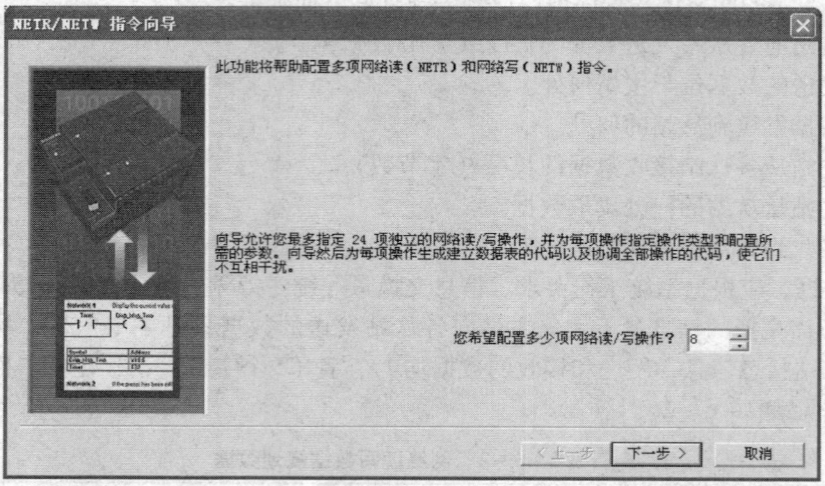

图 2-6-8 NETR/NETW 指令向导界面

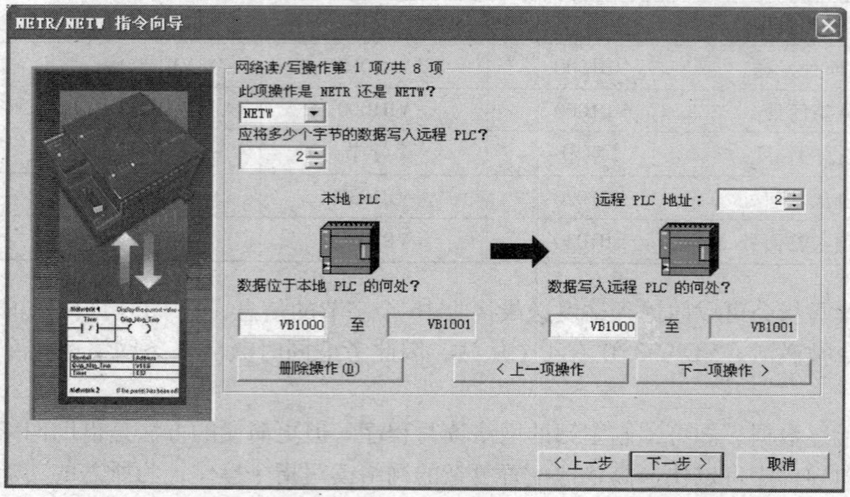

图 2-6-9 对供料单元的网络写操作界面

完成前四项数据填写后，再单击“下一项操作”，进入第 5 项配置，5 ~ 8 项都是选择网络读操作，按表 2-6-2 中各单元规划逐项填写数据，直至 8 项操作配置完成。图 2-6-10 所示为对 2#从站（供料单元）的网络写操作配置。

8 项配置完成后，单击“下一步”按钮，导向程序将要求指定一个 V 存储区的起始地址，以便将此配置放入 V 存储区。这时若在选择框中填入一个 VB 值（例如，VB100），或单击“建议地址”，程序自动建议一个大小合适且未使用的 V 存储区地址范围，如图 2-6-11 所示。

单击“下一步”按钮，全部配置完成，向导将为所选的配置生成项目组件，如图 2-6-12所示。修改或确认图中各栏目后，单击“完成”按钮，借助网络读写向导程

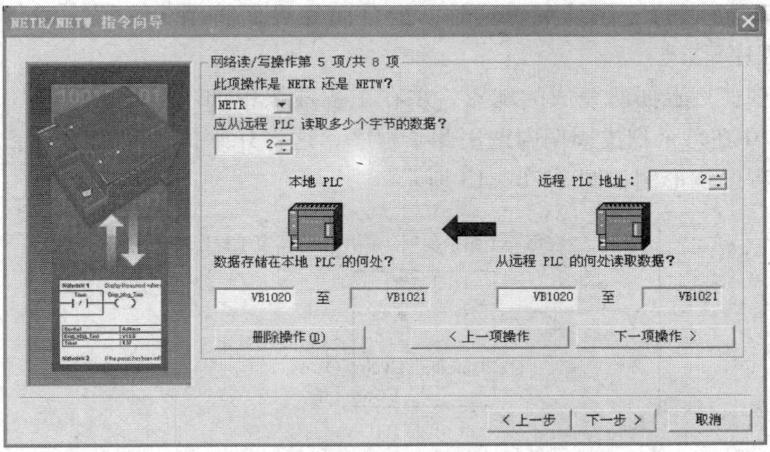

图 2-6-10　对供料单元的网络写操作配置

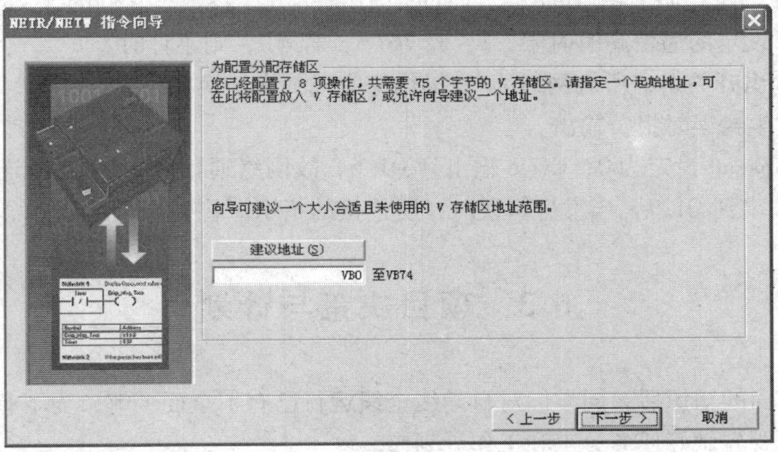

图 2-6-11　为配置分配存储区

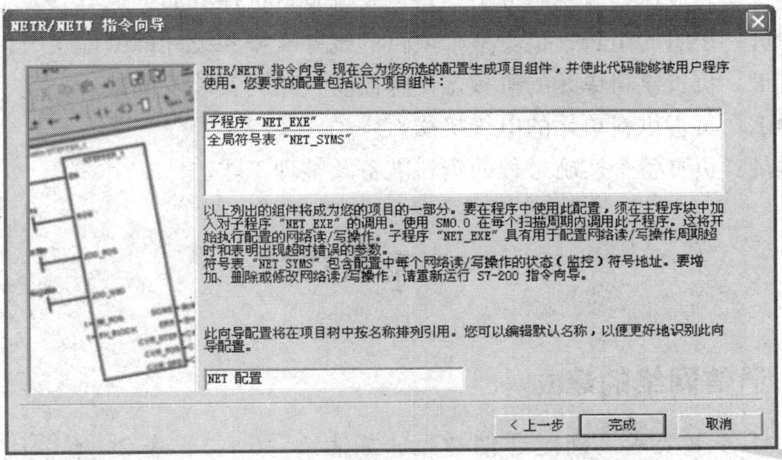

图 2-6-12　生成项目组件

序配置网络读写操作的工作结束。这时，指令向导界面将消失，程序编辑器窗口将增加 NET_EXE 子程序标记。

要在程序中使用上面所完成的配置，须在主程序块中加入对子程序“NET_EXE”的调用。使用 SM0.0 在每个扫描周期内调用此子程序，这将开始执行配置的网络读/写操作。调用网络读写子程序梯形图如图 2－6－13 所示。

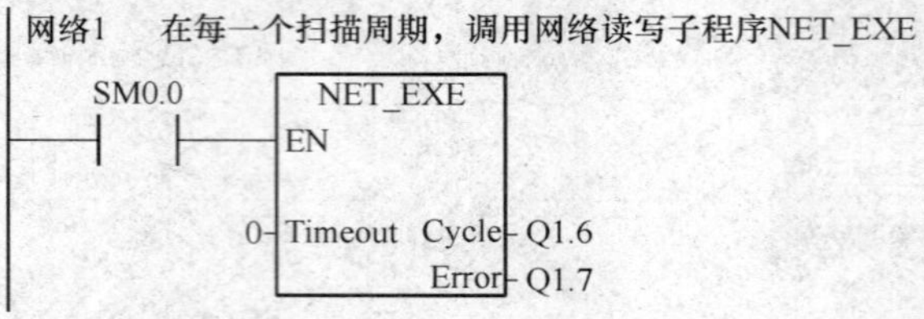

图 2－6－13 调用网络读写子程序梯形图

由图可见，NET_EXE 有 Timeout、Cycle、Error 等几个参数，它们的含义如下：

Timeout：设定的通信超时时限，1～32 767 s，若＝0，则不计时。

Cycle：输出开关量，所有网络读/写操作每完成一次切换状态。

Error：发生错误时报警输出。

本例中 Timeout 设定为 0，Cycle 输出到 Q1. 6，故网络通信时，Q1. 6 所连接的指示灯将闪烁。Error 输出到 Q1. 7，当发生错误时，所连接的指示灯将亮。

6.3 项目决策与计划

学习了前面的知识后，同学们对自动线全线运行已有了全面了解，为了有计划地完成本次项目，我们要先做好任务分工和工作计划表。

任务分工

四人一组，每名成员要有明确分工，角色安排及负责任务如下。

程序设计员：小组的组长，负责整个项目的统筹安排并设计调试程序。

机械安装工：负责供料单元的机械、传感器、气路的安装及调试。

电气接线工：负责供料单元的电气接线。

资料整理员：负责整个实施过程的资料准备及整理工作。

6.4 项目实施

6.4.1 通信网络的建立

根据以上任务书要求，确定通信数据，如表 2－6－3、表 2－6－4、表 2－6－5、表 2－6－6、表 2－6－7 所示。

表2-6-3 输送单元（1#站）发送缓冲区数据位定义

1#输送单元→1#、2#、3#、4#、5#各从站网络信号		
输送单元缓冲区（VB1000-VB1003）→各从站缓冲区（VB1000-VB1003）		
数据地址	数据意义	备注
V1000.0	联机运行	运行=1，停止=0
V1000.2	急停信号	正常运行=0，急停动作=1
V1000.5	全线复位	
V1000.6	系统就绪	就绪=1，未就绪=0
V1000.7	触摸屏全线/单机方式	全线=1，单机=0
V1001.2	允许供料信号	
V1001.3	允许加工信号	
V1001.4	允许装配信号	
V1001.5	允许分拣信号	
V1001.6	供料单元物料不足	
V1001.7	供料单元物料没有	
VW1002	变频器频率输入	

表2-6-4 输送单元（2#站）接收缓冲区数据位定义

2#供料单元→1#输送单元网络信号		
供料单元缓冲区（VB1020-VB1022）→输送单元缓冲区（VB1020-VB1022）		
数据地址	数据意义	备注
V1020.0	供料单元初始状态	供料就绪=1
V1020.1	推料完成	推完料变1，料拿走之后变0
V1020.4	全线/单机方式	全线=1，单机=0
V1020.5	供料单元运行信号	运行=1，停止=0
V1020.6	物料不足信号	料不足=1
V1020.7	物料没有信号	料没有=1

表2-6-5 输送单元（3#站）接收缓冲区数据位定义

3#加工单元→1#输送单元网络信号		
加工单元缓冲区（VB1030-VB1032）→输送单元缓冲区（VB1030-VB1032）		
数据地址	数据意义	备注
V1030.0	加工单元初始状态	加工就绪=1
V1030.1	加工完成	加工完成料变1，料拿走之后变0
V1030.4	全线/单机方式	全线=1，单机=0
V1030.5	加工单元运行信号	运行=1，停止=0

表 2－6－6 输送单元（4#站）接收缓冲区数据位定义（数据来自装配单元）

4#装配单元→1#输送单元网络信号		
装配缓冲区（VB1040－VB1042）→输送单元缓冲区（VB1040－VB1042）		
数据地址	数据意义	备注
V1040.0	装配单元初始状态	装配就绪＝1
V1040.1	装配完成	装配完成变1，料拿走之后变0
V1040.4	全线/单机方式	全线＝1，单机＝0
V1040.5	装配单元运行信号	运行＝1，停止＝0
V1040.6	工件不足信号	工件不足＝1
V1040.7	工件没有信号	工件没有＝1

表 2－6－7 输送单元（5#站）接收缓冲区数据位定义（数据来自分拣单元）

5#分拣单元→1#输送单元网络信号		
分拣单元缓冲区（VB1050－VB1052）→输送单元缓冲区（VB1050－VB1052）		
数据地址	数据意义	备注
V1050.0	分拣单元初始状态	分拣就绪＝1
V1050.1	分拣完成	分拣完成变1之后延时一段时间变0
V1050.4	全线/单机方式	全线＝1，单机＝0
V1050.5	分拣单元运行信号	运行＝1，停止＝0

6.4.2 人机界面的设计

1. 工程分析和创建

根据工作任务，分析并规划工程。

（1）工程框架：有两个用户窗口，即欢迎画面和主画面，其中欢迎画面是启动界面。一个策略：循环策略。

（2）数据对象：各工作单元以及全线的工作状态指示灯、单机全线切换旋钮、启动、停止、复位按钮、变频器输入频率设定、机械手当前位置等。

（3）图形制作：欢迎画面窗口。①图片：通过位图装载实现；②文字：通过标签实现；③按钮：由对象元件库引入。

（4）主画面窗口：

①文字通过标签构件实现。

②各工作单元以及全线的工作状态指示灯、时钟由对象元件库引入。

③单机全线切换旋钮、启动、停止、复位按钮由对象元件库引入。

④输入频率设置通过输入框构件实现。

⑤机械手当前位置通过标签构件和滑动输入器实现。

（5）流程控制：通过循环策略中的脚本程序策略块实现。

进行上述规划后，就可以创建工程，然后进行组态。步骤是：在“用户窗口”中单击

“新建窗口”按钮，建立“窗口 0”“窗口 1”，然后分别设置两个窗口的属性。

2. 欢迎画面组态

1）建立欢迎画面

选中“窗口 0”，单击“窗口属性”，进入用户窗口属性设置，包括：

（1）窗口名称改为“欢迎画面”。

（2）窗口标题改为“欢迎画面”。

（3）在“用户窗口”中，选中“欢迎”，单击右键，选择下拉菜单中的“设置为启动窗口”选项，将该窗口设置为运行时自动加载的窗口。

2）“欢迎画面”组态

（1）编辑欢迎画面。

选中“欢迎画面”窗口图标，单击“动画组态”，进入动画组态窗口开始编辑画面。

①装载位图：

选择“工具箱”内的“位图”按钮，鼠标的光标呈“十”字形，在窗口左上角位置拖拽鼠标，拉出一个矩形，使其填充整个窗口。

在位图上单击右键，选择“装载位图”，找到要装载的位图，单击选择该位图，如图 2-6-14 所示，然后单击“打开”按钮，则图片装入到了窗口。

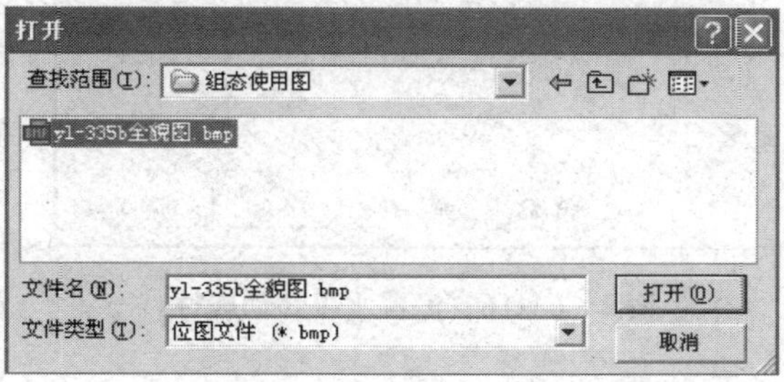

图 2-6-14 装载位图

②制作按钮。

单击绘图工具箱中图标，在窗口中拖出一个大小合适的按钮，双击按钮，出现如图 2-6-15 所示的属性设置窗口。在可见度属性页中点选“按钮不可见”；在操作属性页中单击“按下功能”：打开用户窗口时候选择主画面，并使数据对象“HMI 就绪”的值置 1。

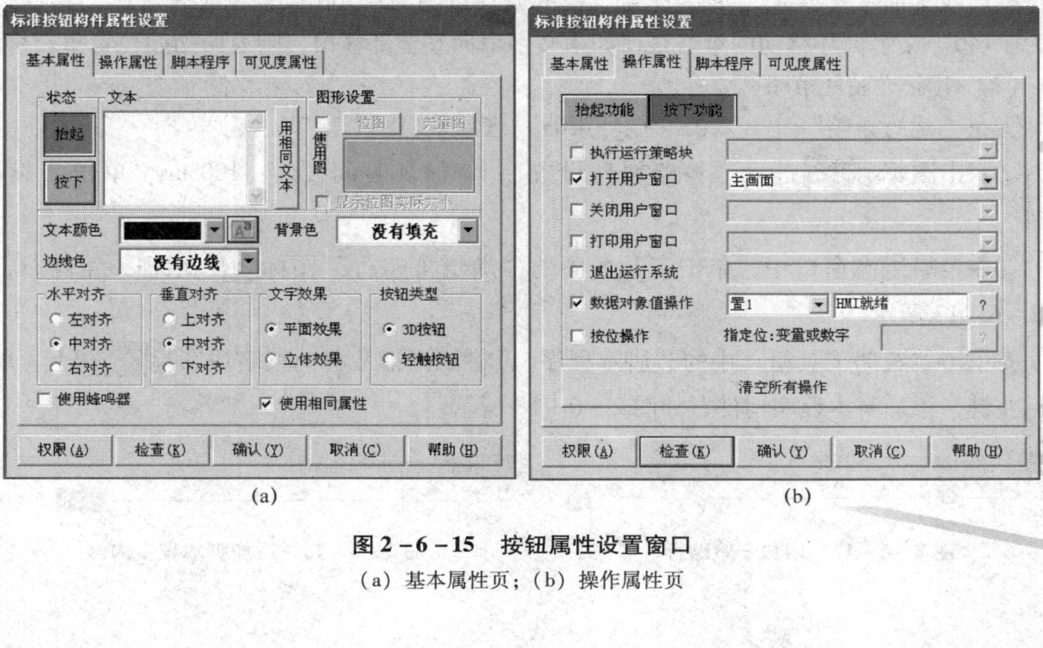

(a) (b)

图 2-6-15 按钮属性设置窗口

（a）基本属性页；（b）操作属性页

③制作循环移动的文字框图。

a. 选择“工具箱”内的“标签”按钮A，拖拽到窗口上方中心位置，根据需要拉出一个大小适合的矩形。在鼠标光标闪烁位置输入文字“欢迎使用 YL－335B 自动化生产线实训考核装备!”，按回车键或在窗口任意位置用鼠标单击一下，完成文字输入。

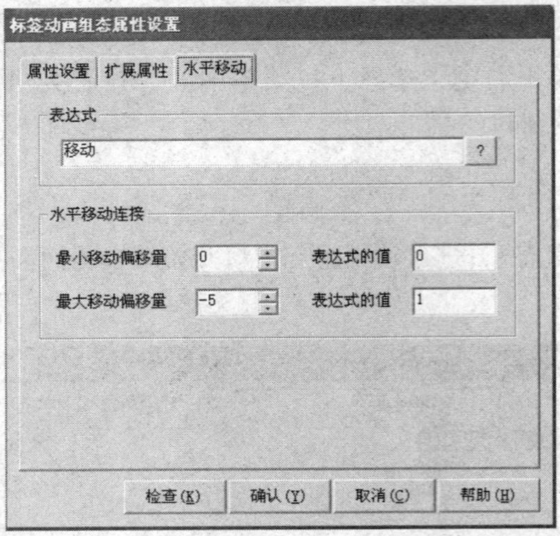

图 2－6－16　设置水平移动属性

b. 静态属性设置。文字框的背景颜色：没有填充；文字框的边线颜色为：没有边线；字符颜色：艳粉色；文字字体：华文细黑，字型：粗体，大小为二号。

c. 为了使文字循环移动，在“位置动画连接”中勾选“水平移动”，这时在对话框上端就增添“水平移动”窗口标签。设置水平移动属性如图 2－6－16 所示。

设置说明如下：

为了实现“水平移动”动画连接，首先要确定对应连接对象的表达式，然后再定义表达式的值所对应的位置偏移量。图 2－6－16 中，定义一个内部数据对象“移动”作为表达式，它是一个与文字对象的位置偏移量成比例的增量值，当表达式“移动”的值为 0 时，文字对象的位置向右移动 0 点（即不动）；当表达式“移动”的值为 1 时，对象的位置向左移动 5 点（－5）。这就是说“移动”变量与文字对象的位置之间关系是一个斜率为 －5 的线性关系。

触摸屏图形对象所在的水平位置定义为：以左上角为坐标原点，单位为像素点，向左为负方向，向右为正方向。TPC7062KS 分辨率是 800×480，文字串“欢迎使用 YL－335B 自动化生产线实训考核装备!”向左全部移出的偏移量约为 －700 像素，故表达式“移动”的值为 +140。文字循环移动的策略是，如果文字串向左全部移出，则返回初始位置重新移动。

（2）组态“循环策略”。

①在“运行策略”中，双击“循环策略”进入策略组态窗口。

②双击图标进入“策略属性设置”，将循环时间设为：100 ms，单击“确认”按钮。

③在策略组态窗口中，单击工具条中的“新增策略行”图标，增加一策略行，如图 2－6－17 所示。

④单击“策略工具箱”中的“脚本程序”，将鼠标指针移到策略块图标上，单击鼠标左键，添加脚本程序构件，如图 2－6－18 所示。

图 2－6－17　增加一策略行

图 2－6－18　添加脚本程序构件

⑤双击图标进入策略条件设置，表达式中输入1，即始终满足条件。

⑥双击图标进入脚本程序编辑环境，输入下面的程序：

```
if 移动 < =140 then
移动 = 移动 +1
else
移动 = -140
endif
```

⑦单击“确认”按钮，脚本程序编写完毕。

2. 主画面组态

1）建立主画面

（1）选中“窗口1”，单击“窗口属性”，进入用户窗口属性设置。

（2）改窗口名称。主画面窗口标题改为：主画面；“窗口背景”中，选择所需要颜色。

2）定义数据对象和连接设备

（1）定义数据对象。

各工作单元以及全线的工作状态指示灯、单机全线切换旋钮、启动、停止、复位按钮、变频器输入频率设定、机械手当前位置等，都需要与PLC连接，进行信息交换。定义数据对象的步骤：

①单击工作台中的“实时数据库”窗口标签，进入实时数据库窗口页。

②单击“新增对象”按钮，在窗口的数据对象列表中，增加新的数据对象。

③选中对象，按“对象属性”按钮，或双击选中对象，则打开“数据对象属性设置”窗口。然后编辑属性，最后加以确定。与PLC连接的数据对象见表2-6-8。

表2-6-8 PLC连接的数据对象

序号	对象名称	类型	序号	对象名称	类型
1	HMI就绪	开关型	15	单机全线_供料	开关型
2	越程故障_输送	开关型	16	运行_供料	开关型
3	运行_输送	开关型	17	料不足_供料	开关型
4	单机全线_输送	开关型	18	缺料_供料	开关型
5	单机全线_全线	开关型	19	单机全线_加工	开关型
6	复位按钮_全线	开关型	20	运行_加工	开关型
7	停止按钮_全线	开关型	21	单机全线_装配	开关型
8	启动按钮_全线	开关型	22	运行_装配	开关型
9	单机全线切换_全线	开关型	23	料不足_装配	开关型
10	网络正常_全线	开关型	24	缺料_装配	开关型
11	网络故障_全线	开关型	25	单机全线_分拣	开关型
12	运行_全线	开关型	26	运行_分拣	开关型
13	急停_输送	开关型	27	手爪当前位置_输送	数值型
14	变频器频率_分拣	数值型			

(2) 设备连接。

使定义好的数据对象和 PLC 内部变量进行连接，步骤如下：

①打开“设备工具箱”，在可选设备列表中，双击“通用串口父设备”，然后双击“西门子_S7200PPI”，出现“通用串口父设备”“西门子_S7200PPI”。

②设置通用串口父设备的基本属性，如图 2-6-19 所示。

③双击“西门子_S7200PPI”，进入设备编辑窗口，按表 2-6-8 的数据，逐个“增加设备通道”，如图 2-6-20 所示。

3) 主画面制作和组态

按如下步骤制作和组态主画面：

(1) 制作主画面的标题文字、插入时钟、在工具箱中选择直线构件，把标题文字下方的区域划分为如图 2-6-21 所示的两部分。区域左面制作各从站单元画面，右面制作主站输送单元画面。

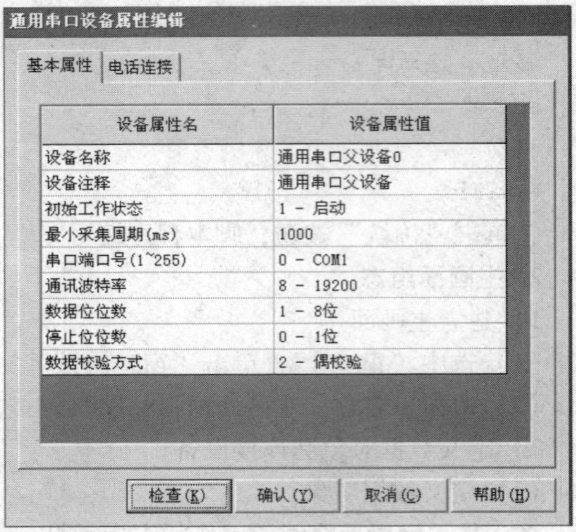

图 2-6-19 通用串口设备属性编辑对话框

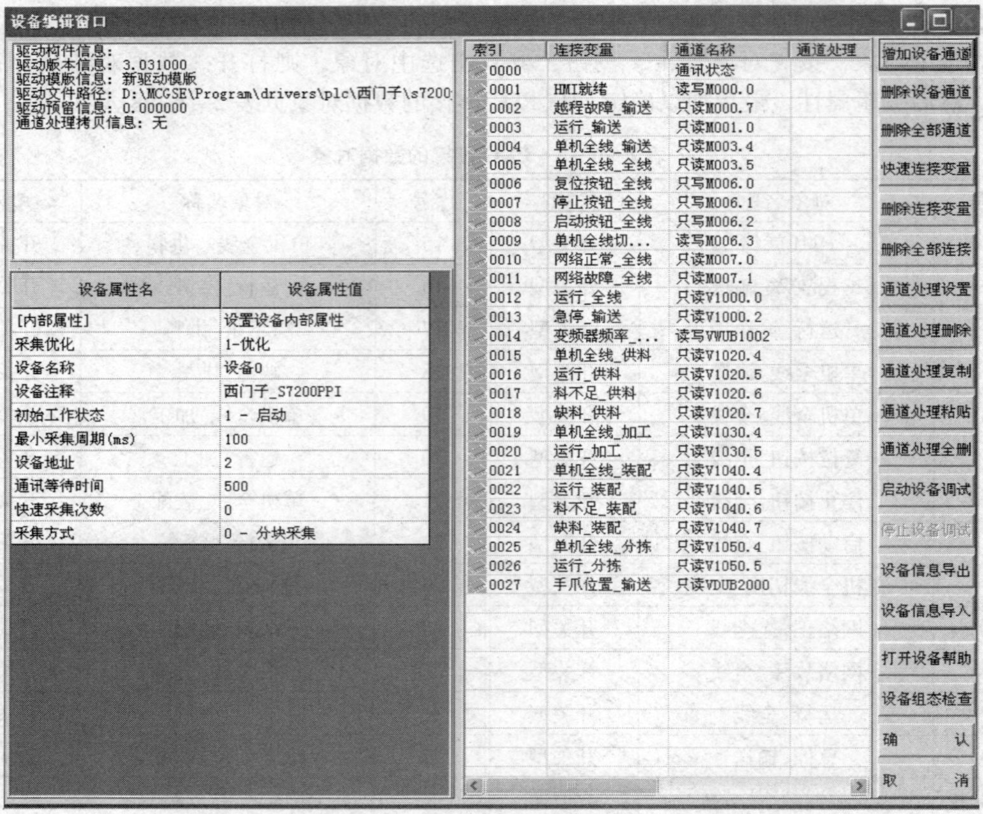

图 2-6-20 设备编辑窗口

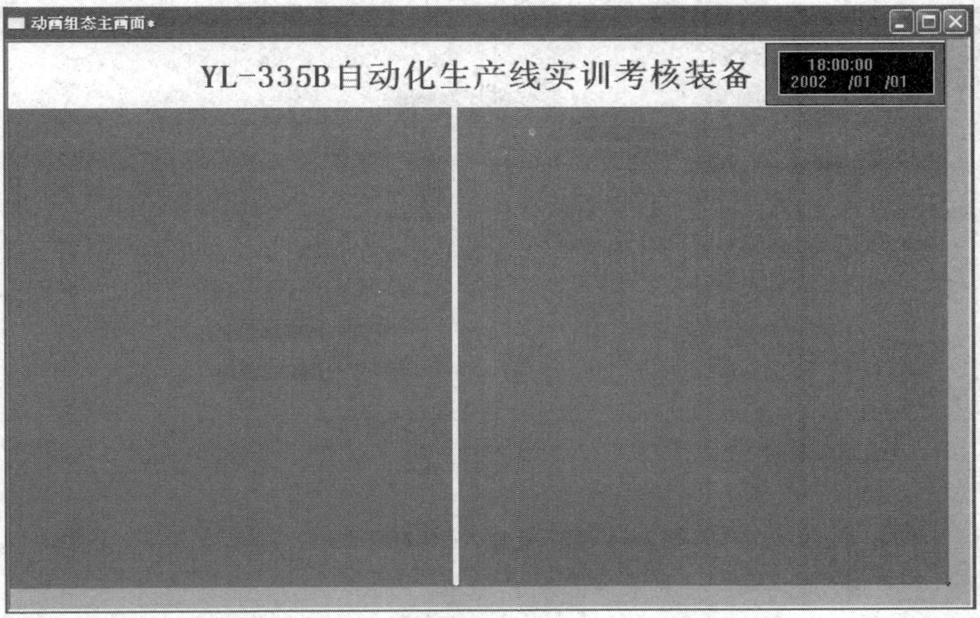

图2-6-21 主画面设计

(2) 制作各从站单元画面并组态。以供料单元组态为例，其画面如图2-6-22所示，图中还指出了各构件的名称。这些构件的制作和属性设置前面已详细介绍，但“供料不足”和“缺料”两状态指示灯有报警时闪烁功能的要求，下面通过制作供料单元缺料报警指示灯着重介绍这一属性的设置方法。

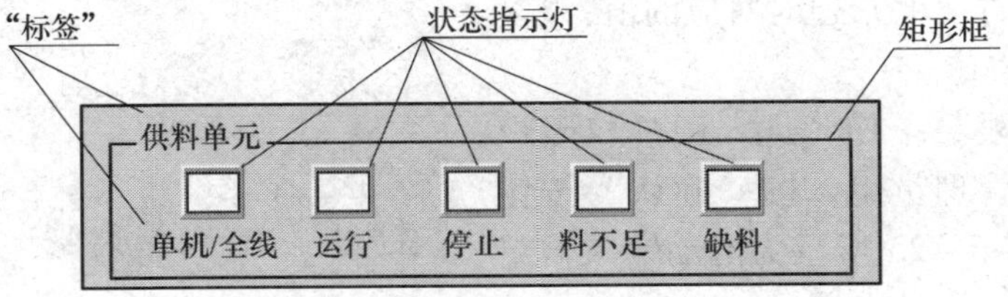

图2-6-22 供料单元组态设计

与其他指示灯组态不同的是：缺料报警分段点1设置的颜色是红色，并且还需组态闪烁功能。步骤是：在属性设置页的特殊动画连接框中勾选“闪烁效果”，“填充颜色”旁边就会出现“闪烁效果”页，如图2-6-23（a）所示。点选“闪烁效果”页，表达式选择为“缺料_供料”；在闪烁实现方式框中点选“用图元属性的变化实现闪烁”；填充颜色选择黄色，如图2-6-23中（b）所示。

(3) 制作主站输送单元画面。这里只着重说明滑动输入器的制作方法。步骤如下：

①选中“工具箱”中的“滑动输入器”图标，当鼠标呈“十”字形后，拖动鼠标到适当大小，调整滑动块到适当的位置。

②双击滑动输入器构件，进入如图2-6-24的属性设置窗口。按照下面的值设置各个参数：

a.“基本属性”页中，滑块指向：指向左（上）。

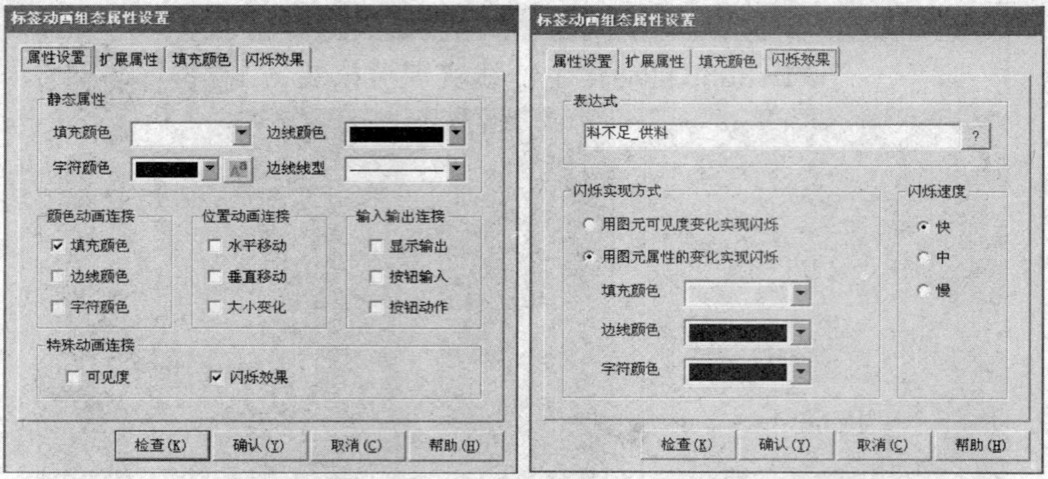

(a) (b)

图 2-6-23 标签动画组态属性设置

(a) 属性设置；(b) 闪烁效果

b. “刻度与标注属性”页中，“主划线数目”：11，“次划线数目”：2；小数位数：0。

c. “操作属性”页中，对应数据对象名称：手爪当前位置_输送。

d. 滑块在最左（下）边时对应的值：1 100。

e. 滑块在最右（上）边时对应的值：0。

f. 其他为缺省值。

③单击“权限”按钮，进入用户权限设置对话框，选择管理员组，按“确认”按钮完成制作。图 2-6-25 所示为滑动输入器组态完成图。

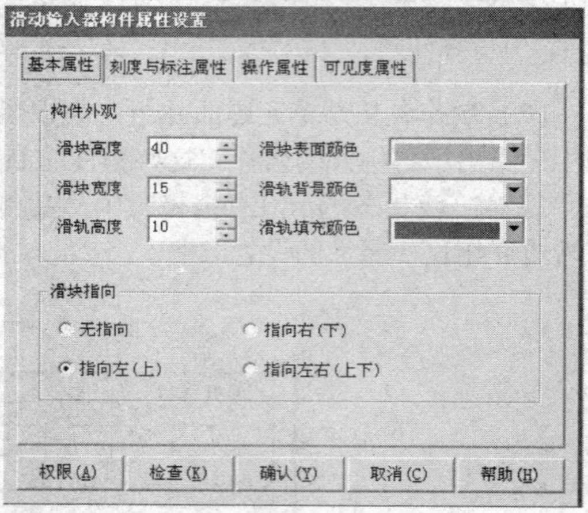

图 2-6-24 滑动输入器构件属性设置

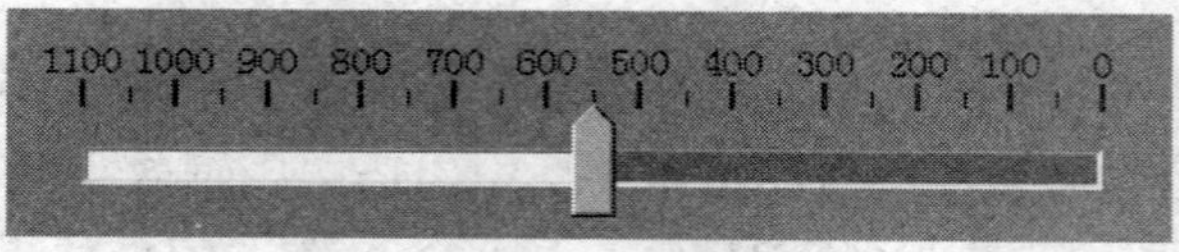

图 2-6-25 滑动输入器组态完成图

6.4.3 联网程序设计

本装置是一个分布式控制的自动生产线，在设计它的整体控制程序时，应首先从它的系统性着手，通过组建网络，规划通信数据，使系统组织起来。然后根据各工作单元的工艺任务，分别编制各工作单元的控制程序。

1. 从站单元控制程序的编制

各工作单元在单站运行时的编程思路，在前面各项目中均做了介绍。在联机运行情况下，由工作任务书规定的各从站工艺过程是基本固定的，原单站程序中工艺控制子程序基本变动不大。在单站程序的基础上修改、编制联机运行程序，实现上并不太困难。下面首先以供料单元的联机编程为例说明编程思路。

联机运行情况下的主要变动有两方面：一是在运行条件上有所不同，主令信号来自系统通过网络下传的信号；二是各工作单元之间通过网络不断交换信号，由此确定各单元的程序流向和运行条件。

对于前者，首先须明确工作单元当前的工作模式，以此确定当前有效的主令信号。工作任务书明确地规定了工作模式切换的条件，目的是避免误操作的发生，确保系统可靠运行。工作模式切换条件的逻辑判断应在主程序开始时进行，图2－6－26所示为工作单元当前的工作模式判断的梯形图。

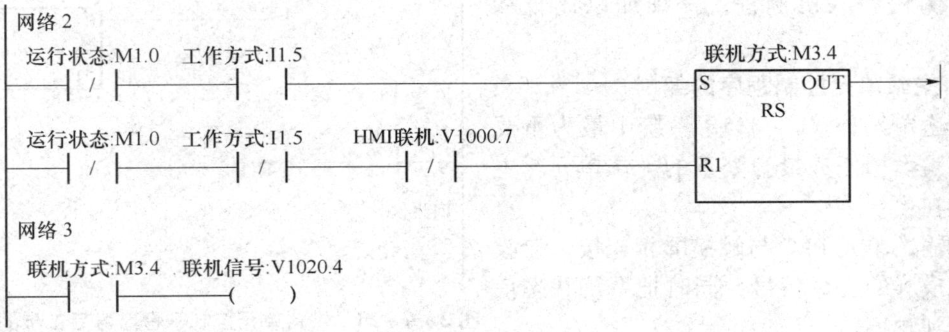

图2－6－26　工作单元当前的工作模式判断的梯形图

根据当前工作模式，确定当前有效的主令信号（启动、停止等），如图2－6－27所示。

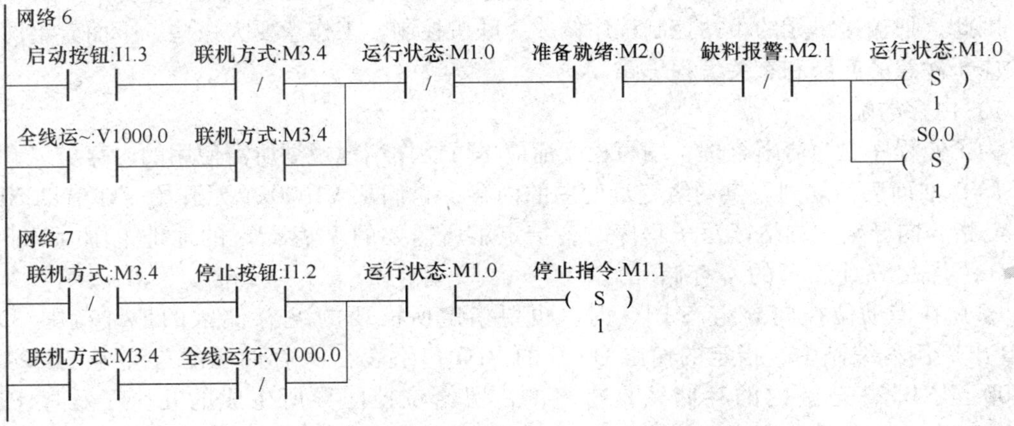

图2－6－27　联机或单站方式下的启动与停止

读者可把上述两段梯形图与项目二供料单元控制系统实训的主程序梯形图做比较，不难理解这一编程思路。

在程序中处理工作单元之间通过网络交换信息的方法是直接使用网络下传来的信号，同时在需要上传信息时立即在程序的相应位置插入上传信息，例如直接使用系统发来的全线运行指令（V1000.0）作为联机运行的主令信号。而在需要上传信息时，例如在供料控制子程序最后工步，当一次推料完成，顶料气缸缩回到位时，即向系统发出持续1 s的推料完成信号，然后返回初始步。系统在接收到推料完成信号后，即指令输送单元机械手前来抓取工件。从而实现了网络信息交换。供料单元控制子程序最后工步的梯形图如图2-6-28所示。

对于网络信息交换量不大的系统，上述方法是可行的。如果网络信息交换量很大，则可采用另一方法，即专门编写一个通信子程序，主程序在每一扫描周期调用子程序。这种方法使程序更清晰，更具有可移植性。

其他从站的编程方法与供料单元基本类似，此处不再详述。建议读者对照各工作单元单站例程和联机例程，仔细加以比较和分析。

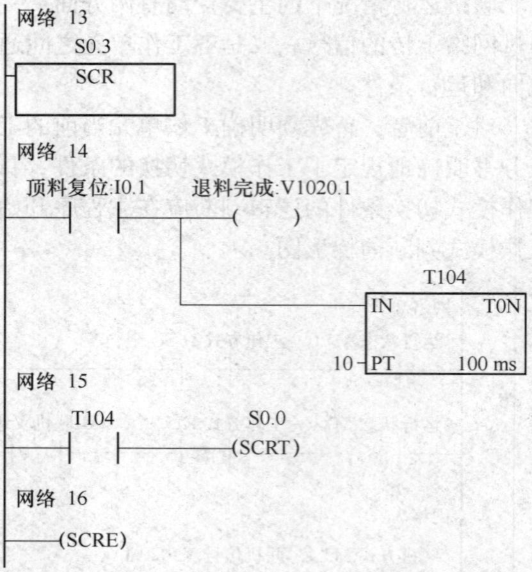

图2-6-28　供料单元控制子程序最后工步的梯形图

2. 主站单元控制程序的编制

输送单元是YL-335B系统中最为重要同时也是承担任务最为繁重的工作单元。主要体现在：

①输送单元PLC与触摸屏相连接，接收来自触摸屏的主令信号，同时把系统状态信息回馈到触摸屏。

②作为网络的主站，要进行大量的网络信息处理。

③需完成本单元的，且联机方式下的工艺生产任务与单站运行时略有差异。

因此，把输送单元的单站控制程序修改为联机控制，工作量要大一些。下面着重讨论编程中应予注意的问题和有关编程思路。

1）内存的配置

为了使程序更为清晰合理，编写程序前应尽可能详细地规划所需使用的内存。

（1）前面已经规划了供网络变量使用的内存，它们从V1000单元开始。在借助NETR/NETW指令向导生成网络读写子程序时，指定了所需要的V存储区的地址范围（VB395~VB481，共占87个字节的V存储区）。

（2）在借助位控向导组态PTO时，也要指定所需要的V存储区的地址范围。YL-335B出厂例程编制中，指定的输出Q0.0的PTO包络表在V存储区的首址为VB524，从VB500至VB523范围内的存储区是空着的，留给位控向导所生成的几个子程序PTO0_CTR、PTO0_RUN等使用。

此外，在人机界面组态中，也规划了人机界面与PLC的连接变量的设备通道，整理成表格形式，如表2-6-9所示。

只有在配置了上面所提及的存储器后，才能考虑编程中所需用到的其他中间变量。避免非法访问内部存储器，是编程中必须注意的问题。

2）主程序结构

由于输送单元承担的任务较多，联机运行时，主程序有较大的变动。

表2-6-9 人机界面与PLC的连接变量的设备通道

序号	连接变量	通道名称	序号	连接变量	通道名称
1	越程故障_输送	M0.7（只读）	14	单机/全线_供料	V1020.4（只读）
2	运行状态_输送	M1.0（只读）	15	运行状态_供料	V1020.5（只读）
3	单机/全线_输送	M3.4（只读）	16	工件不足_供料	V1020.6（只读）
4	单机/全线_全线	M3.5（只读）	17	工件没有_供料	V1020.7（只读）
5	复位按钮_全线	M6.0（只写）	18	单机/全线_加工	V1030.4（只读）
6	停止按钮_全线	M6.1（只写）	19	运行状态_加工	V1030.5（只读）
7	启动按钮_全线	M6.2（只写）	20	单机/全线_装配	V1040.4（只读）
8	方式切换_全线	M6.3（读写）	21	运行状态_装配	V1040.5（只读）
9	网络正常_全线	M7.0（只读）	22	工件不足_装配	V1040.6（只读）
10	网络故障_全线	M7.1（只读）	23	工件没有_装配	V1040.7（只读）
11	运行状态_全线	V1000.0（只读）	24	单机/全线_分拣	V1050.4（只读）
12	急停状态_输送	V1000.2（只读）	25	运行状态_分拣	V1050.5（只读）
13	输入频率_全线	VW1002（读写）	26	手爪位置_输送	VD2000（只读）

（1）每一扫描周期，除调用PTO0_CTR子程序、使能PTO外，还须调用网络读写子程序和通信子程序。

（2）完成系统工作模式的逻辑判断，除了输送单元本身要处于联机方式外，必须所有从站都处于联机方式。

（3）联机方式下，系统复位的主令信号，由HMI发出。在初始状态检查中，系统准备就绪的条件，除输送单元本身要就绪外，所有从站均应准备就绪。因此，初态检查复位子程序中，除了完成输送单元本站初始状态检查和复位操作外，还要通过网络读取各从站准备就绪信息。

（4）总的来说，整体运行过程仍是按初态检查→准备就绪，等待启动→投入运行等几个阶段逐步进行，但阶段的开始或结束的条件则发生变化。

以上是主程序编程思路，下面给出主程序清单，如图2-6-29、图2-6-30、图2-6-31和图2-6-32所示。

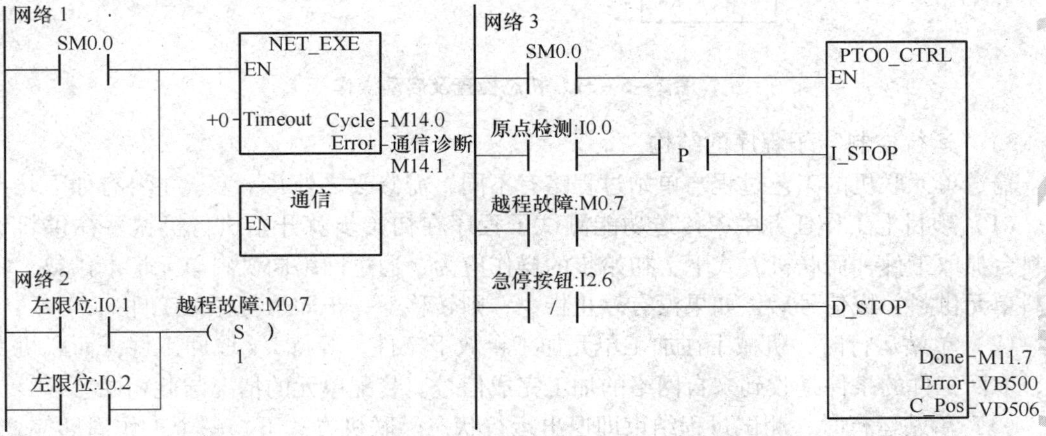

图2-6-29 NET_EXE子程序和PTO0_CTR子程序的调用

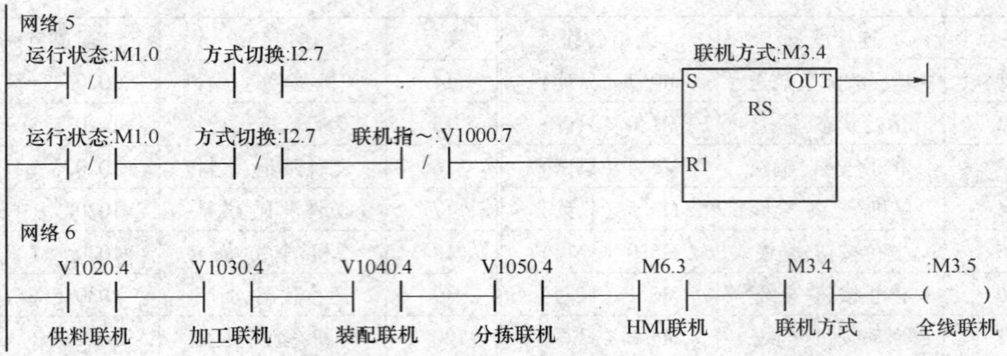

图 2-6-30 系统联机运行模式的确定

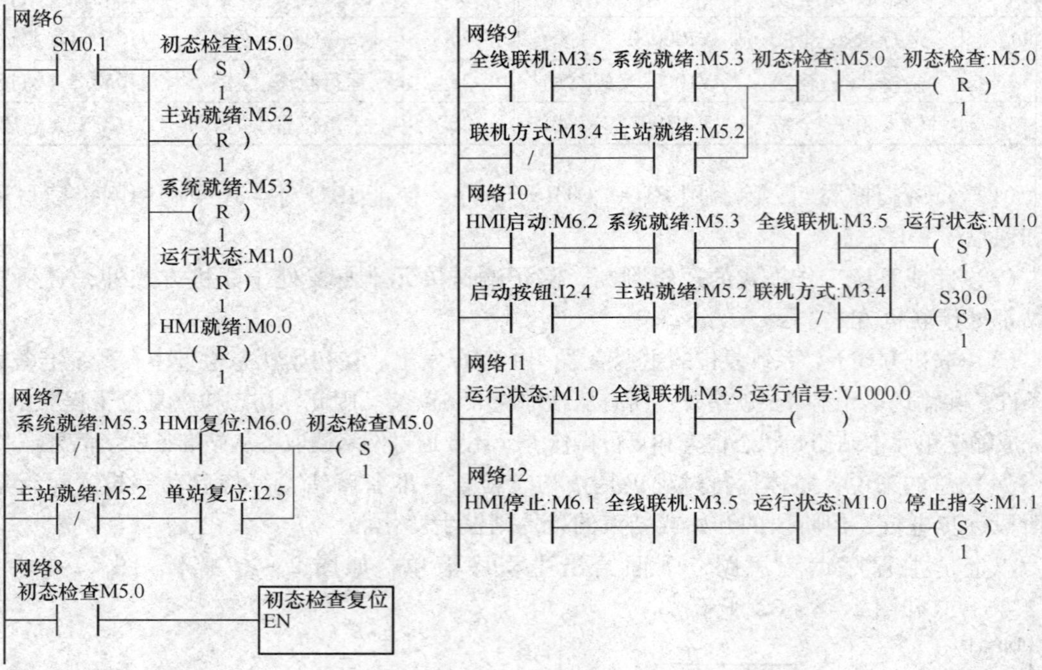

图 2-6-31 初态检查及启动操作

3）“运行控制”子程序的结构

输送单元联机的工艺过程与单站过程略有不同，需修改之处并不多。主要有如下几点：

（1）项目七工作任务中，传送功能测试子程序在初始步就开始执行机械手往供料单元出料台抓取工件，而联机方式下，初始步的操作应为：通过网络向供料单元请求供料，收到供料单元供料完成信号后，如果没有停止指令，则转移下一步即执行抓取工件。

（2）单站运行时，机械手往加工单元加工台放下工件，等待 2 s 取回工件，而联机方式下，取回工件的条件是收到来自网络的加工完成信号。装配单元的情况与此相同。

（3）单站运行时，测试过程结束即退出运行状态。联机方式下，一个工作周期完成后，返回初始步，如果没有停止指令开始下一工作周期。

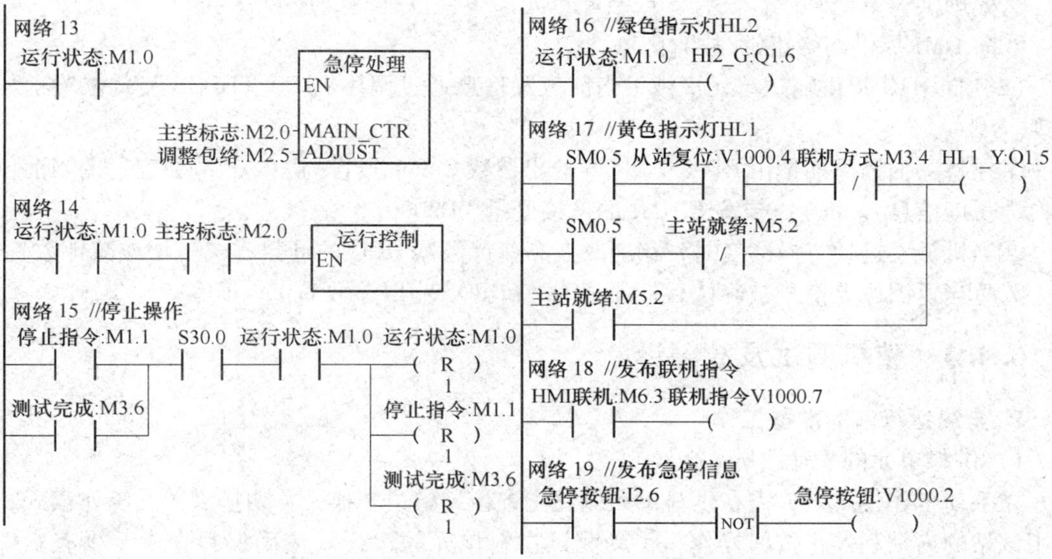

图2-6-32 运行过程、停止操作和状态显示

由此，在项目五传送功能测试子程序基础上修改的运行控制子程序流程说明如图2-6-33所示。

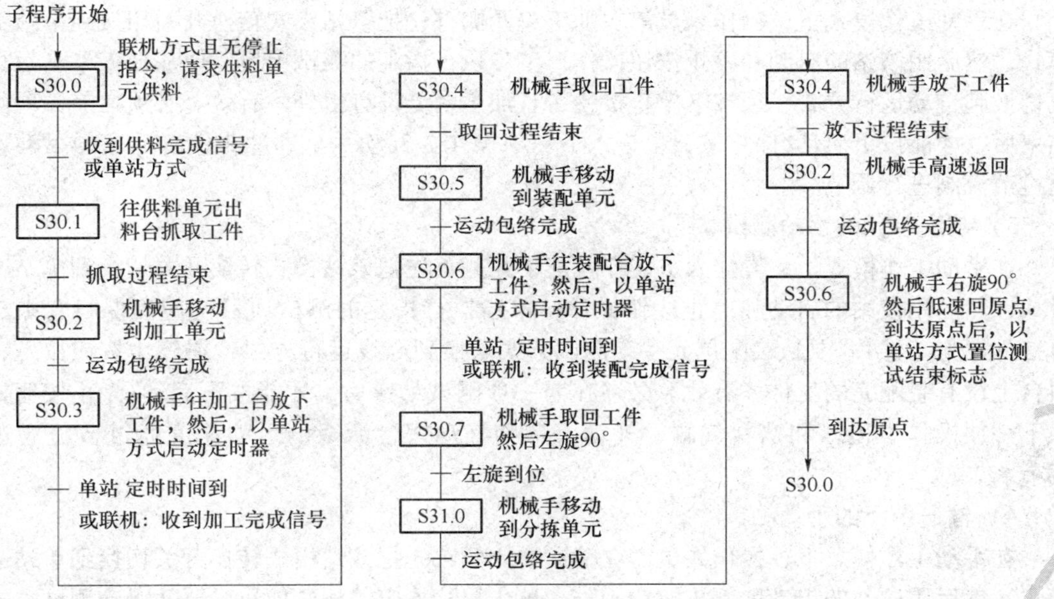

图2-6-33 运行控制子程序流程说明

4）“通信”子程序

“通信”子程序的功能包括从站报警信号处理、转发（从站间、HMI）以及向HMI提供输送单元机械手当前位置信息。主程序在每一扫描周期都调用这一子程序。

（1）报警信号处理、转发包括：

①将供料单元工件不足和工件没有的报警信号转发往装配单元，为警示灯工作提供信息。

②处理供料单元“工件没有”或装配单元“零件没有”的报警信号。

③向 HMI 提供网络正常/故障信息。

（2）向 HMI 提供输送单元机械手当前位置信息通过调用 PTO0_LDPOS 装载位置子程序实现。

①在每一扫描周期把由 PTO0_LDPOS 输出参数 C_Pos 报告的，以脉冲数表示的当前位置转换为长度信息（mm），转发给 HMI 的连接变量 VD2000。

②当机械手运动方向改变时，相应改变高速计数器 HC0 的计数方式（增或减计数）。

③每当返回原点信号被确认后，使 PTO0_LDPOS 输出参数 C_Pos 清零。

6.4.4 整机调试及故障诊断

1. 全线运行前的准备工作

1）供料单元的手动测试

在手动工作模式下，需在供料单元侧首先把该站模式转换开关切换到单站工作模式，然后用该站的启动和停止按钮操作，手动测试供料单元的运行（应确保料仓中至少有三件工件）。要从供料单站运行方式切换到全线运行方式，须待供料单元停止运行，且供料单元料仓内有至少三件以上工件才有效。必须在前一项测试结束后，拍下启动/停止按钮，进入下一项操作。顶料和推料气缸活塞的运动速度通过节流阀进行调节。

2）加工单元的手动测试

在手动工作模式下，操作人员需在加工单元侧首先把该站模式转换开关切换到单站工作模式，然后用该站的启动和停止按钮操作，单步执行指定的测试项目。要从加工单站运行方式切换到自动运行方式，须按下停止按钮，且加工台上没有工件才有效。必须在前一项测试结束后，才能按下启动/停止按钮，进入下一项操作。气动手爪和冲头气缸活塞的运动速度通过节流阀进行调节。

3）装配单元的手动测试

在手动工作模式下，操作人员需在装配单元侧首先把该站模式转换开关切换到单站工作模式，然后用该站的启动和停止按钮操作，单步执行指定的测试项目（应确保料仓中至少有三件以上工件）。要从装配单元手动测试方式切换到全线运行方式，在停止按钮按下，且料台上没有装配完的工件才有效。必须在前一项测试结束后，才能按下启动/停止按钮，进入下一项操作。顶料和挡料气缸、气动手爪和气动摆台活塞的运动速度通过节流阀进行调节。

4）输送单元的手动测试

在手动工作模式下，操作人员需在输送单元侧首先把该站模式转换开关切换到单站工作模式，然后用该站的启动和停止按钮操作，单步执行指定的测试项目。要从手动测试方式切换到全线运行方式，须在停止按钮按下，且供料单元物料台上没有工件才有效。必须在前一项测试结束后，才能按下启动/停止按钮，进入下一项操作。气动手爪和气动摆台活塞的运动速度通过节流阀进行调节。步进电动机脉冲驱动计数准确。

2. 自动化生产线全线运行调试

1）复位过程

系统上电，PPI 网络正常后开始工作。按人机界面上的复位按钮，执行复位操作，在复位过程中，绿色警示灯以 2 Hz 的频率闪烁，红色和黄色灯均熄灭。

复位过程包括：使输送单元机械手装置回到原点位置和检查各工作单元是否处于初始状态。各工作单元初始状态是指：

①各工作单元气动执行元件均处于初始位置。

②供料单元料仓内有足够的待加工工件。

③装配单元料仓内有足够的小圆柱零件。

④输送单元的紧急停止按钮未按下。

当输送单元机械手装置回到原点位置，且各工作单元均处于初始状态，则复位完成，绿色警示灯常亮，表示允许启动系统。这时若按人机界面上的启动按钮，系统启动，绿色和黄色警示灯均常亮。

2）供料单元的运行

系统启动后，若供料单元的出料台上没有工件，则应把工件推到出料台上，并向系统发出出料台上有工件信号。若供料单元的料仓内没有工件或工件不足，则向系统发出报警或预警信号。出料台上的工件被输送单元机械手取出后，若系统仍然需要推出工件进行加工，则进行下一次推出工件操作。

3）输送单元运行 1

当工件推到供料单元出料台后，输送单元抓取机械手装置应执行抓取供料单元工件的操作。动作完成后，伺服电动机驱动机械手装置移动到加工单元加工物料台的正前方，把工件放到加工单元的加工台上。

4）加工单元运行

加工单元加工台的工件被检出后，执行加工过程。当加工好的工件重新送回待料位置时，向系统发出冲压加工完成信号。

5）输送单元运行 2

系统接收到加工完成信号后，输送单元机械手应执行抓取已加工工件的操作。抓取动作完成后，伺服电动机驱动机械手装置移动到装配单元物料台的正前方，然后把工件放到装配单元物料台上。

6）装配单元运行

装配单元物料台的传感器检测到工件后，开始执行装配过程。装入动作完成后，向系统发出装配完成信号。如果装配单元的料仓或槽内没有小圆柱工件或工件不足，应向系统发出报警或预警信号。

7）输送单元运行 3

系统接收到装配完成信号后，输送单元机械手应抓取已装配的工件，然后从装配单元向分拣单元运送工件，到达分拣单元传送带上方入料口后把工件放下，然后执行返回原点的操作。

8）分拣单元运行

输送单元机械手装置放下工件、缩回到位后，分拣单元的变频器即启动，驱动传动电动机以 80% 最高运行频率（由人机界面指定）的速度，把工件带入分拣区进行分拣，工件分拣原则与单站运行相同。当分拣气缸活塞杆推出工件并返回后，应向系统发出分拣完成信号。

9）停止指令的处理

仅当分拣单元分拣工作完成，并且输送单元机械手装置回到原点，系统的一个工作周期才认为结束。如果在工作周期期间没有触摸过停止按钮，系统在延时 1 s 后开始下一周期工作。如果在工作周期期间曾经触摸过停止按钮，系统工作结束，警示灯中黄色灯熄灭，绿色等仍保持常亮。系统工作结束后若再按下启动按钮，则系统又重新工作。

在项目实施过程中，同学们要自己动手、互相协作、共同努力，根据任务要求完成自动化生产线全线运行的安装与调试，并填好工作单（表 2－6－10），整理好归档文件。

表 2－6－10 生产线全线运行调试工作单

班级		组号		计划学时	18	实际学时	
成员							
机械安装	是否返工： 存在的问题及解决方法：						
电气接线	是否返工： 存在的问题及解决方法：						
气路连接	是否返工： 存在的问题及解决方法：						
通信网络的建立	存在的问题及解决方法：						
人机界面	存在的问题及解决方法：						
程序设计	存在的问题及解决方法：						
调试及故障诊断							

6.5 项目总结与评价

本项目主要介绍了西门子 PLC 的 PPI 通信方式、实现 PPI 通信的步骤及程序编写等相关知识，通过触摸屏监视并控制自动生产线所有工作单元的运行状态。完成本项目自我评价（表 2－6－11）与项目考核（表 2－6－12）。

表2-6-11　全线运行项目自我评价

评价内容	标准	得分	需提高部分
机械安装与调试	10分		
气路连接与调试	10分		
电气安装与调试	10分		
人机界面的设计与调试	20分		
程序设计与调试	40分		
绑扎工艺及工位整理	10分		
不足之处			
优点			

表2-6-12　全线运行项目考核评价

项目分类	考核内容	分值	工作要求	评分标准	老师评分（70%）
专业能力90分	机械、电气、气路的安装及工艺	20	按工艺要求正确安装并做好工艺	松动、虚连、工艺未达标准每处扣2分	
	组态画面	20	按任务要求绘制两个组态画面	组态画面少一项功能扣2分	
	全线动作	40	按控制要求完成动作	少一项扣5分	
	运行结果及口试答辩	10	程序运行结果正确，表述清楚，口试答辩准确	对运行结果表述不清楚者扣10分	
职业素质能力10分	相互沟通、团结配合能力	5	善于沟通，积极参与，与组长、组员配合默契，不产生冲突	根据自评、互评、教师点评而定	
	清扫场地、整理工位	5	场地清扫干净，工具、桌椅摆放整齐	不合格，不得分	
合计					

模块三　实战篇

项目1

历年竞赛样题

1.1 竞赛设备及工艺过程描述

YL－335B自动生产线由供料、输送、装配、加工和分拣五个工作单元组成，各工作单元均设置一台PLC承担其控制任务，各PLC之间通过RS－485串行通信的方式实现互联，构成分布式的控制系统。系统主令工作信号由连接到输送单元PLC的触摸屏人机界面提供，整个系统的主要工作状态除了在人机界面上显示外，还须由安装在装配单元的警示灯显示启动、停止、报警等状态。

1.2 工作过程概述

本自动生产线构成一个成品自动分拣生产线，其工作过程概述如下：

（1）首先将来自供料单元的尚未进行芯件装配的非成品工件送往装配单元进行芯件装配，然后送往分加工单元进行压紧操作。

（2）将已经嵌入白色和黑色芯件的白色、黑色和金属成品工件送往分拣单元，按一定的套件关系进行成品分拣。成品工件如图3－1－1所示。

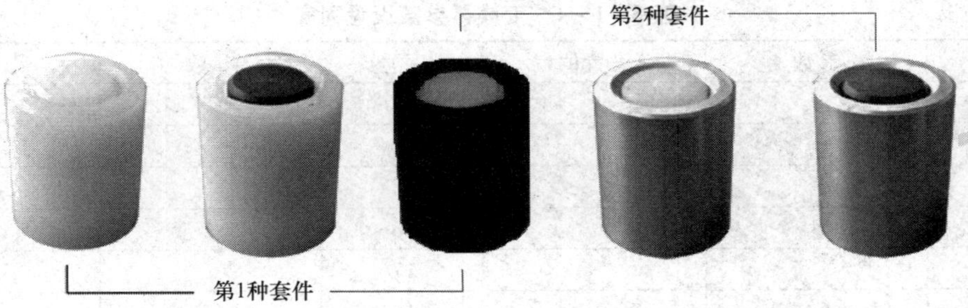

图3－1－1 成品工件

（3）从分拣单元工位1或工位2输出的两种套件在连接到输送单元的人机界面里设定，当两种套件数达到指定数量时，系统停止工作。

1.3 需要完成的工作任务

1. 自动生产线设备部件安装、气路连接及调整

根据供料状况和工作目标要求，YL－335B 自动生产线各工作单元在工作台面上布局如图 3－1－2 所示。请你首先完成生产线各工作单元的部分装配工作，然后把这些工作单元安装在 YL－335B 的工作桌面上。图 3－1－2 中，长度单位为 mm，要求安装误差不大于1 mm。安装时请注意，输送单元直线运动机构的参考点位置在原点传感器中心线处，这一位置也称为系统原点。各工作单元装置侧部分的装配要求如下：

（1）根据图 3－1－3 和图 3－1－4（供料、分拣单元的装配效果图），完成供料和分拣两单元装置侧部件的安装和调整以及工作单元在工作台面上定位。然后根据两单元工作的工艺要求完成它们的气路连接，并调整气路，确保各气缸运行顺畅和平稳。

（2）输送单元直线导轨底板已经安装在工作台面上，请根据图 3－1－5（输送单元的装配效果图）继续完成装置侧部分的机械部件安装和调整的工作，再根据该单元工作的工艺要求完成其气路连接，气路连接完成后请进一步调整气路，确保各气缸运行顺畅和平稳。其中抓取机械手各气缸初始位置为：提升气缸处于下降状态，手臂伸缩气缸处于缩回状态，手臂摆动气缸处于右摆位置，手爪处于松开状态。

（3）装配单元和加工单元的装置侧部分机械部件安装、气路连接工作已完成，请将这两个工作单元安装到工作台面上，然后进一步加以校核并调整气路，确保各气缸运行顺畅和平稳。

2. 电路设计和电路连接

（1）加工单元和装配单元的电气接线已经完成。请根据实际接线查核确定各工作单元 PLC 的 I/O 分配，作为程序编制的依据。

（2）设计分拣单元的电气控制电路，电路连接完成后应根据运行要求设定变频器有关参数，并将参数记录在表 3－1－1 指定位置。

表 3－1－1 变频器参数设置列表

序号	参数	设置值	序号	参数	设置值
1			13		
2			14		
3			15		
4			16		
5			17		
6			18		
7			19		
8			20		
9			21		
10			22		
11			23		
12			24		

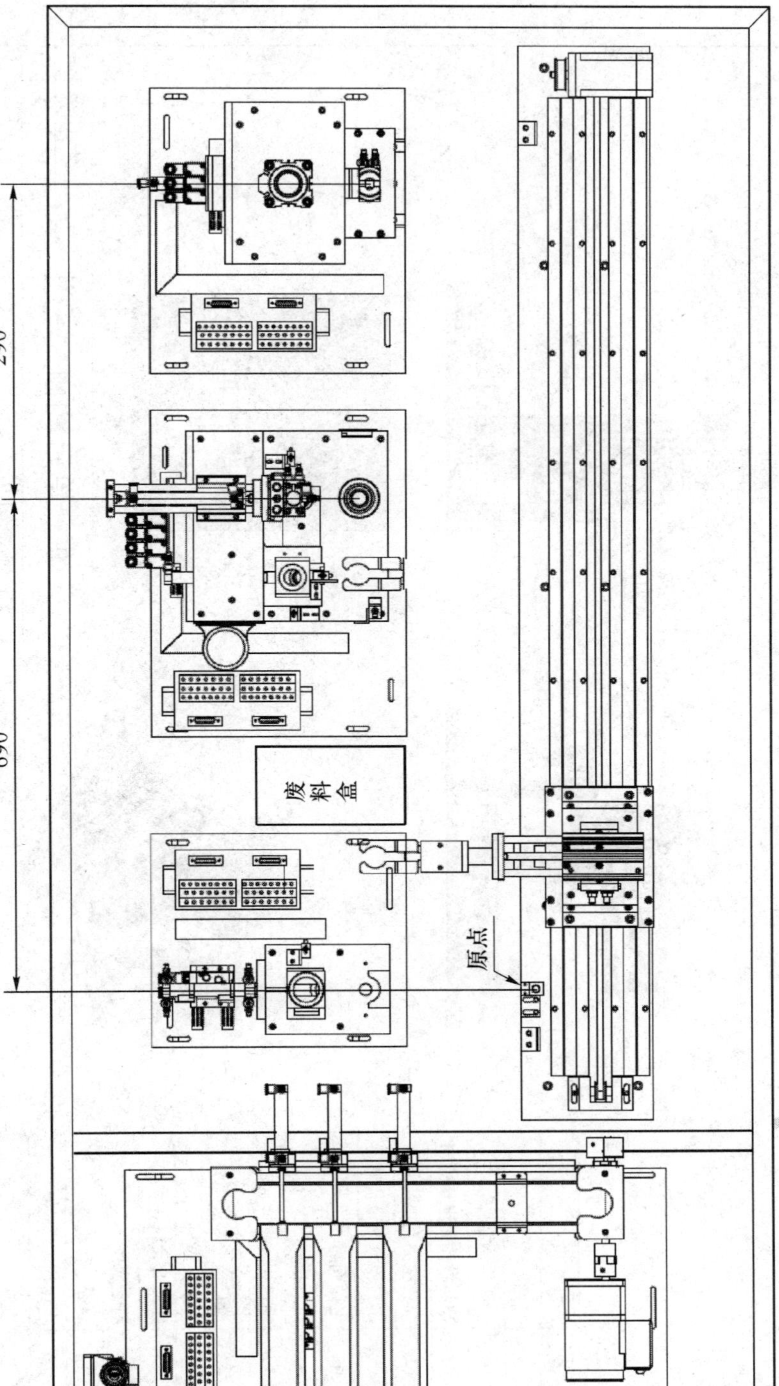

图 3-1-2

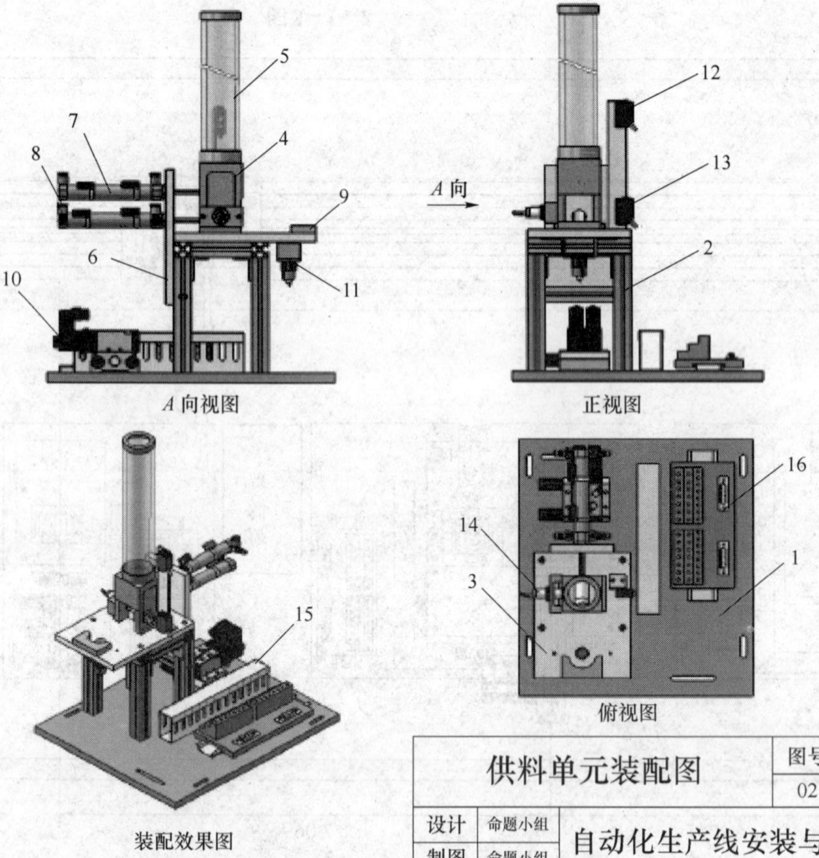

序号	名称
16	接线端口
15	线槽
14	金属传感器
13	缺料检测光电传感器
12	欠料检测光电传感器
11	出料检测光电传感器
10	电磁阀组
9	出料挡块
8	推料气缸组件
7	顶料气缸组件
6	气缸支撑板
5	透明井式料仓
4	料仓底座
3	料仓支撑板
2	支撑架
1	底板

供料单元装配图		图号	比例	共 页
		02		第 页
设计	命题小组	自动化生产线安装与调试技能大赛		
制图	命题小组			

图 3-1-3　供料单元装配图

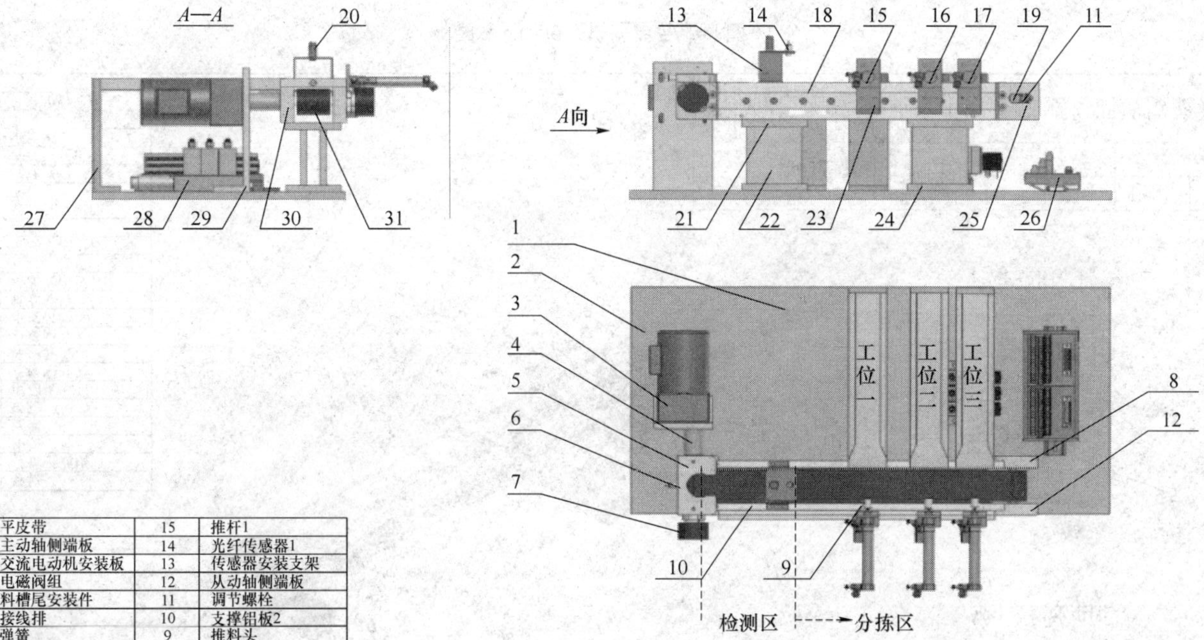

31	平皮带	15	推杆1
30	主动轴侧端板	14	光纤传感器1
29	交流电动机安装板	13	传感器安装支架
28	电磁阀组	12	从动轴侧端板
27	料槽尾安装件	11	调节螺栓
26	接线排	10	支撑铝板2
25	弹簧	9	推料头
24	支撑底板	8	支撑铝板1
23	气缸安装件	7	旋转编码器
22	支撑中间板	6	进料光纤传感器
21	支撑顶板	5	导正块
20	电感式传感器	4	联轴器
19	从动轴	3	交流电动机
18	导轨	2	模块底板
17	推杆3	1	料槽
16	推杆2	序号	名称

分拣单元装配图		图号	比例	共 页
		03		第 页
设计	命题小组	自动化生产线安装与调试技能大赛		
制图	命题小组			

图3-1-4　分拣单元装配图

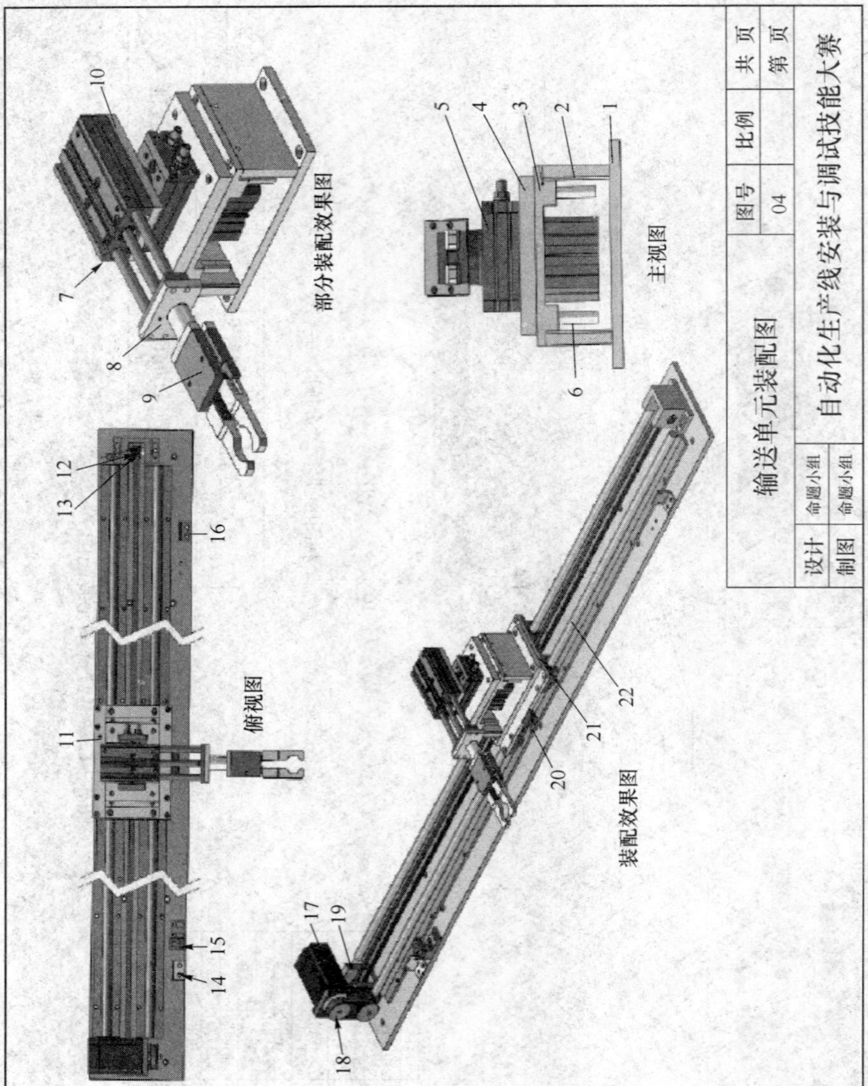

图 3-1-5　输送单元装配图

（3）完成供料和输送单元的电气接线。电路连接完成后应根据运行要求设定伺服驱动器有关参数，并将参数记录在表3-1-2指定位置。

表3-1-2 伺服驱动器参数设置列表

序号	参数	设置值	序号	参数	设置值
1			13		
2			14		
3			15		
4			16		
5			17		
6			18		
7			19		
8			20		
9			21		
10			22		
11			23		
12			24		

（4）设计注意事项：

①所设计的电路应满足工作任务要求。

②电气制图图形符号和文字符号的使用应满足机标 JB/T 2739—2008 和 JB/T 2740—2008 的要求。

③设备安装、气路连接、电路接线应符合“自动化生产线安装与调试赛项安装技术规范”的要求。

3. 部分设备的故障检查及排除

本生产线的装配单元是已经完成安装和单站模式编程的工作单元，但可能存在硬件和软件故障，请您检查并排除这些故障，使之能按工作要求正常运行。

注意：

（1）如果在竞赛开始2 h后仍未能排除硬件故障，允许放弃此项工作，由技术支持人员排除故障，但您将失去这项工作的得分。

（2）当您完成软件故障排除工作后，必须在表3-1-3中指定位置填写故障现象和处理措施，作为软件故障排除评分的依据。如果您无法排除该软件故障，可清除故障程序，自行按工作要求编制控制程序，但将失去这项工作的得分。

4. 各单元 PLC 网络连接

本系统的 PLC 网络指定输送单元作为系统主站。请根据您所选用的 PLC 类型，选择合适的网络通信方式并完成网络连接。

表 3-1-3 伺服驱动器参数设置列表

序号	故障现象	故障原因	解决措施

说明：答题纸中若表格行数不足，可自行追加表格填写。

5. 连接触摸屏并组态用户界面

触摸屏应连接到系统中主站 PLC 的相应接口。在 TPC7062K 人机界面上组态画面，要求用户窗口包括引导界面、输送单元传送功能测试界面（以下简称测试界面）和全线运行界面（以下简称运行界面）三个窗口。

（1）为生产安全起见，系统应设置操作员组和技师组两个用户组别。具有操作员组以上权限（操作员组或技师组）的用户才能启动系统。触摸屏上电并进行权限检查后，启动引导界面，如图 3-1-6 所示。

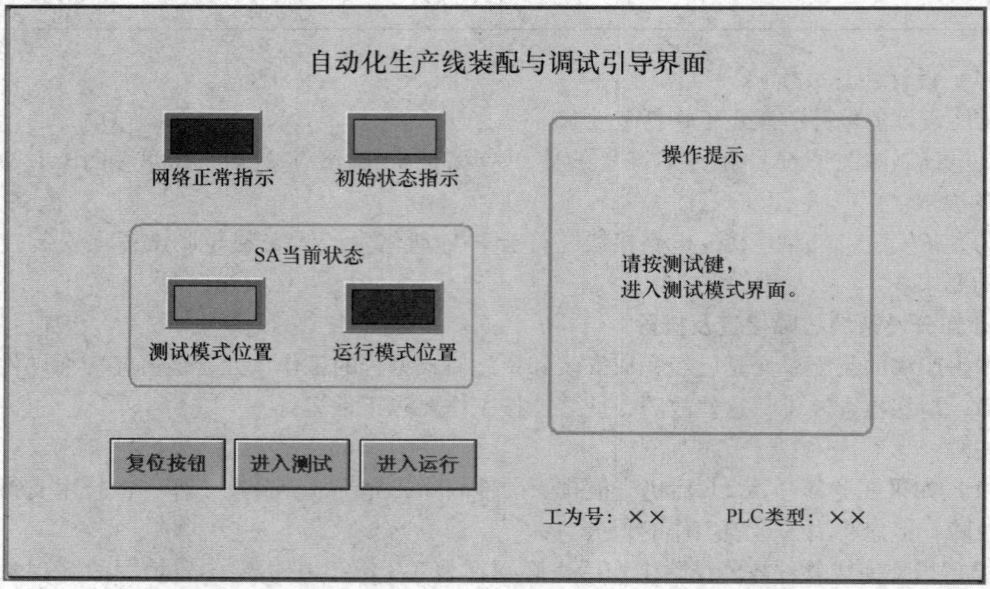

图 3-1-6 引导界面

①图中的工位号填写操作者所在的工位号，PLC 类型请填写您所使用的 PLC 类型。(S7-200 系列或 FX 系列)

②设备上电后，PLC 将传送有关网络是否正常状态、本站设备是否处于初始位置状态、

本站按钮/指示灯模块中的模式选择开关SA所处位置等信息至触摸屏。界面上的四个指示灯应显示相应状态。

③界面上的操作提示区中所提示的操作信息及操作要求如下：

a. 当SA选择测试模式时，若本站设备尚未处于初始位置，提示“设备尚未处于初始状态，请执行复位操作!”。这时可单击“复位按钮”或按下按钮/指示灯模块中的SB2按钮，PLC将执行设备复位程序，使设备返回初始状态。

b. 当SA选择测试模式时，若本站设备已处于初始状态，提示“请按测试键，进入测试模式界面”。此时可单击界面上的“进入测试”按钮，切换到测试模式界面。

c. 当SA选择运行模式时，若存在网络故障或本站设备尚未处于初始状态，提示“网络故障或设备尚未处于初始状态，不能进入运行状态”。此时单击“进入运行”按钮无效。

d. 当SA选择运行模式时，若网络正常且本站设备已在初始状态，提示“请按运行键，进入运行模式界面”。这时具有技师组权限的用户，可单击“进入运行”按钮，在权限检查通过后切换到运行模式界面。若操作者无此权限，操作提示区将提示“您没有操作权限!”，单击提示文字，该项提示消失。

（2）输送单元传送测试界面用以测试抓取机械手从某一起始单元传送工件到某一目标单元的功能，包括从供料到装配、装配到加工、加工到分拣、分拣到废料盒四个项目的测试。该界面的组态应按下列功能自行设计：

①界面上应设置四个测试项目的选择标签。项目未被选择时，标签的文字和边框均呈黑色，触摸该标签，测试项目被选择，标签的文字和边框均呈红色。如果该测试尚未开始，再次触摸该标签，项目选择将复位。

②界面上应设置启动测试的按钮，某一测试项目被唯一选择后，触摸“测试启动”按钮或按下按钮/指示灯模块中的SB1按钮，该项目测试开始。此时该选择标签旁的指示灯将被点亮，表示该项目测试在进行中。测试过程中，界面上应显示抓取机械手装置的当前位置坐标值。测试完成后，标签旁的指示灯熄灭。

③如果单击了2个或2个以上的项目选择标签，将发生“多1报警”，界面上的“多1报警”指示灯将快速闪烁。此时应复位测试尚未开始的选择标签，使报警消除。

④界面上应设置抓取机械手装置越程故障报警指示灯。发生左右极限越程故障时，报警指示灯快速闪烁，直至故障被复位。

⑤若界面上5个测试项目的选择标签均在复位状态，这时可单击“返回引导界面”按钮返回到引导界面。

（3）运行界面窗口组态应按下列功能自行设计：

①界面上应能设定每种套件计划生产的套件数，并能显示每种套件已完成套件数和已检测出来的废料数量。

②界面上应能设定分拣单元变频器的运行频率（20～40 Hz），并能实时显示变频器启动后的输出频率（精确到0.1 Hz）。

③提供全线运行模式下系统启动信号和停止信号。系统启动时两种套件之中的其中一个套件计划生产的套件数不小于1套系统才能启动，否则不予响应。当计划生产任务完成，系统将停止全线运行。

④提供能切换到引导界面的按钮。只有系统停止中，切换该按钮才有效。

⑤指示网络中各从站的通信状况（正常、故障）。

⑥指示各工作单元的运行、故障状态。其中故障状态包括：

a. 供料单元的供料不足状态和缺料状态。

b. 装配单元的供料不足状态和缺料状态。

c. 输送单元抓取机械手装置越程故障（左或右极限开关动作）。发生上述故障时，有关的报警指示灯以闪烁方式报警。

6. 程序编制及调试

1）单站测试模式

（1）供料单元单站测试要求：

①设备上电和气源接通后，若工作单元的两个气缸满足初始位置要求，且料仓内有足够的待加工工件，出料台上没有工件，则“正常工作”指示灯 HL1 常亮，表示设备准备好。否则，该指示灯以 1 Hz 频率闪烁。

②若设备准备好，按下启动按钮 SB1，工作单元将处于运行状态。这时按一下推料按钮 SB2，表示有供料请求，设备应执行把工件推到出料台上的操作。每当工件被推到出料台上时，“推料完成”指示灯 HL2 亮，直到出料台上的工件被人工取出后熄灭。工件被人工取出后，再按 SB2，设备将再次执行推料操作。若在运行过程中再次按下 SB1 按钮、设备在本次推料操作完成后停止。

③若在运行中料仓内工件不足，则工作单元继续工作，但“正常工作”指示灯 HL1 以 1 Hz 的频率闪烁。若料仓内没有工件，则 HL1 指示灯和 HL2 指示灯均以 2 Hz 频率闪烁。设备在本次推料操作完成后停止。除非向料仓补充足够的工件，否则工作单元不能再启动。

（2）装配单元单站测试要求：

①设备上电和气源接通后，若各气缸满足初始位置要求，料仓上已经有足够的小圆柱零件；工件装配台上没有待装配工件。则“正常工作”指示灯 HL1 常亮，表示设备准备好。否则，该指示灯以 1 Hz 频率闪烁。

②若设备准备好，按下启动按钮，装配单元启动，“设备运行”指示灯 HL2 常亮。如果回转台上的左料盘内没有小圆柱零件，就执行下料操作；如果左料盘内有零件，而右料盘内没有零件，执行回转台回转操作。

③如果回转台上的右料盘内有小圆柱零件且装配台上有待装配工件，执行装配机械手抓取小圆柱零件，放入待装配工件中。

④完成装配任务后，装配机械手应返回初始位置，等待下一次装配。

⑤若在运行过程中按下停止按钮，则供料机构应立即停止供料，在装配条件满足的情况下，装配单元在完成本次装配后停止工作。

⑥在运行中发生“零件不足”报警时，指示灯 HL3 以 1 Hz 的频率闪烁，HL1 和 HL2 灯常亮；在运行中发生“零件没有”报警时，指示灯 HL3 以亮 1 s，灭 0.5 s 的方式闪烁，HL2 熄灭，HL1 常亮。工作单元在完成本周期任务后停止。除非向料仓补充足够的工件，否则工作单元不能再启动。

（3）加工单元单站测试要求：

①上电和气源接通后，若各气缸满足初始位置要求，则“正常工作”指示灯 HL1 常亮，表示设备准备好。否则，该指示灯以 1 Hz 频率闪烁。

②若设备准备好，按下启动按钮，设备启动，“设备运行”指示灯 HL2 常亮。当待加工工件送到加工台上并被检出后，设备执行将工件夹紧，送往加工区域冲压，完成冲压动作后返回待料位置的工件加工工序。如果没有停止信号输入，当再有待加工工件送到加工台上时，加工单元又开始下一周期工作。

③在工作过程中，若按下停止按钮，加工单元在完成本周期的动作后停止工作。HL2 指示灯熄灭。

（4）分拣单元单站测试要求：

①设备上电和气源接通后，若工作单元的三个气缸满足初始位置要求，则“正常工作”指示灯 HL1 常亮，表示设备准备好。否则，该指示灯以 1 Hz 频率闪烁。

②若设备准备好，按下启动按钮，系统启动，“设备运行”指示灯 HL2 常亮。当传送带入料口人工放下已装配的工件时，变频器即启动，驱动传动电动机以频率为 30 Hz 的速度，把工件带往分拣区。(变频器的上下坡时间不小于 1 s)

③满足第一种套件关系的工件（一个白芯塑料白工件、一个黑芯塑料白工件和一个白芯塑料黑工件搭配组合成一组套件，不考虑三个工件的排列顺序）到达 1 号滑槽时，传送带停止，推料气缸 1 动作把工件推出；满足第二种套件关系的工件（一个白芯金属工件、一个黑芯金属工件和一个白芯塑料黑工件搭配组合成一组套件，不考虑三个工件的排列顺序）到达 2 号滑槽时，传送带停止，推料气缸 2 动作把工件推出。不满足上述套件关系的工件中的黑芯塑料黑工件视为废料，传送带反转并把工件送往入料口后停止，并人工取走放到废料盒。不满足套件关系也不是废料的工件到达 3 号滑槽时，传送带停止，推料气缸 3 动作把工件推出，并人工取走放到供料单元料仓内。工件被推出滑槽或人工取走废料后，该工作单元的一个工作周期结束。仅当工件被推出滑槽或人工取走废料后，才能再次向传送带下料，开始下一个工作周期。如果每种套件均被推出 1 套，则测试完成。在最后一个工作周期结束后，设备退出运行状态，指示灯 HL2 熄灭。

说明：假设每当一套套件在分拣单元被分拣推出到相应的出料槽后，即被后序的打包工艺设备取出，打包工艺设备不属于本生产线控制。

（5）输送单元单站测试：

①抓取机械手装置从某一起始单元传送工件到某一目标单元的功能测试，当人机界面处于测试界面，且在界面上选择测试项目后，PLC 程序应根据所选项目，按表 3-1-4 要求，使相应指示灯点亮或熄灭，以提示现场操作人员进行相关操作。

表 3-1-4　指示灯状态

项目名称	供料至装配	装配至加工	加工至分拣	分拣至废料盒
指示灯状态	HL1 常亮	HL2 常亮	HL3 常亮	HL1、HL2 常亮

现场操作人员根据所选项目，在项目起始单元工作台放置一个工件，然后单击人机界面上的“测试启动”按钮或按下按钮/指示灯模块中的 SB1 按钮，该项测试开始。测试动作顺序如下：

a. 抓取机械手装置移动到起始单元工作台正前方，然后从工作台抓取工件。

b. 抓取动作完成后，机械手装置向目标单元移动。到达目标单元工作台的正前方后，即把工件放到工作台上，然后机械手各气缸返回初始位置，项目测试完成。

c. 项目测试完成后，除非在人机界面上复位该项测试选择，否则，测试仍可按上述步骤再次进行。

注：抓取机械手装置的移动速度指定为 400 mm/s。

抓取机械手抓取和放下工件的步骤请自行确定。

某项测试开始后，若发生“多 1 报警”，PLC 将向人机界面发出报警信号，但该项测试仍然继续。

②运行的安全及可靠性测试

a. 紧急停车处理：如果在测试过程中出现异常情况，可按下急停按钮，装置应立即停止工作。急停复位后，装置应从急停前的断点开始继续运行。

b. 越程故障处理：发生左或右限位开关动作的越程故障时，伺服电动机应立即停车，并且必须在断开伺服驱动器电源再上电后故障才有可能复位。若判断越程故障为限位开关误动作，则应在驱动器重新上电故障复位后，按下输送单元按钮/指示灯模块上 SB2 按钮，人工确认该越程故障为误动作，系统将继续运行。若误动作发生在机械手装置移动期间，应采取必要的措施保证继续运行的精确度。

2）系统正常的运行模式

（1）人机界面切换到运行界面窗口后，输送单元 PLC 程序应首先检查供料、装配、加工和分拣等工作单元是否处于初始状态。初始状态是指：

①各工作单元气动执行元件均处于初始位置。

②输送单元抓取机械手装置在初始位置且已返回参考点停止。

③供料单元和装配单元料仓内有足够的待加工工件。

④各单元处于准备就绪状态。

若上述条件中任一条件不满足，则安装在装配单元上的绿色警示灯以 0.5 Hz 的频率闪烁，红色和黄色灯均熄灭，这时系统不能启动。

如果上述各工作单元均处于初始状态，绿色警示灯常亮。若人机界面中设定的计划生产套件总数大于零，则允许启动系统。这时若单击人机界面上的启动按钮，系统启动。绿色和黄色警示灯均常亮，并且供料单元、输送单元、加工单元、装配单元和分拣单元的指示灯 HL3 常亮，表示系统在全线方式下运行。

注：若系统启动前供料或装配或加工单元工作台上留有工件，且本次全线运行是上电后直接进入或进行单站测试以后切换而来，请人工清除留有的工件后再启动系统。

（2）计划生产套件总数的设定只能在系统未启动或处于停止状态时进行，套件数量一旦指定且系统进入运行状态后，在该批工作完成前，修改套件数量无效。

(3) 正常运行过程:

①系统启动后,若装配单元装配台、加工单元加工台、分拣单元进料口没有工件,相应从站就向主站发出进料请求。主站则根据其抓取机械手装置是否空闲以及各从站进料条件是否满足给予响应。

②若装配单元有进料请求,且输送单元抓取机械手装置在空闲等待中,则主站应向供料单元发出供料指令,同时抓取机械手装置立即前往原点。抓取机械手装置到达原点后执行抓取供料单元出料台上工件的操作。动作完成后,伺服电动机驱动机械手装置以不小于400 mm/s的速度移动到装配单元装配台的正前方,把工件放到装配单元的装配台上。机械手装置缩回到位且接收到装配—加工单元发来的"工件收到"通知后,恢复空闲状态。

③若加工单元有进料请求,且输送单元抓取机械手装置在空闲等待中,则主站接收到装配完成信号后,抓取机械手装置应立即前往装配单元装配台抓取已装配的工件,然后从装配单元向加工单元运送工件,到达加工单元加工台正前方,把工件放到加工台上。机械手装置的运动速度要求与②相同。机械手装置缩回到位后,恢复空闲状态。

④若分拣单元有进料请求,且输送单元抓取机械手装置在空闲等待中,则主站接收到加工完成信号后,输送单元抓取机械手装置应立即前往加工单元抓取已压紧工件。抓取动作完成后,机械手臂逆时针旋转 90°后从加工单元向分拣单元运送工件,到达分拣单元后执行放下工件的操作。操作完成并缩回到位后,顺时针旋转 90°,恢复空闲状态。

⑤若分拣单元检测出废料,请求主站将这个废料送往废料盒且输送单元抓取机械手装置在空闲等待中,输送单元抓取机械手装置的手臂逆时针旋转 90°后立即前往分拣单元进行抓取废料的操作。抓取完成后,从分拣单元向废料盒运送工件,到达废料盒正前方后,机械手臂顺时针旋转 90°后执行放下工件操作。操作完成并缩回到位后,恢复空闲状态。

⑥若分拣单元的进料条件和装配单元的进料条件同时被满足或分拣单元检测出废料,则主站优先响应分拣单元的请求。

⑦装配单元和加工单元的工艺工作过程与单站过程相同,但必须在主站机械手在相应工作台放置工件完成,手臂缩回到位后工作过程才能开始。

⑧分拣单元在系统启动时,应使所记录的已推入各工位的套件数清零。进料口传感器检测到工件且输送单元机械手已缩回到位后,变频器以人机界面中所指定的频率驱动传送带电动机运转,把工件分送到人机界面指定生产的工位中,分送原则与单站相同。

(4) 系统的正常停止。

上述操作完成后,各工作单元的 HL3 指示灯均熄灭,警示灯中黄色灯熄灭,绿色灯仍保持常亮,系统处于停止状态。这时可单击界面上的返回按钮返回到引导界面。此外也可在输送单元按钮/指示灯模块上切换 SA1 开关到单站模式,3 s 后触摸屏应能自动返回到引导界面。如果各工作单元重新进行单站测试,所保留供料完成、装配完成、加工完成的信号应予清除。

(5) 停止后的再启动。

在运行窗口界面下再次单击启动按钮,系统又重新进入运行状态。再次投入运行后,系统应根据前次运行结束时，供料单元的出料台、装配单元装配台、加工单元加工台或分拣单元物料台上是否有工件存在，确定系统的工作流程。

3）异常工作状态测试

（1）工件供给状态的信号警示。

如果发生来自供料单元或装配单元的“工件不足”的预报警信号或“工件没有”的报警信号，则系统动作如下：

①如果发生“工件不足”的预报警信号警示灯中红色灯以 1 Hz 的频率闪烁，绿色灯和黄色灯保持常亮，系统继续工作。

②如果发生“工件没有”的报警信号，警示灯中红色灯以亮 1 s，灭 0.5 s 的方式闪烁；黄色灯熄灭，绿色灯保持常亮。

若“工件没有”的报警信号来自供料单元，且供料单元物料台上已推出工件，系统继续运行，直至完成该工作周期尚未完成的工作。当该工作周期工作结束，系统将停止工作时，除非“工件没有”的报警信号消失，系统不能再启动。

若“工件没有”的报警信号来自装配单元，且装配单元回转台上已落下芯件，系统继续运行，直至完成该工作周期尚未完成的工作。当该工作周期工作结束，系统将停止工作，除非“工件没有”的报警信号消失，系统不能再启动

（2）废料的统计。

需要统计分拣单元检测到的废料数量，并在输送单元运行界面上显示。

1.4 注意事项

（1）选手应完成分拣单元的电气控制电路设计图。

（2）选手提交最终的 PLC 程序，存放在“D：\ 2016 自动线 \ XX”文件夹下（XX：工位号）。选手的试卷用工位号标识，不得写上姓名或与身份有关的信息。

（3）比赛中如出现下列情况时另行扣分：

①调试过程中由于撞击造成抓取机械手不能正常工作扣 15 分。

②选手认定器件有故障可提出更换，经裁判测定器件完好时每次扣 3 分，器件确实损坏每更换一次补时 3 min。

（4）由于错误接线等原因引起 PLC、伺服电动机及驱动器、变频器和直流电源损坏，取消竞赛资格。

项目 2

国赛评分标准

全国高职院校自动线安装与调试项目技能大赛评分表见表 3－2－1。

表 3－2－1　全国高职院校自动线安装与调试项目技能大赛评分表

工位号：　　　　　　　　　　　　　　　　　　　　　　　　　　　　　总分：________

评分内容		配分	评分标准	扣分	得分	备注
机械安装及其装配工艺	分拣单元装配	6	装配未完成或装配错误导致传动机构不能运行，扣 6 分			累计扣分后，最高扣 15 分（传感器安装调整不正确导致工作不正常合并到编程扣分）
			驱动电动机或联轴器安装及调整不正确，每处扣 1.5 分			
			传送带打滑或运行时抖动、偏移过大，每处扣 1 分			
			推出工件不顺畅或有卡住现象，每处扣 1 分			
			有紧固件松动现象，每处扣 0.5 分			
	输送单元装配	7	直线传动组件装配、调整不当导致无法运行扣 4 分，运行不顺畅酌情扣分，最多扣 2 分			
			抓取机械手装置未完成或装配错误以致不能运行，扣 3 分；装配不当导致部分动作不能实现，每动作扣 1 分			
			拖链机构安装不当或松脱妨碍机构正常运行扣 1.5 分			
			摆动气缸摆角调整不恰当，扣 1 分			
			有紧固件松动现象，每处扣 0.5 分			
	工作单元安装	2	工作单元安装定位与要求不符，每处扣 0.5 分，最多扣 1.5 分。有紧固件松动现象，扣 0.5 分			
气路连接及工艺		5	气路连接未完成或有错，每处扣 2 分			
			气路连接有漏气现象，每处扣 1 分			
			气缸节流阀调整不当，每处扣 1 分			
			气管没有绑扎或气路连接凌乱，扣 2 分			
电路设计		8	制图草率，手工画图扣 4 分			累计扣分后，最高扣 8 分
			电路图符号不规范，每处扣 0.5 分，最多扣 2 分			
			不能实现要求的功能、可能造成设备或元件损坏、漏画元件，1 分/处；最多扣 4 分			

续表

评分内容	配分	评分标准	扣分	得分	备注
电路设计	8	漏画必要的限位保护、接地保护等，每处扣 1 分，最多扣 3 分			累计扣分后，最高扣 8 分
		提供的设计图纸缺少编码器脉冲当量测试表或伺服电动机参数设置表，每处扣 1 分，表格数据不符合要求，每处扣 0.5 分，最多扣 2 分			
电路连接及工艺	7	伺服驱动器及电动机接线错误导致不能运行扣 2 分			累计扣分后，最高扣 7 分
		变频器及驱动电动机接线错误导致不能运行扣 2 分，没有接地，扣 1 分			
		必要的限位保护未接线或接线错误扣 1.5 分			
		端子连接，插针压接不牢或超过 2 根导线，每处扣 0.5 分，端子连接处没有线号，每处扣 0.5 分。两项最多扣 3 分			
		电路接线没有绑扎或电路接线凌乱，扣 1.5 分			
供料单元单站运行	3	不能按照控制要求正确执行推出工件操作，扣 1 分			
		推料气缸活塞杆返回时被卡住，扣 1 分			
		不能按照控制要求处理“工件不足”和“工件没有”故障，每处扣 0.5 分			
		指示灯亮灭状态不满足控制要求，每处扣 0.5 分			
加工单元单站运行	3	工件加工操作不符合控制要求，扣 1.5 分			
		不能按照控制要求执行急停处理，扣 1 分			
		指示灯亮灭状态不满足控制要求，每处扣 0.5 分			
装配单元单站运行	5	缺少初始状态检查，扣 1 分			
		料仓中零件供出操作不满足控制要求，扣 1 分			
		回转台不能完成把小圆柱零件转移到装配机械手手爪下，扣 1 分；能实现回转，但定位不准确，扣 0.5 分			
		装配操作动作不正确或未完成，每处扣 0.5 分，最多扣 2.5 分			
		不能按照控制要求处理“零件不足”和“零件没有”故障，每处扣 0.5 分			
		指示灯亮灭状态不满足控制要求，每处扣 0.5 分			
分拣单元单站运行	6	变频器启动时间或运行频率不满足控制要求，每处扣 1 分			
		不能按照控制要求正确分拣工件，每处扣 1 分；推出工件时偏离滑槽中心过大，每处扣 0.5 分			
		指示灯亮灭状态不满足控制要求，每处扣 0.5 分			

续表

评分内容		配分	评分标准	扣分	得分	备注
输送单元单站运行（11分）	系统复位过程	1.5	上电后，抓取机械手装置不能自动复位回原点，或返回时右限位开关动作，扣0.5分。 定位误差过大，影响机械手抓取工作时，酌情扣分，最多扣1分，不能确定复位完成信号，扣1分			
	机械手抓取和放下工件	3	由于机械或电气接线等原因，不能完成机械手抓取或放下工件操作，扣2分			
			抓取工件操作逻辑不合理，导致抓取或放下过程不顺畅，每处扣0.5分，最多扣1.5分			
	等待时间	1	机械手在加工或装配单元的等待时间不满足控制要求，每处扣0.5分			
	机械手前进到目标站	3	不能完成移动操作，扣3分；能完成移动操作，但定位误差过大，影响机械手放下工件的工作时，酌情扣分，最多扣1.5分。移动速度不满足要求，扣1.5分			
	机械手返回原点	1	手爪在伸出状态移动机械手扣1分，但不重复扣分			累计扣分后，最高扣1.5分
			返回过程缺少高速段扣0.5分			
			返回时发生右限位开关动作，扣0.5分			
			定位误差过大，影响下一次机械手抓取工作时，酌情扣分，最多扣1分			
	指示灯状态	1	指示灯亮灭状态不满足控制要求，每处扣0.5分，最多扣1分			
人机界面组态		7	人机界面不能与PLC通信，扣5分			累计扣分后，最高扣8分
			不能按要求绘制界面或漏绘构件，每处扣0.5分，最多扣2分			
			欢迎界面不满足控制要求，每处扣1分，最多扣2.5分			
			主界面指示灯、按钮和切换开关等不满足控制要求，每处扣0.5分，最多扣3.5分			
			不能按要求指定变频器运行频率，扣0.5分			
			不能按要求显示输送单元机械手当前位置，扣1分			
联机正常运行工作（10分）	网络组建及连接	1	不能组建、连接指定网络，导致无法联机运行，扣1分。部分工作单元不连通，每从站点扣1分			累计扣分后，最高扣10分，与单站运行相同项目不重复扣分
	联机确认	1	在联机方式下，不能避免误操作错误，扣1分			
	系统初始状态检查和复位	1	运行过程缺少初始状态检查，扣1分。初始状态检查项目不全，每项扣0.5分			

续表

评分内容		配分	评分标准	扣分	得分	备注
联机正常运行工作（10分）	从站运行	3	不能执行系统通过网络发出的主令信号（复位、启动、停止以及频率指令等），每项扣1分，不能通过网络反馈本站状态信息，每项扣0.5分。本栏目最多扣3分			累计扣分后，最高扣10分，与单站运行相同项目不重复扣分
	主站运行	3	不能接收从站状态信息，控制本站机械手在各从站抓取和放下工件的操作，每项扣0.5分，最多扣3分			
	系统正常停止	1	触摸停止按钮，系统应在当前工作周期结束后停止，否则扣0.5分，系统停止后，不能再启动扣0.5分			
系统非正常工作过程（8分）	“物料不足”预警	1.5	系统不能继续运行，扣1.5分			累计扣分后，最高扣3.5分
	供料单元“物料没有”	1.5	若物料已经推出，系统应继续运行，直到当前周期结束，系统停止运行。不满足上述要求，扣1.5分			
	装配单元“物料没有”	1.5	若小圆柱已经落下，系统应继续运行，直到当前周期结束，系统停止运行。不满足上述要求，扣1.5分			
			停止运行后，若报警复位，按启动按钮不能继续运行，扣0.5分			
	紧急停止	3	按下急停按钮，输送单元应立即停止工作，急停复位后，应从断点开始继续。否则扣1分。急停前正在移动的机械手应先回原点，否则扣2分。复位后重新定位不准确，每处扣1分。本栏目最多扣3分			
职业素养与安全意识		5	现场操作安全保护符合安全操作规程；工具摆放、包装物品、导线线头等的处理符合职业岗位的要求；团队合作有分工有合作，配合紧密；遵守赛场纪律，尊重赛场工作人员，爱惜赛场的设备和器材，保持工位的整洁			

裁判员签名： 操作结束时间：

说明：

（1）竞赛时间为5小时。总分相同时，结束时间早者名次靠前。

（2）选手编制的应用程序，应以选手工位号为文件名存放D盘根目录下。选手电气设计的试卷用工位号标识，不得写上姓名或与身份有关的信息。

（3）下列情况另行扣分：

①调试过程中发生2次以上输送单元机械手装置运动限位保护失效引起撞击，扣5分。分数评定时发生上述故障，每次扣5分。

②输送单元抓取机械手的抓取手爪电磁阀的两个线圈同时得电，扣10分，但因该项错误，导致程序无法继续运行，不重复扣分。

③光电（光纤）传感器信号线接错，引起传感器损坏，扣20分。

④错误接线引起PLC损坏，扣40分。

（4）不能组建或连接网络，但还可用单机方式工作，按单机情况评分的60%给分。

项目3

安装技术规范

绑扎工艺技术规范见表3－3－1。

表3－3－1　绑扎工艺技术规范

<table>
<tr><th>标题</th><th>技术规范</th><th>正确</th><th>不正确</th></tr>
<tr><td rowspan="2">电缆和气管的绑扎</td><td>电缆和气管分开绑扎</td><td></td><td rowspan="2">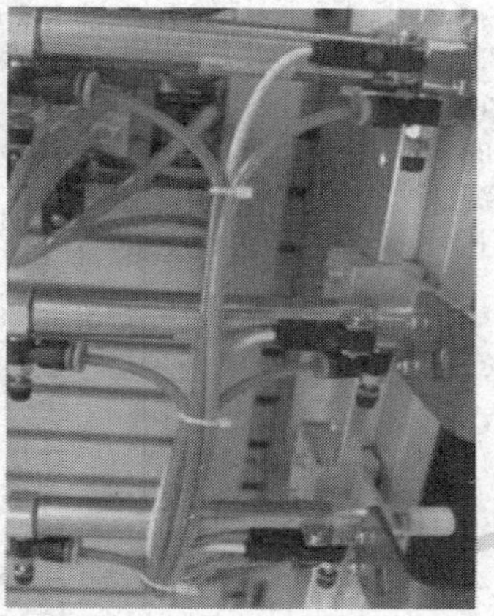
（不在同一移动模块上，电缆和气管不能绑扎在一起）</td></tr>
<tr><td>当它们都来自同一个移动模块上时，允许电缆、光纤电缆和气管绑扎在一起</td><td>
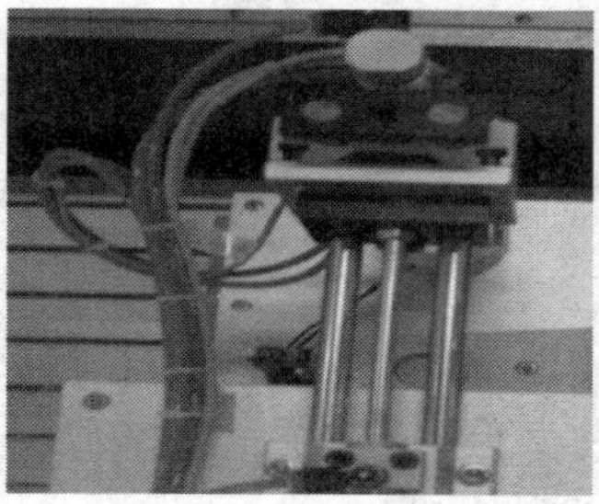</td></tr>
</table>

续表

标题	技术规范	正确	不正确
电缆和气管的绑扎	绑扎带切割不能留余太长，必须小于 1 mm 且不割手		
	两个绑扎带之间的距离不超过 50 mm		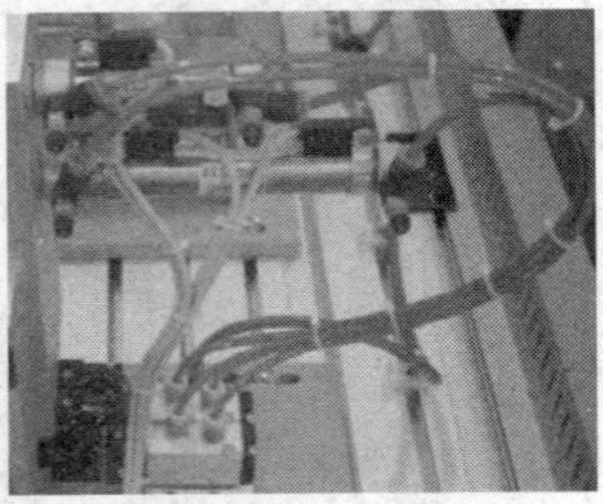
	两个线夹子之间的距离不超过 120 mm	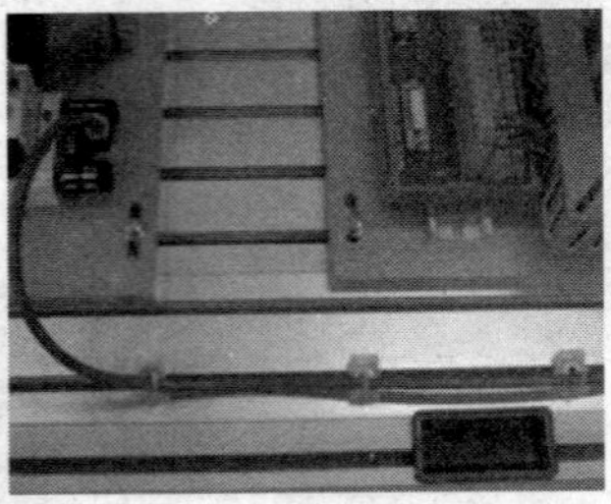	
	电缆/电线固定在线夹子上	单根电线用绑扎带固定在线夹子上   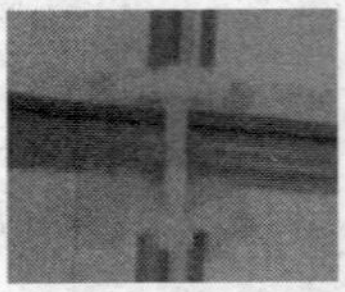  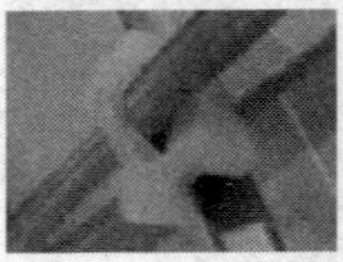  	单根电缆、电线、气管没有紧固在线夹子上 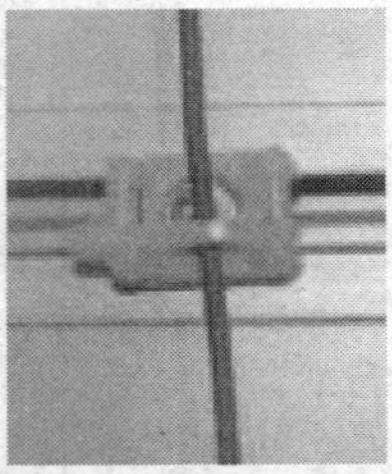 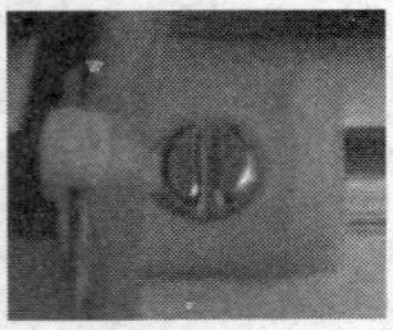 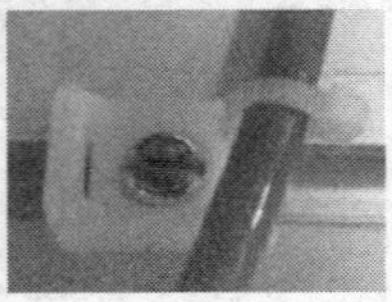

续表

标题	技术规范	正确	不正确
电缆和气管的绑扎	第一根绑扎带离电磁阀组气管接头连接处 60 mm ±5 mm	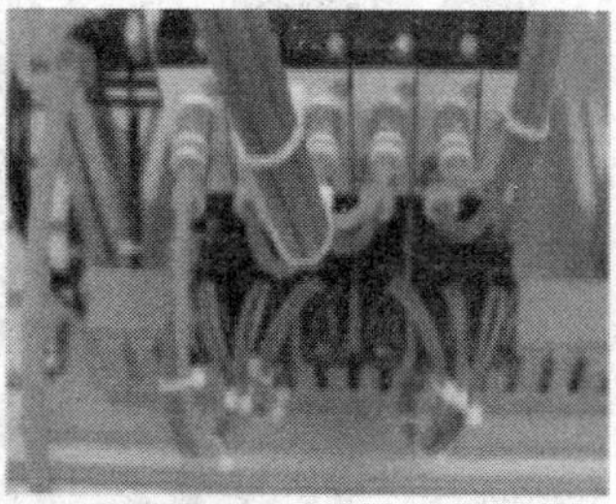 	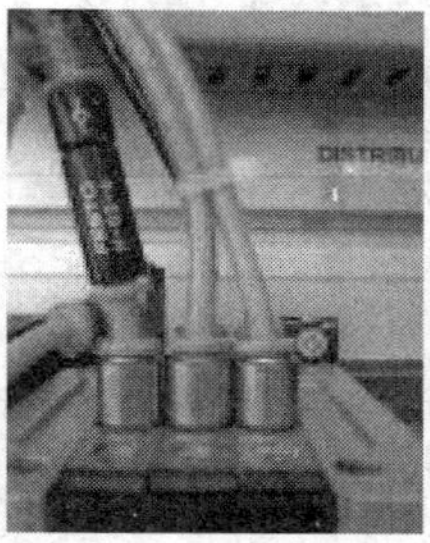
	运动所有的执行元器件和工件时保证无碰撞		评估时在电缆、执行件或工件之间有碰撞

电路连接技术规范见表3－3－2。

表3－3－2 电路连接技术规范

标题	技术规范	正确	不正确
导线与接线端子的连接	电线连接时必须用冷压端子，电线金属材料不外露		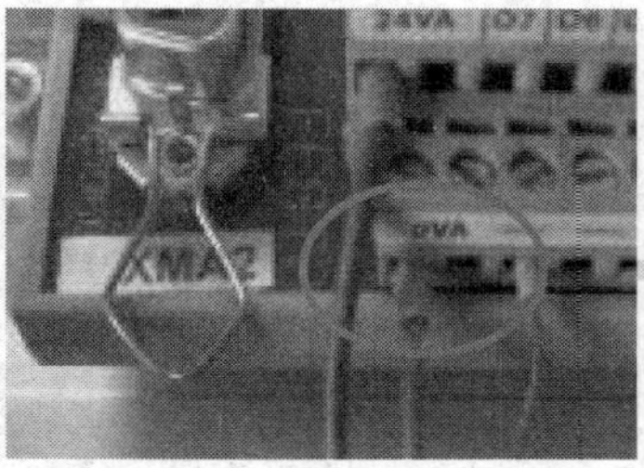
	冷压端子金属部分不外露		

续表

标题	技术规范	正确	不正确
导线与接线端子的连接	传感器护套线的护套层，应放在线槽内，只有线芯从线槽出线孔内穿出		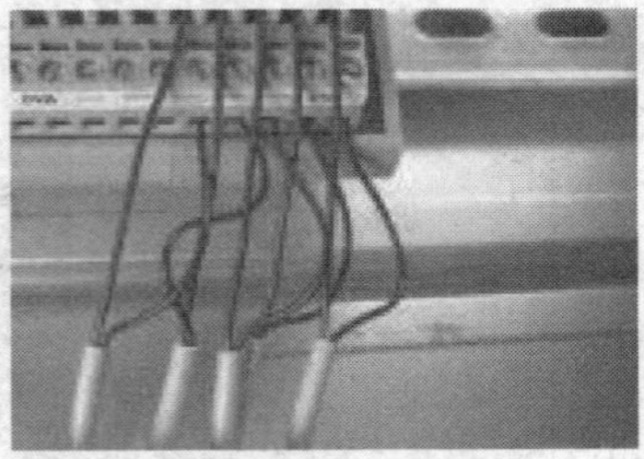 绝缘没有完全剥离
	线槽与接线端子排之间的导线，不能交叉	 	
导线束	传感器不用芯线应减掉，并用热塑管套住或用绝缘胶带包裹在护套绝缘层的根部，不可裸露		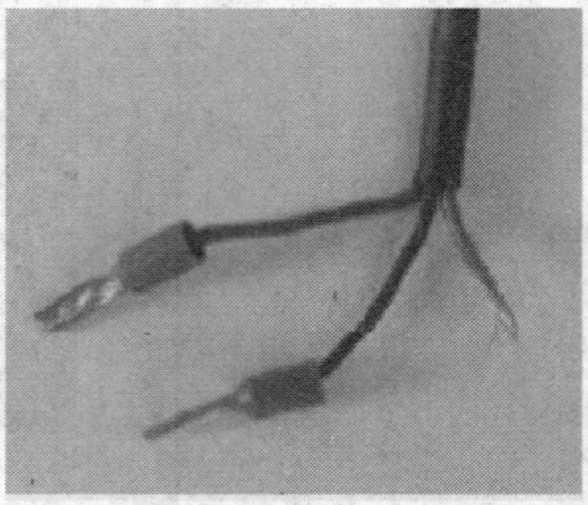 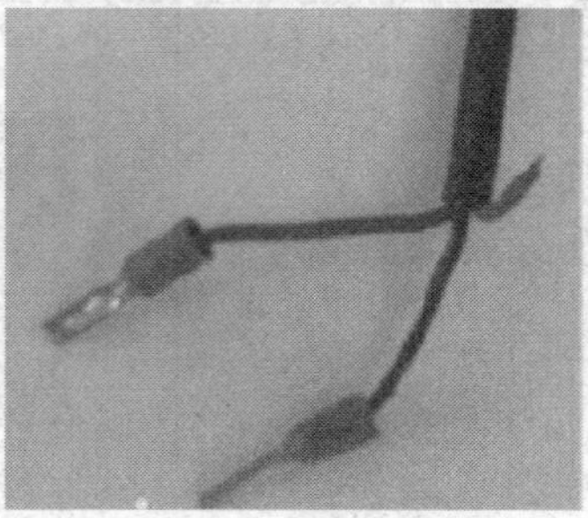

续表

标题	技术规范	正确	不正确
导线束	不要损伤电线绝缘部分	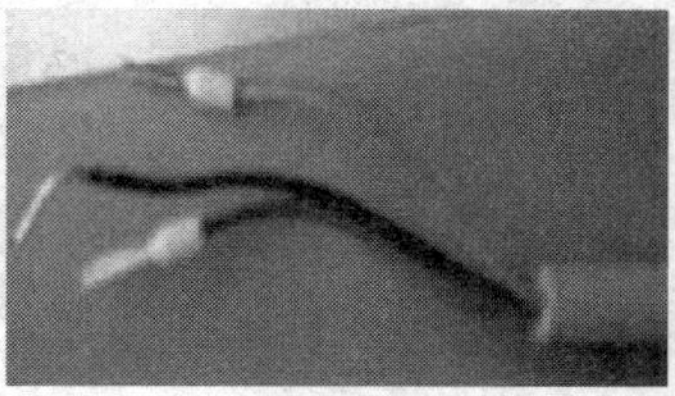	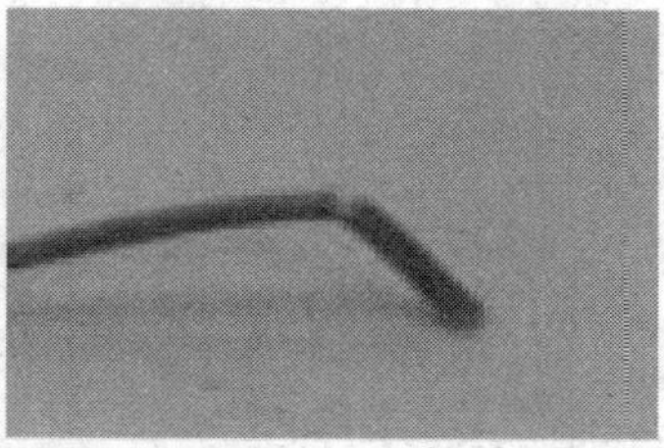 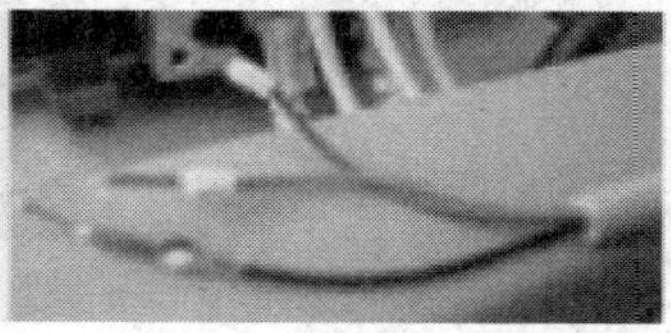
	传感器芯线进入线槽应与线槽垂直，且不交叉	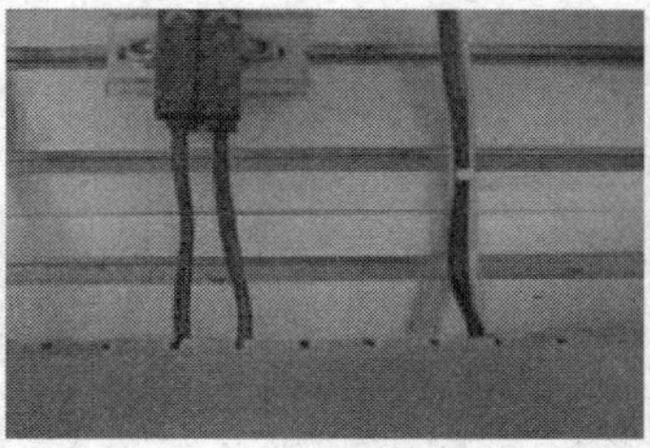	
	允许把光纤和电缆扎在一起	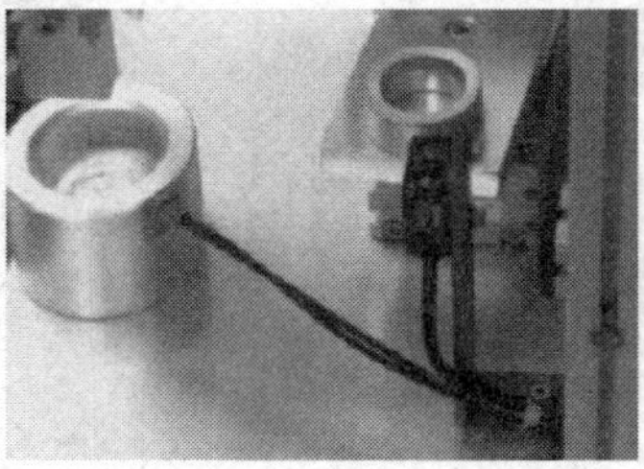	
	光纤传感器上的光纤，弯曲时的曲率直径应不小于 100 mm	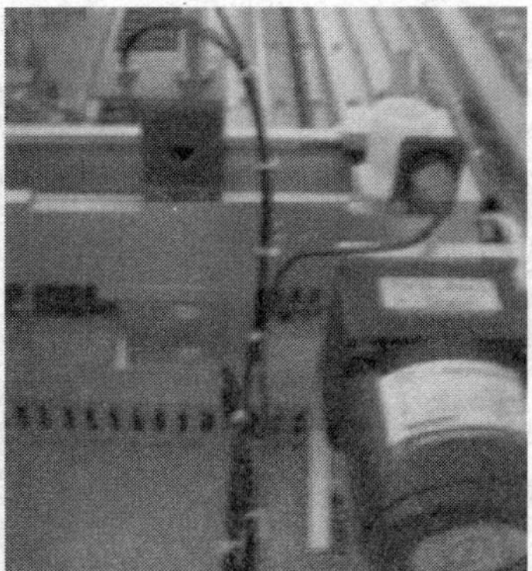	

续表

标题	技术规范	正确	不正确
导线束	电缆、电线不允许缠绕		
变频器主电路布线	变频器主电路布线与控制电路应有足够的距离，交流电动机的电源线不能放入信号线的线槽	 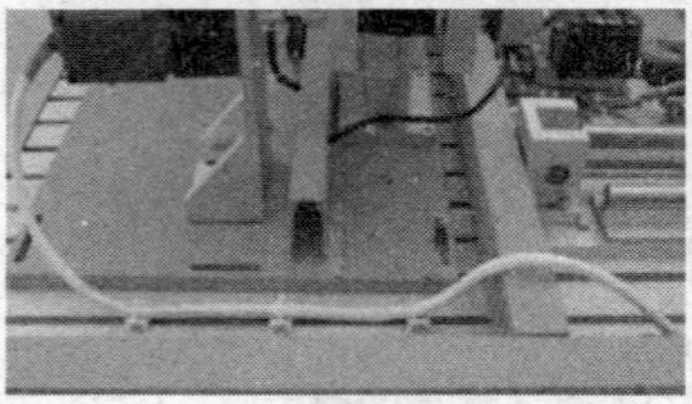	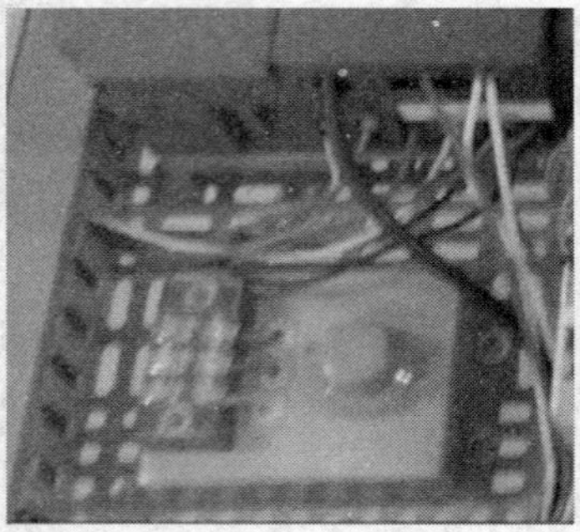
导线束进入线槽	未进入线槽而露在安装台台面的导线，应使用线夹子固定在台面上或部件的支架上，不能直接塞入铝合金型材的安装槽内	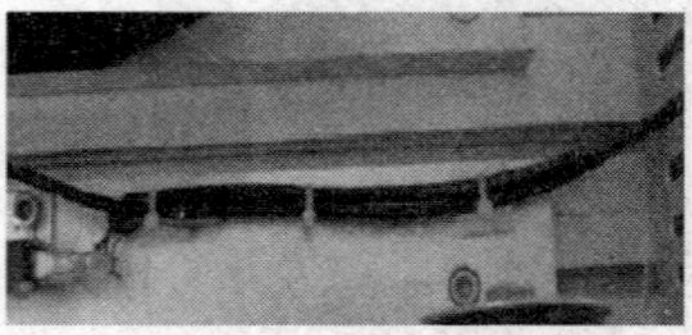	 

续表

标题	技术规范	正确	不正确
导线束进入线槽	电缆在走线槽里最少保留10 cm； 如果是一根短接线的话，在同一个走线槽里不要求	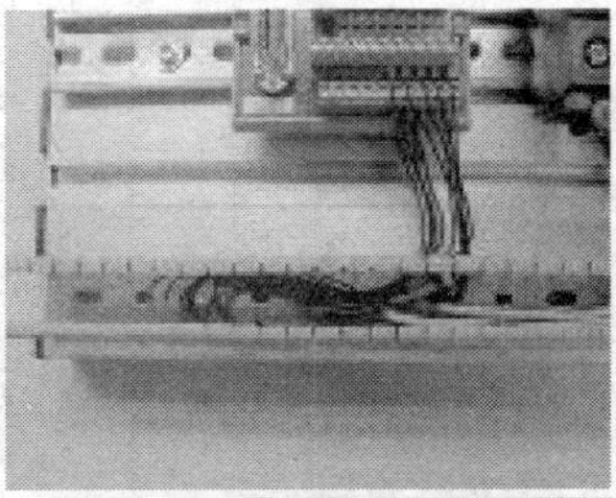 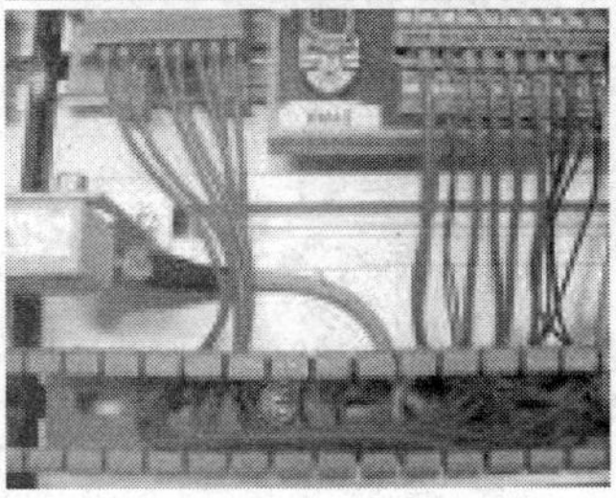	
	走线槽盖住，没有翘起和未完全盖住现象	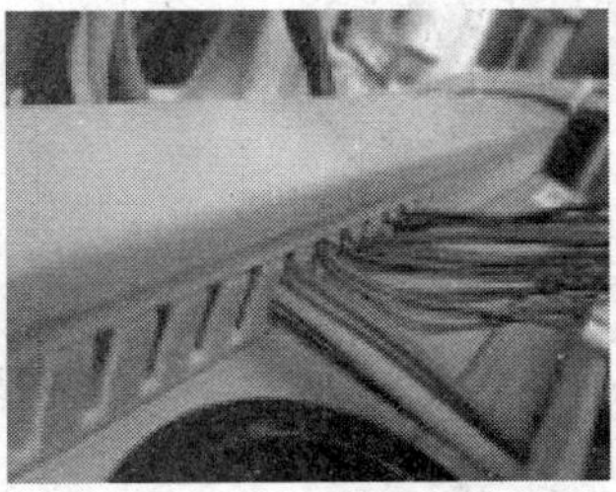	 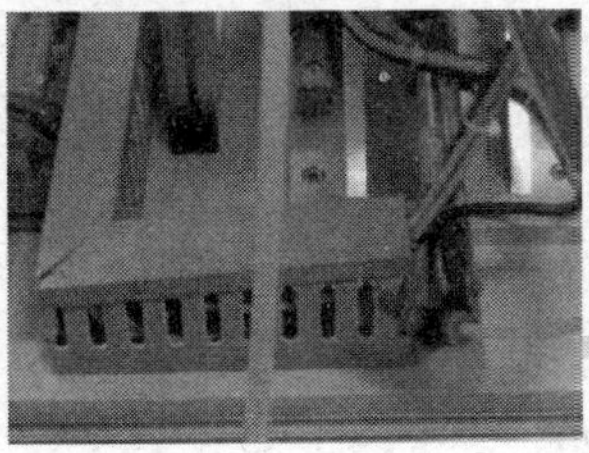
	没有多余的走线孔	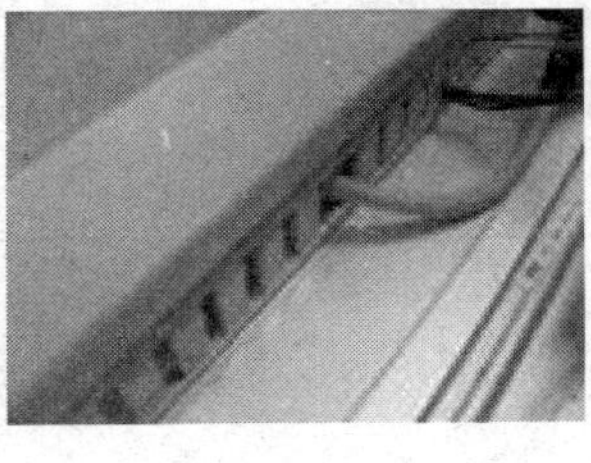	

气动部分技术规范见表 3 – 3 – 3。

表 3 – 3 – 3 气动部分技术规范

标题	技术规范	正确	不正确
引入工作台的气管	引入安装台的气管，应先固定在台面上，然后与气源组件的进气接口连接		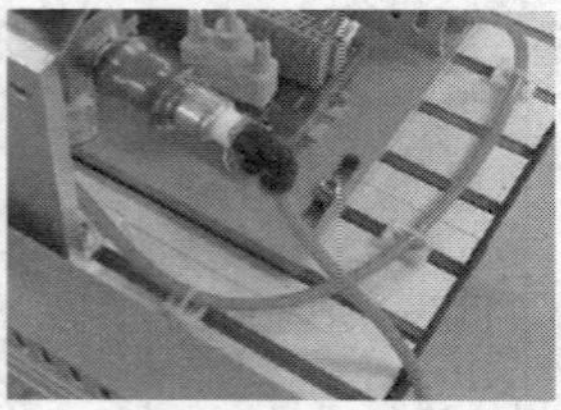
从气源组件引出的气管	气源组件与电磁阀组之间的连接气管，应使用线夹子固定在安装台台面上	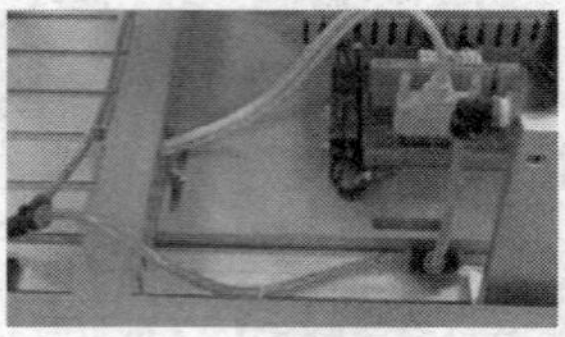	
气管束绑扎	无气管缠绕、绑扎变形现象		
P – 20	走线槽里不走气管	 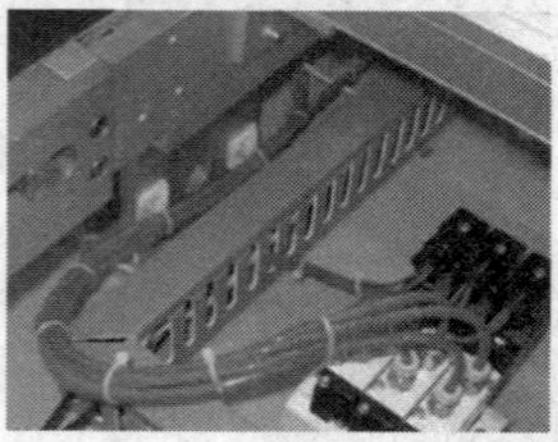	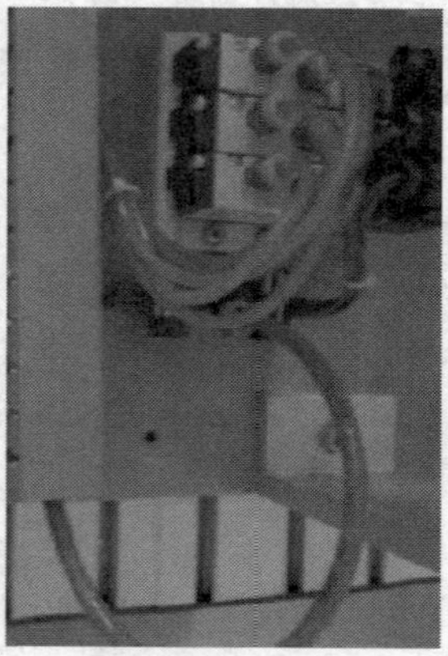

其他部分技术规范见表3－3－4。

表3－3－4　其他部分技术规范

技术规范	正确	不正确
在系统上没有工具		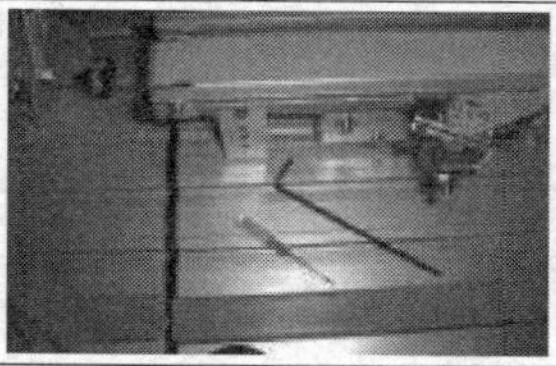
在系统上没有配线、气管或其他材料		
所有的元件、模块固定（没有螺钉松动现象）		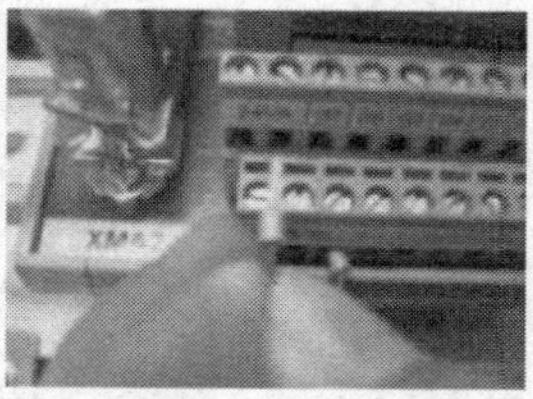 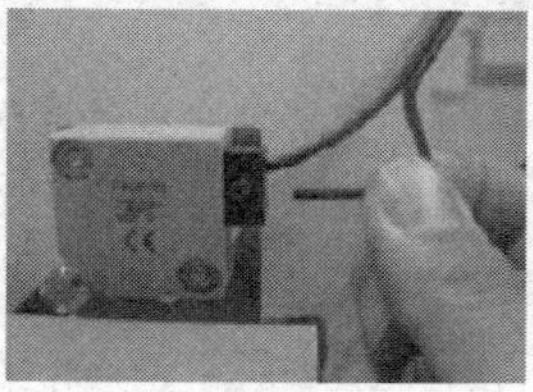
没有部件或模块打碎、损坏或丢失（包括电缆、配线等）		
型材剖面安装端盖		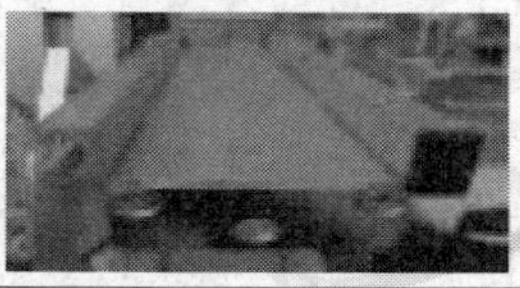
所有不用的部件整齐地放在桌上	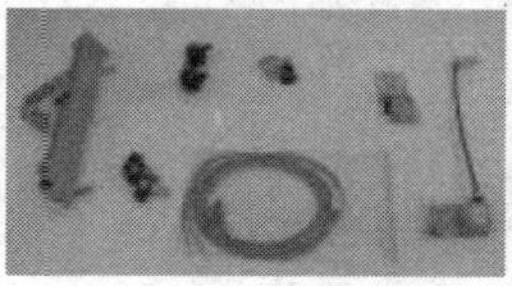	
工作区域地面上没有垃圾		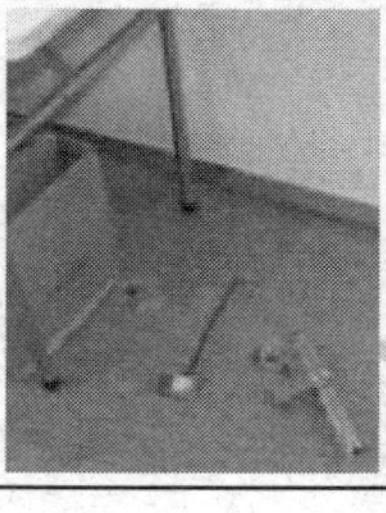

安全部分技术规范见表 3 –3 –5。

表 3 –3 –5 安全部分技术规范

技术规范	不正确
不允许带电插拔	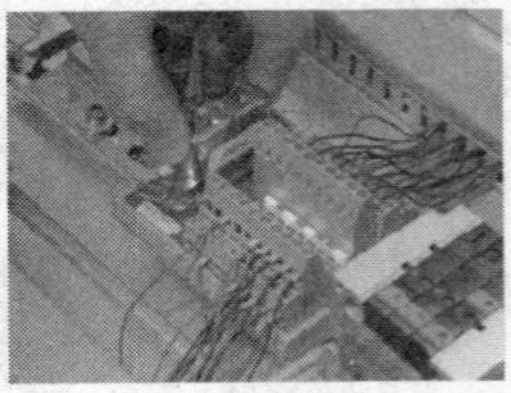
不允许用短接线带电测试	
工具、万用表等不允许放在地面上	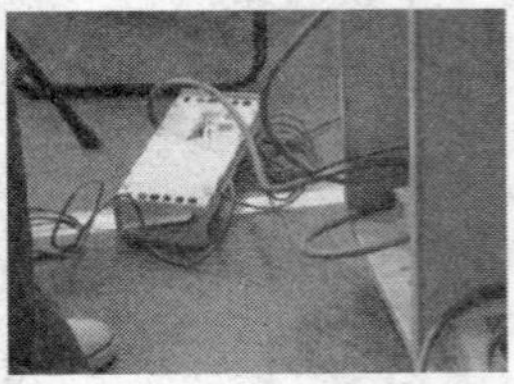
设备上电前须经裁判检查同意	
插拔气管必须在泄压情况下进行	

样题参考答案

见附送光盘资料

参 考 文 献

[1] 梁森. 自动检测与转换技术[M]. 北京：机械工业出版社，2005.

[2] 韩京海. 液压与气动应用技术[M]. 2 版. 北京：电子工业出版社，2014.

[3] 姚立波. 西门子变频器应用技术[M]. 北京：清华大学出版社，2015.

[4] 廖常初. PLC 编程及应用[M]. 北京：机械工业出版社，2011.

[5] 曹辉. 组态软件技术及应用[M]. 北京：电子工业出版社，2015.

[6] 西门子中国有限公司. 深入浅出西门子 S7－200PLC[M]. 北京：北京航空航天大学出版社，2010.